普通高等教育"十一五"国家级规划教材

单片微型计算机原理与接口技术
习题、实验与试题解析

高　锋　编著

科学出版社

北　京

内 容 简 介

本书内容分三部分：第 1 部分对主教材《单片微型计算机原理与接口技术（第三版）》（科学出版社，2013）中所涉及的思考与练习题进行了整理、分析和解答；第 2 部分对实验进行分析，给出了完整的硬件图和源程序；第 3 部分对近几年浙江大学“微机原理与接口技术”的考试试卷进行了分析和解答，并说明考题测试内容及答题注意事项。书中还增加了一些设计题、综合系统扩展题，并对近几年单片微机系统扩展应用的新技术和新理念(如低功耗设计、可靠性设计和虚拟技术等)进行了适当补充。本书概念清楚，叙述详尽，书中源程序已通过上机汇编，便于读者自学。

本书可作为高等学校“单片微型计算机原理与接口技术”、“单片机原理与接口技术”或“微机原理与接口技术”等课程的教学配套用书，也可作为大专院校、远程教育学院或单片微机培训班的教材配套用书。本书对相关任课教师有一定参考价值，也适合从事单片微机应用的技术人员参考使用。

图书在版编目（CIP）数据

单片微型计算机原理与接口技术习题、实验与试题解析/高锋编著.
—北京：科学出版社，2011
（普通高等教育“十一五”国家级规划教材）
ISBN 978-7-03-031710-0

Ⅰ. ①单… Ⅱ. ①高… Ⅲ. ①单片微型计算机-理论-高等学校-教材 ②单片微型计算机-接口技术-高等学校-教材 Ⅳ. ①TP368.1

中国版本图书馆 CIP 数据核字（2011）第 120419 号

责任编辑：匡 敏 张丽花 / 责任校对：包志虹
责任印制：徐晓晨 / 封面设计：陈 敬

科 学 出 版 社 出版
北京东黄城根北街 16 号
邮政编码：100717
http://www.sciencep.com
北京虎彩文化传播有限公司印刷
科学出版社发行 各地新华书店经销

2011 年 7 月第 一 版 开本：720×1000 1/16
2019 年 1 月第六次印刷 印张：16 3/4
字数：330 000
定价：48.00 元
（如有印装质量问题，我社负责调换）

前　言

Intel公司的MCS-51单片微型计算机（以下简称单片微机）在我国流行了20多年，至今仍在发展。特别是MCS-51实施技术开放以后，由于Philips、ISSI、Atmel、Winbind、ADI、Dallas和Siemens等知名公司的介入，在MCS-51基础上形成了新一代的80C51系列单片微机，使80C51的应用领域更宽广。

目前大多数高校都以80C51单片微机为基础介绍单片微机的原理与接口技术，其中不少专业都把这门课程作为必修课，进而作为学院的平台课。在实际教学中，除了课堂上的教学外，课后的“做”习题和“做”实验同样对教学内容的理解具有不可缺少的作用；而历来必不可少的期末考试更是促使学生进行系统复习和进一步掌握教学大纲要求内容所必需的。因此，根据课程教学大纲要求编写思考与练习题、做好每一个实验、出好考卷是教学中的几个重要环节。

编者根据20多年来从事本科生“微机原理与接口技术”课程理论教学和实践教学的经验和体会，编写了本书。书中内容分三部分：第1部分对主教材《单片微型计算机原理与接口技术(第三版)》(科学出版社，2013)中所涉及的思考与练习题进行了整理、分析和解答；第2部分对部分比较典型的实验进行阐述，并给出了详细的硬件原理图和源程序；第3部分对近几年浙江大学的考试试卷进行了分析和解答，并说明考题测试内容及答题注意事项。由于是多年来的思考与练习题和考试试题，而教学大纲要求变化不多，因此书中有个别内容会有似曾相识的感觉，但即使是相同的题目，提出问题的角度不同，答案还是有所不同。在书中还增加了一些设计题、应用系统扩展题，并对近几年单片微机系统扩展应用的新技术和新理念(如低功耗设计、可靠性设计和虚拟技术等)进行了适当补充。看似简单的习题或考题，往往包括了多方面教学内容的要求。

本书内容都已经过多年实践。编者多年来给浙江大学本科生、“爱迪生班”本科生和电气工程专业“专升本”学生授课时都应用了本书内容，为最后的成书提供了很好的基础。

在本书编写过程中，浙江大学本科生院和电气工程学院领导和老师都给予支持和鼓励，在此一并表示衷心感谢。本书参考和引用了“参考文献”所列教材中的一些内容，在此向原著者表示感谢。

由于编者学识水平有限，再加上时间较紧，书中难免会有不妥之处，恳请广大读者批评指正。

编　者

目　　录

第 1 部分　思考与练习题解析

第 1 章　绪　　论

【1-1】微控制器 MCU 中常用的数制有哪几种？

【答】MCU 中常用的数制有以下三种：

①十进制：用 0～9 共 10 个数字和 1 个小数点来表示数值，是最常用的一种数制。基数为 10，超过 9 的数需要用多位表示，其中低位数和相邻高位数之间的关系是逢十进一，所以称为“十进制”。十进制数在表达时可以不加后缀，也可加后缀字母 D。

②二进制：二进制的数码为 0 和 1 共两个。其中低位数和相邻高位数之间的关系是逢二进一。二进制数在表达时加后缀字母 B。

③十六进制：十六进制的数码为 0～9 共 10 个数字和 6 个字母 A(10)、B(11)、C(12)、D(13)、E(14)、F(15)。其中低位数和相邻高位数之间的关系是逢十六进一。十六进制数在表达时加后缀字母 H。

十六进制与二进制、十进制对照表如表 1-1 所示。

表 1-1　十六进制与二进制、十进制对照表

十六进制数(H)	二进制数(B)	十进制数(D)
0	0000	0
1	0001	1
2	0010	2
3	0011	3
4	0100	4
5	0101	5
6	0110	6
7	0111	7
8	1000	8
9	1001	9
A	1010	10
B	1011	11
C	1100	12
D	1101	13
E	1110	14
F	1111	15

【1-2】常用数制之间如何进行转换，并举例说明。

【答】1. 二进制数与十进制数的相互转换

①二进制数转换为十进制数：只要按基数展开，再按展开式计算即可。

②十进制数转换为二进制数：整数部分与小数部分需分别进行转换。整数部分除以 2 取余，第一个余数为最低有效位，最后一个余数为最高有效位，即得到的余数先为低位后为高位。小数部分乘 2 取整，先为高位后为低位。

2. 二进制数与十六进制数的相互转换

①二进制数转换为十六进制数：以小数点为分界，整数部分从最右边开始，向左每 4 位分成一组，若含最高位的一组不足 4 位，则在其左边加 0 补足 4 位，每 4 位二进制数转换为 1 位十六进制数。小数部分从最左边开始，向右每 4 位分成一组，若含最低位的一组不足 4 位，则在其右边加 0 补足 4 位，每 4 位二进制数转换为 1 位十六进制数。

例：把二进制数 1001011011000.1100101 转换为十六进制数。

0001　0010　1101　1000　.　1100　1010　B

→　　1　　2　　D　　8　.　C　　A　　H

②十六进制数转换为二进制数：只要将每一位十六进制数用 4 位二进制数替代即可。

例：把十六进制数 9ABDFH 转换为二进制数。

9　　A　　B　　D　　F　　H

1001　1010　1011　1101　1111　B

3. 十六进制数与十进制数的相互转换

①十六进制数转换为十进制数：按基数展开，再按展开式计算即可。

例：把十六进制数 FFH 转换为十进进制数。

$$15(F)\times16^1+15(F)\times16^0=255$$

②十进制数转换为十六进制数：整数部分和小数部分分别进行转换。整数部分除以 16 取余数，先为低位后为高位。小数部分乘以 16 取整数，先为高位后为低位。

【1-3】什么叫原码、反码及补码？

【答】计算机中的带符号数有三种表示法，即原码、反码及补码。

①原码：用数的最高位来表示数的符号，正数的符号位用 0 表示，负数的符号位用 1 表示。

②反码：由原码得到。如果是正数，则反码与原码相同。如果是负数，则原码符号位不变，其他数位均变反(1 转换为 0，0 转换为 1)后即为反码。

③补码：由原码得到。如果是正数，则补码与原码相同。如果是负数，则原码符号位不变，其他数位均变反(1 转换为 0，0 转换为 1)后再加 1 即为补码，也即反码加 1。

正数的原码、反码和补码是相同的。

【1-4】当单片微机把下列数看成是无符号数时，它们相应的十进制数为多少？若把下列数看成为补码(最高位为符号位)时，它们相应的十进制数为多少？

①7FH；②DBH；③FEH。

【答】①当 7FH 为无符号数时，值为 7×16＋15＝127；正数的补码同原码，相应的十进制数也为 127。

②当 DBH 为无符号数时，值为 13×16＋11＝219；为补码时，值为1̱0100101，相应的十进制数为－37。

③当 FEH 为无符号数时，值为 15×16＋14＝254；为补码时，值为1̱0000010，相应的十进制数为－2。

【1-5】什么叫 ASCII 码？它与十六进制数如何相互转换？

【答】ASCII 码即美国标准信息交换码，低 7 位有效。十六进制数的 ASCII 码在 ASCII 码中分列在两段，即十六进制数 0～9 的 ASCII 码为 30H～39H；十六进制数 A～F 的 ASCII 码为 41H～46H。

ASCII 码与十六进制数的相互转换同样分为两段，即十六进制数 0～9 与 ASCII 码 30H～39H 之间差为 30H；十六进制数 AH～FH 与 ASCII 码 41H～46H 之间差为 37H。这就是两者相互转换的依据。例如，十六进制数 9 加上 30H 后即为 9 的 ASCII 码 39H；ASCII 码 46H 减去 37H 后即为十六进制数 F。

【1-6】什么叫 BCD 码？什么叫压缩 BCD 码？

【答】BCD 码采用 4 位二进制数编码，并且只采用了其中的 10 个编码，即 0000～1001，分别代表 BCD 码 0～9，而 1010～1111 为无效码。

在一个字节(8 位)中存放 2 位 BCD 码，即称为“压缩 BCD 码”。例如，BCD 码 9 和 6 存放在同一个字节中时，即为压缩 BCD 码 96H，即 10010110BCD。

【1-7】TTL 电路和 CMOS 电路各有什么特点？

【答】两者特点如下：

①TTL 电路是“晶体管-晶体管逻辑电路”的简称，这种数字集成电路的输入端和输出端的电路结构都采用了晶体管。

TTL 电路的主要特点是信号传输延时短、开关速度快、工作频率高，是电流控制器件。

TTL 电路以美国 TEXAS 公司生产的 SN54/74 系列电路为代表，世界上各大集成电路生产厂都以 SN54/74 系列为标准，产品的功能、引脚和参数都与 SN54/74 系列兼容。

②CMOS 电路是在 MOS(金属—氧化物—半导体)电路基础上发展起来的一种互补对称场效应管集成电路。

MOS 电路具有功耗低、工作电压范围宽和抗干扰性能强等优点，是电压控制器件。

CMOS 电路大致有两大类型：一类是普通型，以美国无线电公司 RCA 和 Motorola 公司的 4000/4500 系列为典型；另一类是高速型，可与 TTL 的 74LS 系列电路兼容，是 54HG/74HC 系列。

【1-8】数字电路中的高电平和低电平是什么概念？

【答】电平即电位，数字电路中习惯用高、低电平一词来描述电位的高低。高电平是一种状态，低电平是另外一种不同的状态，它们表示的不是一个固定不变的值，而是一定的电压范围。

CMOS 芯片的供电范围为 3～15V，如 4000 系列当 5V 供电时，输出在 4.6V 以上为高电平，输出在 0.05V 以下为低电平。输入在 3.5V 以上为高电平，输入在 1.5V 以下为低电平。

TTL 芯片的供电范围为 0～5V，常见都是 5V，如 74 系列 5V 供电，输出在 2.7V 以上为高电平，输出在 0.5V 以下为低电平，输入在 2V 以上为高电平，在 0.8V 以下为低电平。

因此，CMOS 电路与 TTL 电路就有一个电平转换的问题，使两者电平域值能匹配。

【1-9】数字电路中的正逻辑和负逻辑是什么概念？

【答】在数字电路中，如果用数字 1 表示高电平、用数字 0 表示低电平，则称为正逻辑。如果用数字 0 表示高电平、用数字 1 表示低电平，则称为负逻辑。

一般情况下都采用正逻辑。而在串行通信中，RS-232 采用负逻辑。

【1-10】分别举例说明“与”、“或”、“非”三种逻辑关系。

【答】①“与”逻辑关系：当决定一个事情的各个条件全部具备时，这个事情才会发生，这种因果关系称为“与”逻辑关系。比如，当两个控制开关串联安装于控制电路时，两个控制开关同时闭合是“与”逻辑关系，即只有当两个控制开关同时闭合时，才能进行控制。

②“或”逻辑关系：在决定一个事情的各个条件中，只要具备一个或者一个以上条件，这个事情就会发生，这种因果关系称为“或”逻辑关系。比如，当两个控制开关并联安装于控制电路时，两个控制开关闭合是“或”逻辑关系。当控制开关中任意一个或两个闭合时，都能进行控制。

③“非”逻辑关系：非就是相反。例如，开关合上，电源接通，电灯就亮；开关打开，电源断开，电灯就灭。因此，开关的闭合与电灯亮就是“非”逻辑关系。

【1-11】触发器、寄存器和存储器分别指的是什么单元？它们之间有什么关系？

【答】触发器是计算机记忆装置的基本单元，一个触发器能储存 1 位二进制代码，即是一个 1 位的寄存器。存储器由大量寄存器组成，其中每一个寄存器就称为一个存储单元，8 位存储器的每一个存储单元由 8 位寄存器组成。

【1-12】什么是单片微型计算机？为什么说它是典型的嵌入式系统？

【答】单片微型计算机(Single Chip Micro Computer，SCMC)，在国内也常简称为“单片微机”或“单片机”。它包括中央处理器(CPU)、随机存储器(RAM)、只读存储器(ROM)、中断系统、定时器/计数器、串行口和 I/O 等。现在，单片机已不仅指单片计算机，还包括微计算机、微处理器、微控制器和嵌入式控制器，单片机是它们的俗称。国际上常把单片微机称为微控制器(Micro Controller Unit，MCU)。

单片微机完全作嵌入式应用，故又称为嵌入式微控制器。单片微机从体系结构到指令系统都是按照嵌入式应用特点设计的，它能最好地满足面向控制对象及应用系统的嵌入、现场运行的可靠等要求。因此，单片微机是发展最快、品种最多、应用最广的嵌入式系统。

【1-13】简述单片微机的发展史。

【答】1970 年微型计算机研制成功之后，随着大规模集成电路的发展又出现了单片微机，并且按照不同的发展要求，形成了两个独立发展的分支。美国 Intel 公司 1971 年生产的 4 位单片微机 4004 和 1972 年生产的雏形 8 位单片微机 8008，特别是 1976 年 MCS-48 单片微机问世以来，在短短的二十几年间，单片微机经历了多次更新换代。

从 MCS-48 单片机发展到如今的新一代单片微机，大致经历了三代。下面以 Intel 8 位单片微机为例进行详细阐述。

1. 第一代以 MCS-48 系列单片微机为代表，属于低性能单片微机阶段

1976 年 9 月，Intel 公司推出 MCS-48 系列 8 位单片微机，含 8 位 CPU、1KB ROM、64B RAM、2 个中断源等。这是第一台完全的 8 位单片微机，在与通用 CPU 分道扬镳、构成新型工业微控制器方面取得了成功。

2. 第二代以 MCS-51 系列的 8051、8052 单片微机为代表

1980 年 Intel 公司推出了 MCS-51 系列 8 位高档单片机，其主要的技术特征是：

①扩大了片内存储容量和外部寻址空间。片内程序存储器增大为 4KB。程序存储器和片外数据存储器的寻址都增加为 64KB。在片内数据存储器方面，采用 8 位地址，寻址范围为 256B。

②增强了并行口、增设了全双工串行口 I/O。4 个 8 位并行 I/O 接口，可用于地址和数据的传送，也可进行外部 I/O 接口的扩展；一个全双工串行通信口，可用于数据的串行接收和发送，为构成串行通信网络提供了方便。

③增加了定时器/计数器的个数并扩展了长度。定时器/计数器由一个增为两个，计数长度由 8 位增为 16 位，且有四种工作方式。

④增强了中断系统。设置了两级中断优先级，可接受 5 个中断源的中断请求，中断优先级别可由用户定义。这样就使 MCS-51 单片机很适合用于数据采集与处理、智能仪器仪表和工业过程控制中。

⑤具备较强的指令寻址和运算等功能。这样，大大地提高了 CPU 的运算与数据处理能力。

⑥增设了颇具特色的布尔处理机。在指令系统中设置了位操作指令，可用于位寻址空间，这些位操作指令与位寻址空间一起构成布尔处理机。布尔处理机对于实时逻辑控制处理具有突出的优点。

可以看出，这一代单片微机主要的技术特征是为单片微机配置了完善的外部并行总线(AB、DB、CB)和具有多机识别功能的串行通信接口(UART)，规范了功能单元的特殊功能寄存器(SFR)控制模式及适应控制器特点的布尔处理系统和指令系统，为发展具有良好兼容性的新一代单片微机奠定了良好的基础。

但是，无论是第一代还是第二代单片微机都还未突破单片微机的内涵。

3. 第三代以 80C51 系列单片微机为代表

它包括了 Intel 公司发展 MCS-51 系列的新一代产品，如 8XC152、80C51FA/FB、80C51GA/GB8XC451、8XC452，还包括了 Phlips、Siemens、ADM、Fujutsu、OKI、ATMEL 等公司以 80C51 为核心推出的大量各具特色的、与 MCS-51 兼容的单片微机。

这阶段技术发展主要有：外围功能模块内装；出现了为满足串行外围扩展的串行扩展总线和接口，如 Phlips 公司的 I^2C 总线；出现了为满足分布式系统的现场总线接口，如 CAN BUS 等；程序存储器方面，引进 OTP，推广 Flash ROM，为取消外扩程序存储器创造了条件。

当前单片微机的新技术、新产品层出不穷，体现了单片微机发展的强大生命力。

【1-14】简述单片微机的主要技术发展方向。

【答】单片微机正朝多功能、多选择、高速度、低功耗、高电磁兼容性、低价格、扩大存储容量和加强 I/O 功能及结构兼容方向发展。

①多功能：在单片微机中尽可能多地把应用系统中所需要的存储器、各种功能的 I/O 口都集成在一块芯片内，即外围器件内装化。片上系统 SOC 得到迅速发展。

②高性能：在单片微机中使用 RISC 体系结构、并行流水线操作和 DSP 等的设计技术，使单片微机的指令运行速度得到大大提高，其电磁兼容等性能明显地优于同类型的微处理器。

③全盘 CMOS 化：从第三代单片微机起开始淘汰非 CMOS 工艺。目前，数字逻辑电路和外围器件等都已普遍 CMOS 化。单片微机 CMOS 化带来本质低功耗和低功耗管理技术的快速发展。

④推行串行扩展总线：可以显著减少引脚数量，简化系统结构。

⑤推广闪存 Flash ROM。

【1-15】举例说明单片微机的应用范围。

【答】单片微机的应用首先应是它的控制功能，即实现计算机控制。由于单片微机不断推出适合各种应用场合的新品种，所以它具有很强的生命力。

①家用电器领域。国内各种家用电器已普遍采用单片微机控制取代传统的控制电路，如洗衣机、电冰箱、空调机、微波炉、电饭煲、手机、电视机、录像机及其他视频音像设备的控制器。

②办公自动化领域。现代办公室中所使用的大量通信、信息产品，如个人计算机、绘图仪、复印机、电话、传真机及考勤机等，多数都采用了单片微机。

③工业自动化领域的在线应用。工业过程控制、过程监测、工业控制器及机电一体化控制等系统，许多都是以单片微机为核心的单机或多机网络系统。例如，工业机器人的控制系统是由中央控制器、感觉系统、行走系统和擒拿系统等节点构成的多机网络系统。而其中每一个小系统都是由单片微机来控制的，如数据采集系统、远程监控系统等。

④智能仪器仪表与集成智能传感器领域。单片微机的应用为传统仪器仪表行业的产品更新换代提供了非常理想的条件。目前，各种变送器、电气测量仪表普遍采用单片微机应用系统替代传统的测量系统，使测量系统具有各种智能化功能，如存储、数据处理、查找、判断、联网和语音功能等。

⑤汽车电子与航空航天电子系统。通常在这些电子系统中的集中显示系统、动力监测控制系统、自动驾驭系统、通信系统以及运行监视器(黑匣子)等，都要构成冗余的网络系统。

单片微机的应用从根本上改变了传统的控制系统设计思想和设计方法。从前必须由模拟电路或数字电路实现的大部分控制功能，现在已能使用单片微机通过软件方法实现了。这种以软件取代硬件，并能提高系统性能的控制技术，称为微控制技术。这标志着一种全新概念的建立。随着单片微机应用技术的推广普及，微控制技术必将不断发展、日益完善和更加充实。

第 2 章　单片微机的基本结构

【2-1】80C51 单片微机在片内集成了哪些主要逻辑功能部件？各个逻辑部件的最主要功能是什么？

【答】80C51 单片微机在片内主要包含中央处理器(算术逻辑部件 ALU 和控制器等)、内部程序存储器、内部数据存储器、定时器/计数器、并行 I/O 口 P0～P3、串行口、中断系统以及定时控制逻辑电路等，各个部分通过内部总线相连。

①中央处理器(CPU)。单片微机中的中央处理器和通用微处理器基本相同，是单片微机最核心的部分，主要完成运算和控制功能，又增设了面向控制的处理功能，增强了实时性。80C51 单片微机的 CPU 是一个字长为 8 位的中央处理单元。

②内部程序存储器。根据内部是否带有程序存储器而形成三种型号：内部没有程序存储器的称 80C31，内部带 ROM 的称 80C51，内部以 EPROM 代替 ROM 的称 87C51。80C51 共有 4KB 掩膜 ROM。程序存储器用于存放程序和表格、原始数据等。

③内部数据存储器。在单片微机中，用读写存储器 RAM 来存储程序在运行期间的工作变量和数据。80C51 单片微机中共有 256 个数据存储器单元。

④并行 I/O 口。单片微机提供了功能强、使用灵活的并行 I/O 引脚，用于检测与控制。有些 I/O 引脚还具有多种功能，如可以作为数据总线的数据线、地址总线的地址线或控制总线的控制线等。有的单片微机 I/O 引脚的驱动能力增大。

⑤串行 I/O 口。目前高档 8 位单片微机均设置了全双工串行 I/O 口，用以实现与某些终端设备进行串行通信，或者和一些特殊功能的器件相连的能力，甚至用多个单片微机相连构成多机系统。有些型号的单片微机内部还包含多个串行 I/O 口。

⑥定时器/计数器。80C51 单片微机内部共有两个 16 位的定时器/计数器，80C52 单片微机则有三个 16 位的定时器/计数器。定时器/计数器可以编程实现定时和计数功能。

⑦中断系统。80C51 单片微机的中断功能较强，内、外具有共五个中断源，具有两个中断优先级。

⑧定时电路及元件。单片微机内部设有定时电路，只需外接振荡元件。近年来有些单片微机将振荡元件也集成到芯片内部。单片微机整个工作是在时钟信号的驱动下，按照严格的时序有规律地一个节拍一个节拍地执行各种操作。

【2-2】80C51 单片微机引脚有哪些第二功能？

【答】80C51 单片微机的 P0、P2 和 P3 引脚都具有第二功能。

第一功能	第二变异功能
P0 口	地址总线 A0～A7/数据总线 D0～D7
P2 口	地址总线 A8～A15
P3.0	RXD(串行输入口)
P3.1	TXD(串行输出口)
P3.2	$\overline{\text{INT0}}$(外部中断 0)
P3.3	$\overline{\text{INT1}}$(外部中断 1)
P3.4	T0(定时器/计数器 0 的外部输入)
P3.5	T1(定时器/计数器 0 的外部输出)
P3.6	$\overline{\text{WR}}$(片外数据存储器或 I/O 的写选通)
P3.7	$\overline{\text{RD}}$(片外数据存储器或 I/O 的读选通)

【2-3】程序计数器 PC 和数据指针 DPTR 有哪些异同?

【答】程序计数器 PC 中存放的是下一条将要从程序存储器中取出的指令的地址。DPTR 则是数据指针，在访问片外数据存储器或 I/O 时作为地址使用，访问程序存储器时作为基址寄存器。

①PC 和 DPTR 都是与地址有关的 16 位寄存器。其中 PC 与程序存储器的地址有关，而 DPTR 与片外数据存储器或 I/O 的端口地址有关。作为地址寄存器使用时，PC 与 DPTR 都是通过 P0 和 P2 口输出的。PC 的输出与 ALE 及$\overline{\text{PSEN}}$信号有关；DPTR 的输出则与 ALE、$\overline{\text{WR}}$和$\overline{\text{RD}}$信号有关。

②PC 只能作为 16 位寄存器，是不可以访问的。它不属于特殊功能寄存器，有自己独特的变化方式。DPTR 可以作为 16 位寄存器，也可以作为两个 8 位寄存器 DPL 和 DPH，DPTR 是可以访问的，DPL 和 DPH 都位于特殊功能寄存器区中。

【2-4】80C51 单片微机的存储器在结构上有何特点?在物理上和逻辑上各有哪几种地址空间?访问片内 RAM 和片外 RAM 的指令格式有何区别?

【答】80C51 单片微机采用哈佛(Har-yard)结构，将程序存储器和数据存储器截然分开，分别进行寻址。不仅在片内驻留一定容量的程序存储器和数据存储器，以及众多的特殊功能寄存器，而且还具有很强的外部存储器扩展能力，扩展的程序存储器和数据存储器寻址范围分别可达 64KB。

1. 在物理上设有 4 个存储器空间

①片内程序存储器；

②片外程序存储器；

③片内数据存储器；

④片外数据存储器。

2. 在逻辑上设有 3 个存储器地址空间

①片内、片外统一的 64KB 程序存储器地址空间。

②片内 256B(80C52 为 384B)数据存储器地址空间。

片内数据存储器空间，在物理上又包含两部分：

- 对于 80C51 型单片微机，0～127 字节为片内数据存储器空间；128～255 字节为特殊功能寄存器(SFR)空间(实际仅占用了 20 多个字节)。
- 对于 80C52 型单片微机，0～127 字节为片内数据存储器空间；128～255 字节共 128 个字节是数据存储器和特殊功能寄存器地址重叠空间。

③片外 64KB 的数据存储器地址空间。

在访问三个不同的逻辑空间时，应采用不同形式的指令，以产生不同存储空间的选通信号。访问片内数据存储器采用 MOV 指令，访问片外数据存储器或 I/O 时则一定要采用 MOVX 指令，因为 MOVX 指令会产生控制信号 $\overline{RD}$ 或 $\overline{WR}$，用来控制对片外数据存储器或 I/O 的读或写。访问程序存储器地址空间，则应采用 MOVC 指令。

【2-5】 80C51 单片微机的 $\overline{EA}$ 信号有什么功能？在使用 80C51 时，$\overline{EA}$ 信号引脚应如何处理？在使用 80C31 时，$\overline{EA}$ 信号引脚应如何处理？

【答】 80C51 单片微机的 $\overline{EA}$ 信号被称为片外程序存储器访问允许信号。

CPU 访问片内还是片外的程序存储器，可由 $\overline{EA}$ 引脚所接的电平来确定：

①$\overline{EA}$ 引脚接高电平时，程序从片内程序存储器地址为 0000H 开始执行，即访问片内程序存储器；当 PC 值超出片内程序存储器容量时，程序会自动转向片外程序存储器空间执行。片内和片外的程序存储器地址空间是连续的。

②$\overline{EA}$ 引脚接低电平时，迫使系统全部执行片外程序存储器 0000H 开始存放的程序。

对于有片内程序存储器的 80C51/87C51 单片微机，应将 $\overline{EA}$ 引脚接高电平。

在使用 80C31 单片微机时，$\overline{EA}$ 信号引脚应接低电平，这时程序存储器全部为外部扩展的。

【2-6】 80C51 单片微机片内数据存储器低 128 个存储单元划分为哪四个主要部分？各部分的主要功能是什么？

【答】 80C51 片内数据存储器的低 128 个存储单元划分为四个主要部分：

①寄存器区：共 4 组寄存器，每组 8 个存储单元，各组以 R0～R7 作为单元编号。常用于保存操作数及中间结果等。R0～R7 也称为通用寄存器，占用 00H～1FH 共 32 个单元地址。

②位寻址区：20H～2FH，既可作为一般数据存储器单元使用，按字节进行操作，也可以对单元中的每一位进行位操作，因此称为位寻址区。寻址区共有 16 个数据存储器单元，共计 128 位，位地址为 00H～7FH。

③堆栈区：设置在内部数据存储器区内。

④用户数据存储器区。在内部数据存储器 00H～7FH 低 128 单元中，除去前面 3 个区中可能会使用的单元外，剩下的单元都作为用户数据存储器区。

【2-7】80C51 程序存储器的哪些单元被保留用于特定场合？

【答】80C51 单片微机复位后，程序计数器 PC 的地址为 0000H，所以系统从 0000H 单元开始取指，执行程序。0000H 是系统的启动地址，一般在该单元设置一条绝对转移指令，使之转向用户主程序处执行。

0003H～0025H 单元被保留用于 5 个中断源的中断服务程序的入口地址，故有以下 6 个特定地址被保留：

复位　　0000H

外部中断 0　　0003H

计时器 T0 溢出　　000BH

外部中断 1　　0013H

计时器 T1 溢出　　001BH

串行口中断　　0023H

由于每个中断入口之间的间隔仅 8 个地址单元，所以在程序设计时通常在这些中断入口处设置一条无条件转移指令，使之转向对应的中断服务子程序处执行。

【2-8】80C51 单片微机设有 4 个通用工作寄存器组，有什么特点？如何选用？如何实现工作寄存器现场保护？

【答】片内数据存储器区的 0～31(00H～1FH)，共 32 个单元，是 4 个通用工作寄存器组，每个组包含 8 个 8 位寄存器，编号为 R0～R7，工作寄存器组如表 2-1 所示。

表 2-1　工作寄存器组

RS1	RS0	组号	寄存器 R0～R7 地址
0	0	0 组	00H～07H
0	1	1 组	08H～0FH
1	0	2 组	10H～17H
1	1	3 组	18H～1FH

在某一时刻，只能选用一个寄存器组使用。可以通过软件对程序状态字 PSW 中的 RS0、RS1 两位的设置来实现。设置 RS0、RS1 时，可以对 PSW 字节寻址，也可以通过位寻址方式，间接或直接修改 RS0、RS1 的内容。

例如，若 RS0、RS1 均为 1，则选用工作寄存器 3 组为当前工作寄存器。若需要选用工作寄存器组 2，则只需将 RS0 改成 0，可用位寻址方式(CLR PSW.3；PSW.3

为 RS0 位的符号地址)来实现。

特别是在中断嵌套时，只要通过软件对程序状态字 PSW 中的 RS0、RS1 两位进行设置，就可以极其方便地实现对工作寄存器的现场保护和现场恢复。

【2-9】什么是堆栈？堆栈有哪些功能？堆栈指示器 SP 的作用是什么？在程序设计时，为什么还要对 SP 重新赋值？

【答】堆栈是在片内数据存储器区中，数据按照“先进后出”或“后进先出”原则进行管理的区域。

堆栈可以保护断点和保护数据，在子程序调用和中断操作时特别有用。在 80C51 单片微机中，堆栈在子程序调用和中断时会把断点地址自动进栈和出栈。执行堆栈的进栈和出栈的指令(PUSH、POP)可用于保护现场和恢复现场。由于子程序调用和中断都允许嵌套，并可以多级嵌套，而现场的保护也往往使用堆栈，所以一定要注意给堆栈以一定的深度，以免造成堆栈内容的破坏而引起程序执行的“跑飞”。

堆栈指示器 SP 在 80C51 单片微机中存放当前的堆栈栈顶所指存储单元地址的一个 8 位寄存器。

80C51 单片微机的堆栈是向上生成的，即进栈时，SP 的内容是增加的；出栈时，SP 的内容是减少的。

系统复位后，80C51 单片微机的 SP 内容为 07H。如不重新定义，则以 07H 为栈底，压栈的内容从 08H 单元开始存放。但工作寄存器 R0～R7 有 4 组，占有内部数据存储器地址为 00H～1FH，位寻址区占有内部数据存储器地址为 20H～2FH。若程序中使用了工作寄存器 1～3 组或位寻址区，则必须通过软件对 SP 的内容重新定义，使堆栈区设定在片内数据存储器区中的某一区域内(如 30H)，堆栈深度不能超过片内数据存储器空间。

【2-10】80C51 单片微机的特殊功能寄存器 SFR 区有哪些特点？

【答】特殊功能寄存器 SFR 区是 80C51 单片微机中各功能部件所对应的寄存器区，用来存放相应功能部件的控制命令寄存器、状态寄存器或数据寄存器的区域。这是 80C51 系列单片微机中最有特色的部分。

80C51 系列单片微机设有 128B 片内数据存储器结构的特殊功能寄存器区。除程序计数器 PC 和 4 个通用工作寄存器组外，其余所有的寄存器都在这个地址空间之内。特殊功能寄存器在 128B 空间中只分布了很小一部分，这为 80C51 系列单片微机功能的增加提供了极大的可能性。所有 80C51 单片微机系列功能部件的增加和扩展几乎都是通过增加特殊功能寄存器来达到的。

在 80C51 单片微机的 21 个特殊功能寄存器中，字节地址中低位地址为 0H 或 8H 的特殊功能寄存器，除有字节寻址能力外，还有位寻址能力。其中对于 P0～P1 口 4 个特殊功能寄存器的位寻址使 I/O 的控制功能得到了增强。

【2-11】80C51 单片微机的布尔处理器包括哪些部分？它们具有哪些功能？共有多少个单元可以位寻址？

【答】在 80C51 单片微机系统中，专门设置了一个结构完整、功能极强的布尔(位)处理器。这是一个完整的一位微计算机，它具有自己的 CPU、寄存器、I/O、存储器和指令集。80C51 单片微机把 8 位机和布尔(位)处理器的硬件资源复合在一起，这是 80C51 系列单片微机的突出优点之一，给实际应用带来了极大的方便。

布尔处理器系统包括以下几个功能部件：

①位累加器：借用进位标志位 CY。在布尔运算中 CY 是数据源之一，又是运算结果的存放处，位数据传送的中心。根据 CY 的状态实现程序条件转移，如指令 JC rel、JNC rel。

②位寻址的 RAM：内部 RAM 位寻址区中的 0～127 位(20H～2FH)。

③位寻址的寄存器：特殊功能寄存器 SFR 中的可以位寻址的位。

④位寻址的 I/O 口：并行 I/O 口中的可以位寻址的位(如 P1.0)。

⑤位操作指令系统：位操作指令可实现对位的置位、清 0、取反、位状态判跳、传送、位逻辑运算和位输入/输出等操作。

⑥布尔处理机的程序存储器：ALU 与字节处理器合用。

利用内部并行 I/O 口的位操作，提高了测控速度，增强了实时性。利用位逻辑操作功能把逻辑表达式直接变换成软件进行设计和运算，免去了过多的数据往返传送、字节屏蔽和测试分支，大大简化了编程，增强了实时性能，还可实现复杂的组合逻辑处理功能。因此，一位机在开关决策、逻辑电路仿真和实时控制方面非常有效。

可以位寻址的单元包括两部分：一是内部 RAM 位寻址区中的 0～127 位(字节为 20H～2FH)；二是 SFR 中字节地址的低位地址为 0H 或 8H 的特殊功能寄存器。

【2-12】80C51 单片微机的节拍、状态、机器周期、指令周期是如何设置的？当主频为 12MHz 时，各种周期等于多少毫秒(μs)？

【答】把单片微机振荡脉冲的周期定义为节拍。

节拍经过二分频后，就是单片微机的时钟信号。时钟信号周期定义为状态 S，其前半周期对应的节拍叫 P1，后半周期对应的节拍叫 P2。

一个机器周期宽度为 6 个状态，并依次表示为 S1～S6。由于一个机器周期共有 12 个振荡脉冲周期，因此机器周期就是振荡频率的 1/12。机器周期是 80C51 单片微机的最小时间单位。

执行一条指令的时间被称为指令周期，80C51 单片微机执行一条指令的时间包含有 1 个、2 个和 4 个机器周期。

当主频为 12MHz 时，振荡脉冲的周期为 1/12μs，状态周期为 1/6μs，机器周期为 1μs，指令周期为 1～4μs。

【2-13】程序存储器指令地址、堆栈地址和外接数据存储器地址各使用什么指针?为什么?

【答】程序存储器指令地址使用程序计数器 PC 指针，PC 中存放的是下一条将要从程序存储器中取出的指令的地址。程序计数器 PC 变化的轨迹决定程序的流程。PC 最基本的工作方式是自动加 1。在执行条件转移或无条件转移指令时，将转移的目的地址送入程序计数器，程序的流向发生变化。在执行调用指令或响应中断时，将子程序的入口地址或者中断矢量地址送入 PC，程序流向发生变化。

堆栈地址使用堆栈指示器 SP，SP 在 80C51 单片微机中存放当前的堆栈栈顶所指存储单元地址，是一个 8 位寄存器，对数据按照“先进后出”原则进行管理。

外接数据存储器或 I/O 的地址使用数据指针 DPTR，是一个 16 位的特殊功能寄存器，主要功能是作为片外数据存储器或 I/O 寻址用的地址寄存器，这时会产生$\overline{RD}$或$\overline{WR}$控制信号，用于单片微机对外扩的数据存储器或 I/O 的读或写控制。数据指针 DPTR 也可以作为访问程序存储器时的基址寄存器，这时，寻址的是程序存储器中的表格、常数等单元，而不是寻址指令地址。

【2-14】说明 80C51 单片微机 ALE 引脚的时序功能，并举例说明其在系统中有哪些应用。

【答】80C51 单片微机 ALE 引脚是地址锁存允许信号，在系统中主要有两种应用：

①在访问片外存储器或 I/O 时，用于锁存低 8 位地址，以实现低 8 位地址 A0～A7 与数据 D0～D7 的隔离。在 ALE 的下降沿将 P0 口输出的地址 A0～A7 通过锁存器锁存，然后在 P0 口上出现 D0～D7。

②由于 ALE 以 1/6 振荡频率的固定速率输出，因此可以作为对外输出的时钟或用作外部定时脉冲，如 ALE 信号可以用作 ADC0809 的时钟。

【2-15】说明 80C51 单片微机的程序状态字 PSW 的主要功能。

【答】程序状态字(Program Status Word，PSW)是一个程序可访问的 8 位寄存器，其内容的主要部分是算术逻辑运算单元 ALU 的输出，如奇偶校验位 P、溢出标志位 OV、辅助进位标志位 AC 及进位标志位 CY 都是 ALU 运算结果的直接输出。

一些条件转移指令就是根据 PSW 中的相关标志位的状态，来实现程序的条件转移。

程序状态字如图 2-1 所示。

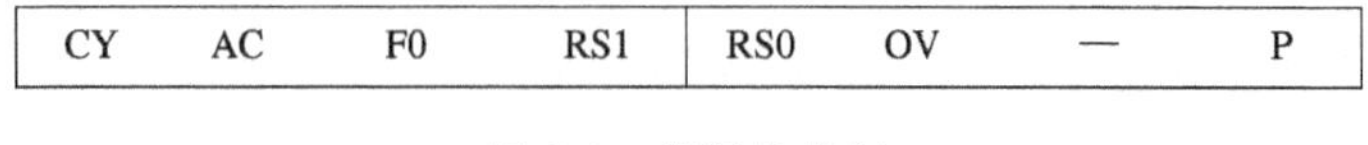

CY	AC	F0	RS1	RS0	OV	—	P

图 2-1　程序状态字

①P——奇偶标志位。

该位表示累加器 A 中位值为 1 的个数的奇偶性：若累加器 A 中位值为 1 的个数是奇数，则 P 被置位(奇校验)；否则，P 被清除(偶校验)。

在串行通信中，常以传送奇偶校验位来检验传输数据的可靠性。通常将 P 置入串行帧中的奇偶校验位。

②OV——溢出标志位。

当执行运算指令时，由硬件置位或清除，以指示运算是否产生溢出，OV 置位表示运算结果超出了目的寄存器 A 所能表示的带符号数的范围(－128～＋127)。

若以 Ci 表示位 i 向位 i＋1 有进位，则 OV＝C6 ⊕ C7；当位 6 向位 7 有进位(或借位)而位 7 不向 CY 进位(或借位)时，或当位 7 向 C 进位(或借位)而位 6 不向位 7 进位(或借位)时 OV 标志置位，表示带符号数运算结果是错误的；否则，清除 OV 标志，表示运算结果正确。

对于 MUL 乘法，当 A、B 两个乘数的积超过 255 时，OV 置位；否则，OV＝0。

对于 DIV 除法，若除数为 0 时，OV＝1；否则，OV＝0。

③RS1、RS0——4 组工作寄存器组选择位。

用于设定当前工作寄存器的组号，参见表 2-1。

④AC——辅助进位标志位。

当进行加法或减法运算时，若低 4 位向高 4 位数发生进位(或借位)，AC 将被硬件置位；否则，被清除。

在十进制调整指令 DA 中要用到 AC 标志位状态。

⑤CY——进位标志位。

在进行算术运算时，可以被硬件置位或清除，以表示运算结果中高位是否有进位(或借位)。在布尔处理机中 CY 被认为是位累加器。

⑥F0——用户标志位。

开机时，该位为“0”。用户可根据需要，通过位操作指令置 F0 为“1”或者清“0”。当 CPU 执行对 F0 位测试条件转移指令时，根据 F0 的状态实现分支转移，相当于“软开关”。

【2-16】80C51 单片微机的片内外最大存储容量可达到多大?

【答】80C51 单片微机存储容量应包括程序存储器、数据存储器与 I/O 两部分。80C51 单片微机具有 16 根地址线，PC 指针为 16 位，因此，程序存储器最大容量为 64KB。数据指针 DPTR 为 16 位，因此，外扩数据存储器和 I/O 的最大容量为 64KB，再加上片内具有的 256B 数据存储器存储单元，80C51 单片微机的片内外最大存储容量可达 128KB＋256B。

若再采用其他地址译码方法，如体选法等，80C51 单片微机存储容量会得到更大的扩展。

【2-17】80C51 单片微机的片外数据存储器与片内数据存储器地址允许重复，与程序存储器地址也允许重复，如何加以区分？

【答】80C51 单片微机对片外数据存储器、片内数据存储器及程序存储器采用不同的指令，会产生不同的控制信号。片外数据存储器有读$\overline{\text{RD}}$或写$\overline{\text{WR}}$控制信号，程序存储器有读$\overline{\text{PSEN}}$控制信号，因此扩展时虽然数据线和地址线重复，但由不同的控制信号加以区别。片内数据存储器的传送指令为 MOV 指令，不会产生读$\overline{\text{RD}}$或写$\overline{\text{WR}}$控制信号。

【2-18】有哪几种方法能使 80C51 单片微机实现复位？复位后，单片微机的初始状态，即各寄存器和个别引脚的状态如何？

【答】复位操作有上电自动复位、按键电平复位和外部脉冲复位三种方式。上电自动复位是通过外部复位电路的电容充电来实现的；按键电平复位是通过按压复位键使复位端经电阻与 VCC 接通来实现的；外部脉冲复位是由外部提供一个宽度大于 2 个机器周期的复位脉冲来实现的。

复位操作把 PC 初始化为 0000H，使单片微机从 0000H 单元开始执行程序。当由于程序运行出错或操作错误使系统处于死锁状态时，可以按复位键以重新启动，也可以通过监视定时器来强迫复位。

除 PC 之外，复位操作还对其他一些特殊功能寄存器有影响，SFR 的复位状态如表 2-2 所示。复位操作还对单片微机的个别引脚信号有影响。例如在复位期间，ALE 和$\overline{\text{PSEN}}$信号变为无效状态，即 ALE＝1，$\overline{\text{PSEN}}$＝1。复位操作对 RAM 内容没有影响。

表 2-2 SFR 的复位状态

寄存器	复位时的内容	寄存器	复位时的内容
PC	0000H	TCON	0X000000B
ACC	00H	TL0	00H
B	00H	TH0	00H
PSW	00H	TL1	00H
SP	07H	TH1	00H
DPTR	0000H	SCON	00H
P0～R3	FFH	SBUF	不定
TMOD	XX000000B	PCON	0XXX000B

【2-19】80C51 单片微机的 4 个 I/O 口在使用上有哪些分工和特点？

【答】4 个 I/O 口的分工和特点如下：

①P0 口是一个多功能的 8 位口，可按字节访问也可按位访问。

- 用作 I/O 口使用。相当于一个真正的双向口：输出锁存、输入缓冲，但输入时需先将口置 1；每根口线可以独立定义为输入或输出。

• 用作地址/数据复用总线用。作数据总线用时，输入/输出 8 位数据 D0～D7；作地址总线用时，输出低 8 位地址 A0～A7。

②P1 口是一个 8 位口，可以按字节访问也可按位访问，因此 P1 口不仅可以以 8 位一组进行输入/输出操作，还可以逐位分别定义各口线为输入线或输出线。输入时有条件，即需要先输出 1，将该口设为输入状态。一般做 I/O 口用。

③P2 口是一个多功能的 8 位口，可以按字节访问也可按位访问。在单片微机并行扩展方式时，P2 口作为地址总线的高 8 位 D8～D15。

④P3 口是一个多功能的 8 位口，可以按字节访问也可按位访问。

• 可作 I/O 口使用，为准双向口。既可以字节操作，也可以位操作；既可以 8 位口操作，也可以逐位定义口线为输入线或输出线。

• 替代输入/输出功能。

替代输入功能：

P3.0——RXD，串行输入口。

P3.2——$\overline{\text{INT0}}$，外部中断 0 的请求。

P3.3——$\overline{\text{INT1}}$，外部中断 1 的请求。

P3.4——T0，定时器/计数器 0 外部计数脉冲输入。

P3.5——T1，定时器/计数器 1 外部计数脉冲输入。

替代输出功能：

P3.1——TXD，串行输出口。

P3.6——$\overline{\text{WR}}$，外部数据存储器写选通，输出，低电平有效。

P3.7——$\overline{\text{RD}}$，外部数据存储器读选通，输出，低电平有效。

【2-20】80C51 单片微机的 I/O 口 P0～P3 用作通用 I/O 口时，要注意什么？

【答】P0～P3 用作通用 I/O 口时，输入时都需先将相应端口锁存器置 1，类似于置输入方式。

I/O 口 P0～P3 都具有位地址，所以每根 I/O 口线可以独立定义为输入或输出。

P0 口输出时为漏极开路输出，与 NMOS 的电路接口时必须要用电阻上拉才能有高电平输出；输入时为悬浮状态，为一个高阻抗的输入口。P1～P3 口输出级接有内部上拉负载电阻，能向外提供上拉负载电流，所以不必外接上拉电阻。

【2-21】80C51 单片微机有哪几种工作方式？简单说明它们的应用场合和特点。

【答】80C51 单片微机共有复位、程序执行、低功耗以及编程和校验等 4 种工作方式：

①复位方式：是单片微机的初始化操作，其主要功能是把程序计数器 PC 初始化为 0000H，使单片微机从 0000H 单元开始执行程序。除了进入系统的正常初始化之外，当由于程序运行出错或操作错误使系统处于死锁状态时，为摆脱困境，可以按复

位键来重新启动，也可以通过监视定时器 WDT 来强迫复位。

②程序执行方式：是单片微机的基本工作方式。

③低功耗工作方式：80C51 单片微机有两种低功耗工作方式，即待机方式和掉电保护方式，用于降低功耗、提高可靠性。

④编程和校验方式：对于片内具有 EPROM 型程序存储器的 87C51(87C52)单片微机和片内具有闪速存储器的 89C51(89C52)、78E51(78E52)等单片微机可以通过编程来修改程序存储器中的程序。

【2-22】举例说明 80C51 单片微机在工业控制系统中低功耗工作方式的意义及实现方法。

【答】有些产品和系统要求功耗尽量小，要求在停电时可以采用备用电池工作多少时间等，以上这些设计和要求往往与工业控制系统的低功耗设计是密切相连的。工业控制系统低功耗设计除了降低功耗，节省能源，满足绿色电子的基本要求之外，还能提高系统的可靠性，满足便携式、电池供电等特殊应用场合产品的要求。

80C51 单片微机有两种低功耗方式，即待机(空闲)方式和掉电(停机)保护方式。待机方式(空闲)和掉电(停机)保护方式都是由电源控制寄存器 PCON 的有关位来控制的。电源控制寄存器是一个逐位定义的 8 位寄存器，其格式如图 2-2 所示。

SMOD	—	—	—	GF1	GF0	PD	IDL

图 2-2　电源控制寄存器 PCON 格式

①SMOD——波特率倍增位，在串行口工作方式时，设 SMOD=1，则波特率加倍。

②GF1、GF0——通信标志位 1、0，由软件置位或复位。

③PD——掉电方式位，PD=1，则进入掉电工作方式。

④IDL——待机方式位，IDL=1，则进入待机工作方式。

若 PD 位和 IDL 位同时为 1，则先激活掉电方式。复位时 PCON 中所有位均为 0。

1. 待机方式

①使用指令使 PCON 寄存器 IDL 位置 1，则 80C51 单片微机进入待机方式。

此时振荡器仍然运行，并向中断逻辑、串行口和定时器/计数器电路提供时钟，中断功能继续存在。

向 CPU 提供时钟的电路被阻断，因此 CPU 不能工作，与 CPU 有关的如 SP、PC、PSW、ACC 以及全部通用寄存器都被冻结在原状态。

②可以采用中断方式或硬件复位来退出待机方式。

在待机方式下，若产生一个外部中断请求信号，在单片微机响应中断的同时，IDL 位被硬件自动清零，单片微机就退出待机方式而进入正常工作方式。在中断服务程序中安排一条 RETI 指令，就可以使单片微机恢复正常工作，从设置待机方式指令的下一条指令开始继续执行程序。

在待机方式下，振荡器仍然在工作，因此硬件复位只需保持两个机器周期的高电平就可以完成。RST 端复位信号直接将 IDL 位清零，从而退出待机方式，CPU 则从进入待机方式的下一条指令开始重新执行程序。

2. 掉电保护方式

①PCON 寄存器的 PD 位控制单片机进入掉电保护方式。

当 80C51 单片微机，在检测到电源故障时，除进行信息保护外，还应把 PD 位置“1”，使之进入掉电保护方式。此时单片微机一切工作都停止，只有内部数据存储器单元的内容被保护。

②只能依靠复位退出掉电保护方式。

80C51 单片微机备用电源由 V_{CC}端引入。当 V_{CC}恢复正常后，只要硬件复位信号维持 10ms，就能使单片微机退出掉电保护方式，CPU 则从进入待机方式的下一条指令开始重新执行程序。

【2-23】单片微机“面向控制”应用的特点，在硬件结构方面有哪些体现？

【答】单片微机“面向控制”应用的特点，在硬件结构方面有以下几个方面的体现：

①提供了数量多、功能强、使用灵活的并行 I/O 口和串行口。

②在 80C51 单片微机中，还特别设置了布尔(位)处理器，对并行 I/O 口的口线直接进行位的控制，对“面向控制”的应用带来了极大方便。

③设置多个中断源，并具有可编程的中断优先级，对于实时控制非常有利。

④提供了多个定时器/计数器，有的单片微机内部还具有监视定时器，有利于提高单片微机的实时控制能力和控制的可靠性。

第 3 章　单片微机的指令系统

【3-1】什么是指令、指令系统？

【答】控制单片微机进行某种操作的命令，称为“指令”。单片微机就是根据指令来指挥和控制单片微机各部分协调工作。指令由二进制代码表示，指令通常包括操作码和操作数两部分：操作码规定操作的类型，操作数给出参加操作的数或存放数的地址。

所有指令的集合称为“指令系统”。80C51 单片微机的指令系统专用于 80C51 系列单片微机，是一个具有 255 种操作码(00H 至 FFH，除 A5H 外)的集合。

【3-2】80C51 单片微机的指令系统具有哪些特点？

【答】80C51 单片微机的指令系统容易理解和阅读。只要熟记 42 种助记符，而 42 种助记符代表了 33 种功能，有的功能如数据传送，可以有几种助记符，如 MOV、MOVC 和 MOVX。指令功能助记符与操作数各种寻址方式结合共构造出 111 种指令，同一种指令所对应的操作码可以多至 8 种(如指令中 Rn 对应寄存器 R0～R7)。

80C51 单片微机的指令系统具有较强的控制操作类指令，容易实现“面向控制”的功能；具有位操作类指令，有较强的布尔变量处理能力。

【3-3】简述 80C51 单片微机指令的分类和格式。

【答】80C51 的指令系统，共有 111 条指令，按其功能可分为 5 大类：数据传送类指令(28 条)、算术运算类指令(24 条)、逻辑运算类指令(25 条)、控制转移类指令(17 条)、布尔(位)操作类指令(17 条)。

指令的表示方法称之为“指令格式”，其内容包括指令的长度和指令内部信息的安排等。在 80C51 系列单片微机的指令系统中，有单字节、双字节和三字节等不同长度的指令。

- 单字节指令：指令只有一字节，操作码和操作数同在一字节中。
- 双字节指令：指令包括两字节，其中一字节为操作码，另一字节是操作数。
- 三字节指令：操作码占一字节，操作数占两字节。其中，操作数既可能是数据，也可能是地址。

【3-4】简述 80C51 单片微机的指令寻址方式，并举例说明。

【答】执行任何一条指令都需要使用操作数，寻址方式就是在指令中给出的寻找操作数或操作数所在地址的方法。

80C51系列单片微机的指令系统中共有以下7种寻址方式：

①立即寻址。在指令中直接给出操作数。出现在指令中的操作数称为立即数，为了与直接寻址指令中的直接地址相区别，在立即数前面必需加上前缀“#”。

例如：

```
MOV   DPTR,#0DFF8H      ;DFF8H为立即数,直接送DPTR
```

②直接寻址。在指令中直接给出操作数单元的地址。

例如：

```
MOV   A,7FH  ;7FH是操作数单元的地址,7FH单元内的数据才是操作数,取出后送累加器A
```

③寄存器寻址。在指令中将指定寄存器的内容作为操作数。因此，指定了寄存器就能得到操作数。寄存器寻址方式中，用符号名称来表示寄存器。

例如：

```
INC   R7        ;R7的内容为操作数,加1后再送回R7
```

④寄存器间接寻址。在指令中给出的寄存器内容是操作数的地址，从该地址中取出的才是操作数。可以看出，在寄存器寻址方式中，寄存器中存放的是操作数；而在寄存器间接寻址方式中，寄存器中存放的则是操作数的地址。

寄存器间接寻址需以寄存器符号名称的形式表示。为了区别寄存器寻址和寄存器间接寻址，在寄存器间接寻址中，应在寄存器的名称前面加前缀“@”。

例如：

```
MOV A,@R0       ;当R0寄存器的内容是30H时,该指令功能是以R0寄存器的内容30H
                ;为地址,将30H地址单元的内容送累加器A中
```

⑤相对寻址。在指令中给出的操作数为程序转移的偏移量。相对寻址方式是为实现程序的相对转移而设立的，为相对转移指令所采用。

在相对转移指令中，给出地址偏移量(在80C51系列单片微机的指令系统中，以“rel”表示，为8位带符号数)，把PC的当前值加上偏移量就构成了程序转移的目的地址。而PC的当前值是指执行完转移指令后的PC值，即转移指令的PC值加上转移指令的字节数。

转移的目的地址可用如下公式表示：

目的地址=(转移指令所在地址+转移指令字节数)+rel

例如：

```
SJMP   80H      ;80H为程序转移的偏移量,即-128。当前PC值-128后即为转移地址
```

⑥变址寻址。以DPTR或PC作基址寄存器，累加器A作变址寄存器，以两者内容相加形成的16位程序存储器地址作为操作数地址。变址寻址又称基址寄存器+变址寄存器间接寻址。变址寻址方式只能对程序存储器进行寻址。

例如：

```
MOVC A,@A+DPTR      ;其功能是把DPTR和A的内容相加,所得到的程序存储器地址
                    ;单元的内容送A
```

⑦位寻址。80C51 系列单片微机有位处理功能，可以对数据位进行操作，因此就有相应的位寻址方式。位寻址的寻址范围如下：

- 片内 RAM 中的位寻址区。
- 可位寻址的特殊功能寄存器位。

例如：

```
MOV C,80H      ;把位寻址区的 80H 位(即 P0.0)状态送位累加器 C
```

【3-5】若访问特殊功能寄存器 SFR，可使用哪些寻址方式？

【答】访问特殊功能寄存器 SFR 的唯一寻址方式是直接寻址方式。这时除了以单元地址形式(如 90H)给出外，还可以寄存器符号形式(如 P1)给出。虽然特殊功能寄存器可以使用寄存器符号标志，但在指令代码中还是按地址进行编码的。

【3-6】若访问外部数据存储器单元，可使用哪些寻址方式？

【答】访问外部数据存储器单元的唯一寻址方式是寄存器间接寻址方式。片外数据存储器的 64KB 单元，使用 DPTR 作为间址寄存器，其形式为@DPTR。例如，MOVX A，@DPTR，其功能是把 DPTR 指定的片外数据存储器单元的内容送累加器 A。

片外数据存储器低 256 个单元，除了可使用 DPTR 作为间址寄存器外，也可使用 R0 或 R1 作间址寄存器。例如，MOVX A，@R0 即把 R0 指定的片外数据存储器单元的内容送累加器 A。

【3-7】若访问内部数据存储器单元，可使用哪些寻址方式？

【答】访问内部数据存储器单元，可使用的寻址方式有：

- 片内数据存储器的低 128 单元，可以使用寄存器间接寻址方式，但只能采用 R0 或 R1 为间址寄存器，其形式为@Ri(i=0，1)。
- 片内数据存储器的低 128 单元，可以使用直接寻址方式，在指令中直接以单元地址形式给出。
- 片内 RAM 的低 128 单元中的 20H～2FH，有 128 个可寻址位，还可以使用位寻址方式，对这 128 个位的寻址使用直接位地址表示。

【3-8】若访问程序存储器，可使用哪些寻址方式？

【答】访问程序存储器，可使用的寻址方式有立即寻址方式、变址寻址方式和相对寻址方式三种。立即寻址是指在指令中直接给出操作数。变址寻址方式只能对程序存储器进行寻址，或者说是专门针对程序存储器的寻址方式。相对寻址方式是为实现程序的相对转移而设立的。这三种寻址方式所得到的操作数或操作数地址都在程序存储器中。

【3-9】MOV、MOVC 和 MOVX 指令有什么区别，分别用于哪些场合，为什么？

【答】

① MOV 指令用于对内部数据存储器的访问。

② MOVC 指令用于对程序存储器的访问，从程序存储器中读取数据(如表格、常数等)。

③MOVX 指令采用间接寻址方式访问外部数据存储器或 I/O，有 R*i* 和 DPTR 两种间接寻址方式。MOVX 指令执行时，在 P3.7 引脚上输出$\overline{\text{RD}}$有效信号或在 P3.6 引脚上输出$\overline{\text{WR}}$有效信号，可以用作单片微机扩展外部数据存储器或 I/O 的读或写选通信号。

【3-10】说明“DA　A”指令的功能，并说明二-十进制调整的原理和方法。

【答】“DA A”指令的功能是对两个 BCD 码的加法结果进行调整。两个压缩型 BCD 码按二进制数相加之后，必须经过该指令的调整才能得到压缩型 BCD 码的和数。“DA A”指令对两个 BCD 码的减法结果不能进行调整。

BCD 码采用 4 位二进制数编码，并且只采用了其中的 10 个编码，即 0000～1001，分别代表 BCD 码 0～9，而 1010～1111 为无效码。当两个 BCD 码相加结果大于 9，说明已进入无效编码区；当两个 BCD 码相加结果有进位，说明已跳过无效编码区。凡相加结果进入或跳过无效编码区时，结果是错误的，相加结果均比正确结果小 6(差 6 个无效编码)。

十进制调整的修正方法为：当累加器低 4 位大于 9 或半进位标志 AC=1 时，则进行低 4 位加 6 修正；当累加器高 4 位大于 9 或进位标志 CY=1 时，进行高 4 位加 6 修正。

【3-11】说明 80C51 单片微机的布尔处理器的构造及功能。

【答】80C51 单片微机内部有一个布尔(位)处理器，具有较强的布尔变量处理能力。

布尔处理器实际上是一位微处理机，它包括硬件和软件。布尔处理器以进位标志 CY 作为位累加器，以 80C51 单片微机内部数据存储器的 20H～2FH 单元及部分特殊功能寄存器为位存储器，以 80C51 单片微机的 P0、P1、P2、P3 为位 I/O。

对位地址空间具有丰富的位操作指令，包括布尔传送指令、布尔状态控制指令、位逻辑操作指令及位条件转移指令。

【3-12】试分析以下程序段的执行结果。

```
MOV     SP,#60H
MOV     A,#88H
MOV     B,#0FFH
PUSH    ACC
PUSH    B
```

```
POP        ACC
POP        B
```

【答】结果如下：

```
MOV   SP,#60H        ;(SP)=60H
MOV   A,#88H         ;(A)=88H
MOV   B,#0FFH        ;(B)=FFH
PUSH  ACC            ;(SP)=61H,(61H)=88H
PUSH  B              ;(SP)=62H,(62H)=FFH
POP   ACC            ;(A)=FFH, (SP)=61H
POP   B              ;(B)=88H,(SP)=60H
```

程序段的执行结果：累加器A和寄存器B的内容通过堆栈进行了交换。

注意：80C51单片微机的堆栈是按照“先进后出”的原则进行管理的。

【3-13】已知(A)=7AH，(R0)=30H，(30H)=A5H，(PSW)=81H。填写各条指令单独执行后的结果。

```
(1)XCH      A,R0
(2)XCH      A,30H
(3)XCH      A,@R0
(4)XCHD     A,@R0
(5)SWAP     A
(6)ADD      A,R0
(7)ADD      A,30H
(8)ADD      A,#30H
(9)ADDC     A,30H
(10)SUBB    A,30H
(11)SUBB    A,#30H
```

【答】结果如下：

```
(1)XCH      A,R0       ;(A)=30H,(R0)=7AH
(2)XCH      A,30H      ;(A)=A5H,(30H)=7AH,(PSW)=80H
(3)XCH      A,@R0      ;(A)=A5H,(30H)=7AH,(PSW)=80H
(4)XCHD     A,@R0      ;(A)=75H,(30H)=AAH,(PSW)=81H
(5)SWAP     A          ;(A)=A7H
(6)ADD      A,R0       ;(A)=AAH,(PSW)=04H
(7)ADD      A,30H      ;(A)=1FH,(PSW)=81H
(8)ADD      A,#30H     ;(A)=AAH,(PSW)=04H
(9)ADDC     A,30H      ;(A)=20H, (PSW)=C1H
(10)SUBB    A,30H      ;(A)=D4H,(PSW)=84H
(11)SUBB    A,#30H     ;(A)=49H,(PSW)=01H
```

【3-14】已知(30H)＝40H，(40H)＝10H，(10H)＝00H，(P1)＝CAH，写出执行以下程序段后有关单元的内容。

```
MOV     R0,#30H
MOV     A,@R0
MOV     R1,A
MOV     B,@R1
MOV     @R1,P1
MOV     A,@R0
MOV     10H,#20H
MOV     30H,10H
```

【答】有关单元的内容如下：

```
MOV  R0,#30H     ;(R0)=30H
MOV  A,@R0       ;(A)=(30H)=40H
MOV  R1,A        ;(R1)=40H
MOV  B,@R1       ;(B)=(40H)=10H
MOV  @R1,P1      ;(40H)=CAH
MOV  A,@R0       ;(A)=(30H)=40H
MOV  10H,#20H    ;(10H)=20H
MOV  30H,10H     ;(30H)=(10H)=20H
```

执行以上程序段后有关单元的内容分别为：(30H)＝20H，(40H)＝CAH，(10H)＝20H，(P1)＝CAH。

【3-15】已知(R1)＝20H，(20H)＝AAH，请写出执行完下列程序段后 A 的内容。

```
MOV  A,#55H
ANL  A,#0FFH
ORL  20H,A
XRL  A,@R1
CPL  A
```

【答】各指令执行结果如下：

```
MOV  A,#55H      ;(A)=55H
ANL  A,#0FFH     ;(A)=55H
ORL  20H,A       ;(20H)=FFH
XRL  A,@R1       ;(A)=AAH
CPL  A           ;(A)=55H
```

执行完程序段后，A 的内容为 55H。

【3-16】设内部数据存储器 30H、31H 单元中连续存放有 4 位 BCD 码数符，试编程序把 4 位 BCD 码数符倒序排列。试对源程序加以注释。

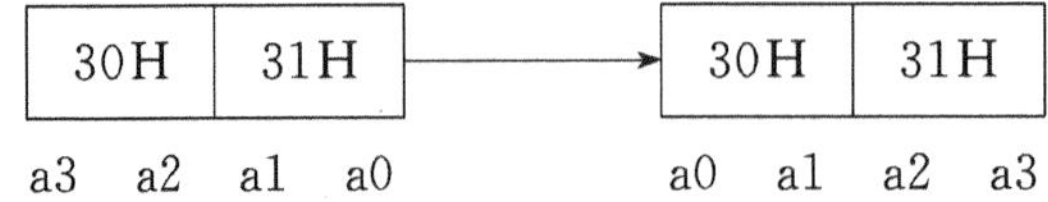

【答】源程序如下：

```
MOV   R0,#30H
MOV   R1,#31H
MOV   A,@R0        ;30H 单元内容送 A
SWAP  A            ;A 的高 4 位与低 4 位交换(a2 a3)
MOV   @R0,A
MOV   A,@R1        ;31H 单元内容送 A
SWAP  A            ;A 的高 4 位与低 4 位交换(a0 a1)
XCH   A,@R0        ;30H 与 31H 单元内容交换
MOV   @R1,A
HERE:SJMP  HERE
```

【3-17】设(A)=C3H，(R0)=AAH。分析指令“ADD A，R0”的执行结果。

【答】

```
       1 1 0 0 0 0 1 1 B
      +1 0 1 0 1 0 1 0 B
      -----------------
C=1    0 1 1 0 1 1 0 1 B
```

执行结果：(A)=6DH，(CY)=1，(OV)=1，(AC)=0。PSW=10XXX1X1。

分析：第 6 位无进位而第 7 位有进位，故溢出标志 OV=1。对于两个带符号数相加，OV=1 即表示出现两个负数相加，结果为正数的错误；对于两个无符号数相加，不必考虑 OV 值。

第 7 位有进位，故进位标志 C=1。对于两个无符号数相加，C=1 即表示相加后有正常溢出，可用于多字节无符号数相加。对于两个带符号数相加，不必考虑 C 值。

【3-18】阅读下列程序，说明其功能。

```
        ORG     0000H
        AJMP    MAIN
        ORG     0030H
MAIN:MOV        R0,#0               ;
     MOV        R1,#10H             ;
     MOV        R2,#10H             ;
LOOP:MOV        A,@R1               ;
     CJNE       A,#00H   LOOP1      ;
```

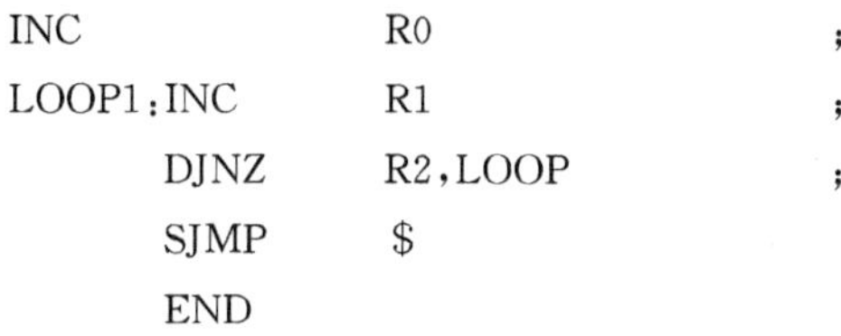

```
INC             R0              ;
LOOP1:INC       R1              ;
      DJNZ      R2,LOOP         ;
      SJMP      $
      END
```

【答】对程序注释如下：

```
      ORG     0000H
      AJMP    MAIN
      ORG     0030H
MAIN:MOV      R0,#0                   ;计数单元初始值为0
      MOV     R1,#10H                 ;设内部数据存储器存放单元首地址
      MOV     R2,#10H                 ;设数据长度
LOOP:MOV      A,@R1                   ;取数
      CJNE    A,#00H   LOOP1          ;若不为零,跳转
      INC     R0                      ;若该数为0,则为0个数加1
LOOP1:INC     R1                      ;内部数据存储器存放单元地址加1
      DJNZ    R2,LOOP                 ;判断统计是否结束,未结束则循环
      SJMP    $
      END
```

程序功能：

在内部数据存储器的10H单元开始存放有16个8位数。统计出其中数为零的数目，并把统计结果存入R0寄存器中。

【3-19】已知两个十进制数分别在内部数据存储器中的40H单元和50H单元开始存放(低位在前)，其字节长度存放在内部数据存储器的30H单元中。编程实现两个十进制数求和，求和结果存放在40H开始的单元中。

【答】程序如下：

```
      ORG     0000H
      SJMP    MAIN
      ORG     0030H
MAIN:
      MOV     R0,#40H        ;加数首址,又作两个十进制数和的首址
      MOV     R1,#50H        ;被加数首址
      MOV     R2,30H         ;取字节长度
      CLR     C              ;清进位标志位
PP:MOV        A,@R1          ;取被加数
   ADDC       A,@R0          ;与加数进行带进位加
   DA         A              ;二-十进制数调整
```

```
    MOV     @R0,A       ;存和
    INC     R0          ;修正地址
    INC     R1
    DJNZ    R2,PP       ;多字节循环加
    AJMP    $
    END
```

【3-20】编程实现把外部数据存储器中从 8000H 开始的 100 个字节数据传送到 8100H 开始的单元中去。

【答】程序如下：

```
        ORG   0000H
        SJMP  MAIN
        ORG   0030H
MAIN:   MOV     DPTR,#8000H     ;字节数据源首地址
        MOV     R1,#100         ;字节数据计数器
        MOV     R2,#01H
        MOV     R3,#00H
PP:     MOVX    A,@DPTR         ;读数据
        MOV     R4,A            ;保存读出数据
        CLR     C
        MOV     A,DPL           ;计算得到字节数据目的地址
        ADD     A,R3
        MOV     DPL,A
        MOV     A,DPH
        ADDC    A,R2
        MOV     DPH,A
        MOV     A,R4            ;恢复读出数据
        MOVX    @DPTR,A         ;写数据至目的地址
        CLR     C               ;恢复源数据地址
        MOV     A,DPL
        SUBB    A,R3
        MOV     DPL,A
        MOV     A,DPH
        SUBB    A,R2
        MOV     DPH,A
        INC     DPTR            ;地址加 1
        DJNZ    R1,PP           ;是否传送完
        SJMP    $
        END
```

注意： 字节数据源地址和目的地址都在外部数据存储器中，地址指针都为DPTR，所以要注意DPTR地址的保护和恢复。地址的保护和恢复的方法有多种，如通过堆栈或寄存器。

【3-21】读下列程序并完成以下任务：

①写出程序功能，并以图示意。

②对源程序加以注释。

```
        ORG   0000H
MAIN:MOV      DPTR,#TAB
        MOV      R1,#06H
LP:CLR       A
      MOVC   A,@A+DPTR
      MOV     P1,A
      LCALL  DELAY 0.5s
      INC      DPTR
      DJNZ    R1,LP
      AJMP    MAIN
 TAB: DB     01H, 03H, 02H, 06H,
         04H,05H
DELAY0.5s:……
             RET
             END
```

【答】①程序功能:将TAB表中的6个参数依次从P1口中输出(每次输出延时0.5s)，然后重复输出。P1口输出波形如图3-1所示。这是步进电机三相六拍输出波形。

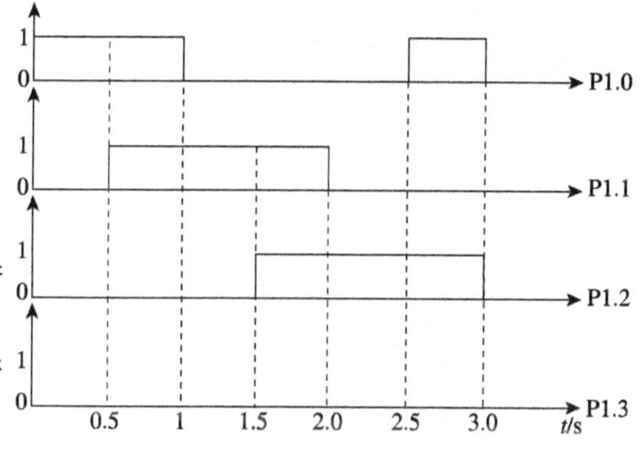

图3-1　P1口输出波形

②注释见源程序“;”右边所述。

```
        ORG   0000H
MAIN:MOV   DPTR,#TAB                   ;P1输出参数表首地址
        MOV   R1,#06H                  ;P1输出参数有6个
LP:CLR   A
      MOVC   A,@A+DPTR                 ;查表,从P1输出参数
      MOV   P1,A
      LCALL   DELAY 0.5s               ;P1输出延时0.5s
      INC   DPTR
      DJNZ   R1,LP                     ;判输出参数不到6个,则循环
      AJMP   MAIN                      ;输出参数有6个,则重复输出
TAB:DB   01H,03H,02H,06H,04H,05H       ;P1输出参数表
```

```
DELAY0.5s:……                          ;延时 0.5s 子程序(略)
        RET
        END
```

【3-22】读下列程序并完成下列任务：

①画出 P1.0～P1.3 引脚上的波形图，并标出电压 V-时间 t 坐标。

②对源程序加以注释。

```
          ORG   0000H
START:MOV   SP,#20H                  ;
          MOV   30H,#01H             ;
          MOV   P1,#01H              ;
MLP0:ACALL   D50ms                   ;
        MOV   A,   30H               ;
        CJNE  A,   #08H,MLP1         ;
        MOV   A,   #01H              ;
        MOV   DPTR,#ITAB             ;
MLP2:MOV   30H,   A                  ;
        MOVC   A,@A+DPTR             ;
        MOV   P1,   A                ;
        SJMP   MLP0                  ;
MLP1:INC   A                         ;
          SJMP   MLP2                ;
ITAB:DB   0,1,2,4,8                  ;
        DB   8,4,2,1V                ;
D50ms:……
        RET
```

【答】

①程序功能：P1.0～P1.3 引脚上的波形图如图 3-2 所示。

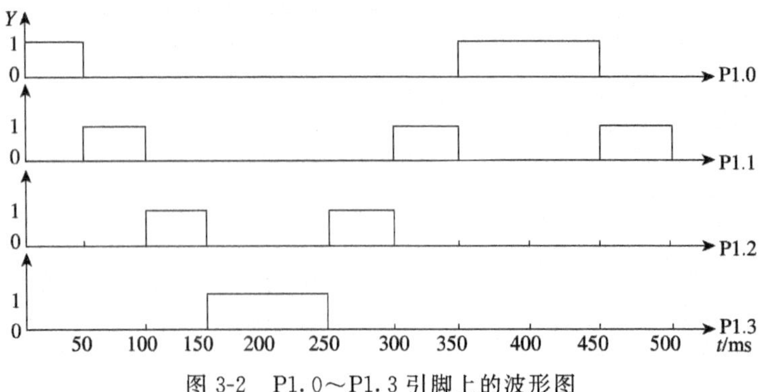

图 3-2　P1.0～P1.3 引脚上的波形图

②注释见源程序右边所述。

```
        ORG   0000H
START:MOV   SP,#20H          ;设堆栈指示器初值
        MOV   30H,#01H       ;P1输出第一拍
        MOV   P1,#01H        ;P1引脚输出波形
MLP0:ACALL   D50ms           ;P1引脚输出波形延时50ms
      MOV   A,  30H
      CJNE  A,  #08H,MLP1    ;判表格中数据是否取完
      MOV   A,  #01H         ;取完,从表头开始取
      MOV   DPTR,#ITAB       ;表格首地址
MLP2:MOV   30H,  A
      MOVC   A,@A+DPTR       ;取表格中数据
      MOV   P1,  A
      SJMP   MLP0
MLP1:INC   A                 ;表格中数据未取完,准备取下一个
      SJMP   MLP2
ITAB:DB  0,1,2,4,8           ;P1引脚输出波形表
     DB  8,4,2,1
D50ms:……                     ;软件延时50ms子程序(略)
      RET
```

第 4 章　单片微机的程序设计

【4-1】简述下列基本概念：程序、程序设计、机器语言、汇编语言、高级语言。

【答】基本概念如下：

①程序：为计算某一算式或完成某一工作的若干指令的有序集合。

②程序设计：单片微机的全部工作概括起来，就是执行程序的过程。为单片微机准备这一程序，即编制程序的工作过程。

③机器语言：用二进制代码表示的指令系统称为机器语言系统，简称为机器语言。

④汇编语言：用英文字符来代替机器语言，这些英文字符被称为助记符。用这种助记符表示指令系统的语言称为汇编语言或符号语言。

⑤高级语言：参照数学语言而设计的、近似于人们日常用语的语言。面向问题或者面向过程的语言。这种语言不仅直观、易学、易懂，而且通用性强，易于移植到不同类型的机器中去。

【4-2】在单片微机领域，目前最广泛使用的是哪几种语言？各有哪些优越性？这几种语言单片微机能否直接执行？

【答】在单片微机领域，目前最广泛使用的是汇编语言和高级语言。

汇编语言编写的程序效率高，占用存储空间小，运行速度快，而且能反映单片微机的实际运行情况。编程比使用高级语言困难、通用性差。单片微机不能直接执行汇编语言程序，必须通过人工(或机器)汇编把汇编语言程序转换为机器语言程序。

高级语言不受具体机器的限制，而且使用了许多数学公式和习惯用语，从而简化了程序设计的过程，通用性强，易于移植到不同类型的单片微机中去。

单片微机不能直接识别和执行高级语言，需要将其转换为机器语言程序才能识别和执行，这一转换工作通常称为编译或者解释。进行编译或者解释的专用程序称为编译程序或者解释程序。

【4-3】什么叫伪指令？80C51 单片微机程序设计中主要有哪些伪指令语句？

【答】伪指令又称“汇编程序控制译码指令”。“伪”体现在汇编时不产生机器指令代码，不影响程序的执行，仅指明在汇编时执行一些特殊的操作。例如，为程序指定一个存储区，将一些数据、表格常数存放在指定的存储单元，说明源程序开始或结束等。不同的单片微机开发装置所定义的伪指令不全相同。

80C51 单片微机程序设计中主要有伪指令语句如下：

①ORG(ORiGIN)——汇编起始地址伪指令。

指令格式：ORG<表达式>

其含义是向汇编程序说明，下述程序段的起始地址由表达式指明。表达式通常为十六进制地址码。

②END(END of assembly)——汇编结束伪指令。

其含义是通知汇编程序，该程序段汇编至此结束。

③EQU(EQUate)——赋值伪指令。

指令格式：<标号>EQU<表达式>

其作用是把表达式赋值于标号，这里的标号和表达式是必不可少的。用 EQU 语句给一个标号赋值以后，在整个源程序中该标号的值是固定的，不能更改。

④DL——定义标号值伪指令。

指令格式：<标号>DL<表达式>

其含义也是说明标号等值于表达式。同样，标号和表达式是必不可少的。用 DL 语句在同一源程序中给同一标号赋予不同的值，即可更改已定义的标号值。

⑤DB(Define Byte)——定义字节伪指令。

指令格式：<标号>DB<表达式或表达式表>

其含义是将表达式或表达式表所表示的数据或数据串存入从标号开始的连续存储单元中。标号为可选项，它表示数据存储单元地址。表达式或表达式表是指一个字节或用逗号分开的字节数据。可以是用引号括起来的字符串，字符串中的字符按 ASCII 码存于连续的程序存储器中。

⑥DW(Define Word)——定义字伪指令。

指令格式：<标号>DW<表达式或表达式表>

其含义是把字或字串值存入由标号开始的连续存储单元中，并且把字的高字节数存入低地址单元，低字节数存入高地址单元。按顺序连续存放。

⑦DS(Define Stoage)——定义存储区伪指令。

存储区说明伪指令的指令格式为：<标号>DS<表达式>

通知汇编程序，在目标代码中以标号为首地址保留表达式值的若干存储单元以备源程序使用。汇编时对这些单元不赋值。

注意：对于 80C51 单片微机，DB、DW、DS 等伪指令只能应用于程序存储器，不能应用于数据存储器。

⑧BIT——位定义伪指令。

用于给字符名称赋予位地址。

命令格式：<字符名称>BIT<位地址>

其中，位地址可以是绝对地址，也可以是符号地址。

【4-4】什么是结构化程序设计？它包含哪些基本结构程序？

【答】程序设计有时可能是一件很复杂的工作，但往往有些程序结构是很典型的，采用结构化程序编程时规律性极强，简单清晰，易读写。具有调试方便、生成周期短、可靠性高等特点。

根据结构化程序设计的观点，功能复杂的程序结构一般采用三种基本控制结构，即顺序结构、分支结构和循环结构来组成，再加上子程序及中断服务子程序，共包含五种基本结构程序。

【4-5】顺序结构程序的特点是什么？试用顺序结构程序编写三字节无符号数的加法程序段，最高字节的进位存入用户标志 F0 中。

【答】顺序结构是按照逻辑操作顺序，从某一条指令开始逐条顺序执行，直至某一条指令为止。比如数据的传送与交换、简单的运算、查表等程序的设计。顺序结构是所有程序设计中最基本、最单纯的程序结构形式，因而是一种最简单、应用最普遍的程序结构。在顺序结构程序中没有分支，也没有子程序，但它是组成复杂程序的基础和主干。

例如：三字节无符号数的加法程序段，最高字节的进位存入用户标志 F0 中。

假设加数存放在内存 20H、21H 和 22H 中，被加数存放在内存 30H、31H 和 32H 中，和存放在内存 40H、41H 和 42H 中。数据存放次序为低字节在前。

```
MOV   A,30H      ;取被加数低字节数
ADD   A,20H      ;求和
MOV   40H,A      ;和存入
MOV   A,31H
ADDC  A,21H      ;带进位求和
MOV   41H,A
MOV   A,32H
ADDC  A,22H      ;带进位求和
MOV   42H,A
MOV   F0,C       ;最高字节的进位存入用户标志 F0 中
```

【4-6】80C51 单片微机有哪些查表指令？它们有何本质区别？请编写按序号 i 值查找 Di(16 位长度)的方法，设序号值 i 存放在 R7 中，将查找到的数据存放于片内数据存储器的 30H 和 31H 单元中，请画出程序流程图，编写查表程序段，加上必要的伪指令，并对源程序加以注释。

【答】80C51 有两种查表指令，即近程查表指令“MOVC A，@A+PC”和远程查表指令“MOVC A，@A+DPTR”。

这两条指令的功能均是从程序存储器中读取数据(如表格、常数等)，执行过程相同，其差别是基址不同，因此适用范围也不同。

累加器 A 为变址寄存器，而 PC、DPTR 为基址寄存器。DPTR 为基址寄存器时，允许数表存放在程序存储器的任意单元，称为远程查表，编程比较直观；而 PC 为基址寄存器时，数表只能放在该指令单元往下的 256 个单元中，称为近程查表。编

程时需要计算累加器 A 中的值与数表首址的偏移量。

例如，按序号 i 值查找 Di(16 位长度)的源程序如下所示：

```
ORG      0000H
MOV      DPTR,#TABLE        ;指向表首址
MOV      A,R7               ;取序号值 i
RL       A                  ;Di 为两字节
MOV      R7,A               ;序号值 i×2
MOVC     A,@A+DPTR          ;查表获得 Di 的高字节
MOV      30H,A
MOV      A,R7
INC      A                  ;指向表的下一个地址
MOVC     A,@A+DPTR          ;查表获得 Di 的低字节
MOV      31H,A
……
TABLE:DW   ……               ;表(DW 为双字节,高字节在前)
         END
```

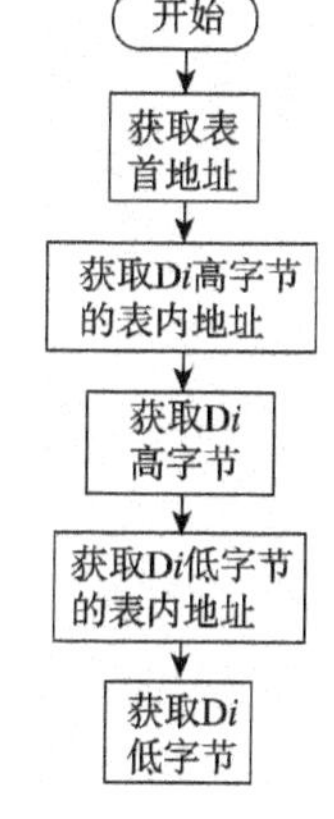

图 4-1 查表程序流程图

查表程序流程图如图 4-1 所示。

【4-7】根据运算结果给出的数据到指定的数据表中查找对应的数据字。运算结果给出的数据在片内数据存储器的 40H 单元中，给出的数据大小在 00～0FH 之间，数据表存放在 20H 开始的片内数据存储器中。查表所得数据字为双字节(高字节在后)，高字节存于 42H，低字节存于 41H 单元。其对应关系为：

给出数据：00H　　01H　　02H……　　0DH　　0EH　　0FH

对应数据：00A0H　7DC2H　FF09H……　3456H　89ABH　5678H

请编制查表程序段，加上必要的伪指令，并加以注释。

【答】程序如下：

```
        ORG   0000H
        AJMP  MAIN
        ORG   0030H
  MAIN:MOV   A,40H              ;运算结果给出的数据放在 40H 中
        MOV   DPTR,#TAB         ;指向数据字表首地址
        RL    A                 ;由于是双字节,所以 A 左移一位(乘 2)
        MOV   40H,A             ;结果放在 40H
        MOVC  A,@A+DPTR         ;查表,找出对应的值
        MOV   41H,A             ;查找出的数据值低字节放入 41H
        MOV   A,40H
        INC   A                 ;查找数据的高位字节
        MOV   DPTR,#TAB
```

```
        MOVC   A,@A+DPTR
        MOV   42H,A                          ;查找出的数据值高字节放入 42H
        SJMP   $
        ORG   0070H
  TAB:DB   0A0H,00H,0C2H,7DH,09H,0FFH,…,56H,34H      ;数据字表
       DB   0ABH,89H,78H,56H
```

注意：数据表存放在 0070H 开始的片内存储器中，该存储器应为内部程序存储器，因为查表指令 MOVC 的功能是从程序存储器中读数据。

【4-8】什么是分支结构程序？80C51 单片微机的哪些指令可用于分支结构程序编程？有哪些多分支转移指令？由累加器 A 中的动态运行结果值进行选择分支程序，分支转移指令选用 LJMP，请编写散转程序段和画出程序流程图，加上必要的伪指令，并加以注释。

【答】分支结构程序的主要特点是程序执行流程中必然包含条件判断指令。符合条件要求和不符合条件要求的分别有不同的处理路径。编程的主要方法和技术是合理选用具有逻辑判断功能的指令。在程序设计时，往往借助程序框图(判断框)来指明程序的走向。

一般情况下，每个分支均需要单独执行一段程序，对分支程序的起始地址赋予一个地址标号，以便当条件满足时转向指定地址单元去执行程序，条件不满足时仍顺序往下执行程序。

80C51 单片微机的条件判跳指令极其丰富，功能极强，特别是位处理判跳指令，对复杂问题的编程提供了极大方便。程序中每增加一条条件判跳指令，就应增加一条分支。

分支结构程序的形式，有单分支结构和多分支结构两种：

①在 80C51 单片微机指令系统中，可实现单分支程序转移的指令有位条件转移指令，如 JC、JNC、JB、JNB 和 JBC 等，还有一些条件转移指令，如 JZ、JNZ、DJNZ 和 CJNE 等。

②80C51 单片微机设有两条多分支选择指令：

- 散转指令：JMP @A+DPTR 散转指令由数据指针 DPTR 决定多分支转移程序的首地址，由累加器 A 中内容动态地选择对应的分支程序。因此，可以从多达 256 个分支中选择一个分支散转。
- 比较指令：CJNE A,direct,rel(共有 4 条)。

比较两个数的大小，必然存在大于、等于、小于三种情况，这时就需要从三个分支中选择一个分支执行程序。

例如：由累加器 A 中的动态运行结果值进行选择分支程序，分支转移指令选用 LJMP。

```
        ORG   0000H
        MOV   DPTR,#JPTAB        ;分支转移表首地址
        CLR   C
        MOV   B,A
        RLC   A                  ;(A)×2
        JNC   TAB
        INC   DPH                ;(A)×2 大于一个字节,则 DPH 要加 1
  TAB:ADD   A,B                  ;(A)×3
       JNC   TABLE
       INC   DPH                 ;(A)×3 大于一个字节,则 DPH 要加 1
  TABLE:JMP   @A+DPTR            ;多分支转移
  JPTAB:LJMP   LOOP1             ;长转移指令表
        LJMP   LOOP2
        ……
```

注意：长转移指令为 3 个字节，因此 A 中内容应乘以 3，若大于一个字节，则 DPH 要加 1。

分支程序流程图如图 4-2 所示。

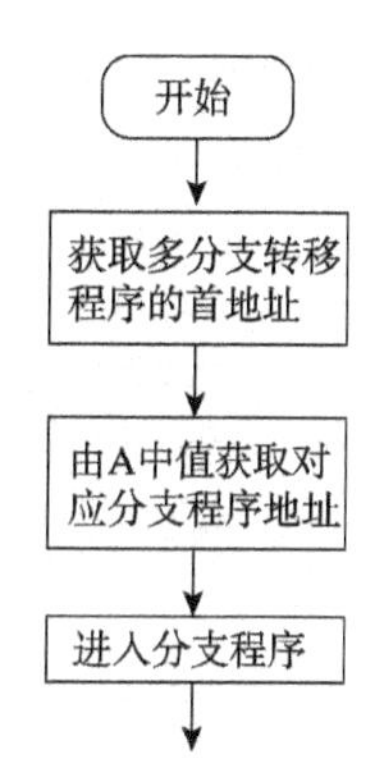

图 4-2　分支程序流程图

【4-9】循环结构程序有何特点？80C51 单片微机的循环转移指令有什么特点？何谓循环嵌套？编程时应注意些什么？

【答】循环是强制 CPU 重复多次地执行一串指令的基本程序结构。从本质上看，循环程序结构只是分支程序中的一个特殊形式。循环程序由 4 个部分构成，即循环初始化、循环体、循环控制和结束部分。

循环次数已知情况下采用计数循环程序，其特点是必须在初始化部分设定计数的初值，循环控制部分依据计数器的值决定循环次数。

根据控制循环结束的条件，决定是否继续循环程序的执行。所谓的结束条件可以是搜索到某个关键字(如回车符“CR”)，也可以是发生的某种变化(如故障引起电路电平变化)等，什么时候结束循环是不可预知的。

80C51 单片微机设有功能强的循环转移指令：

```
DJNZ   Rn,rel            ;以工作寄存器作控制计数器
DJNZ   direct,rel        ;以直接寻址单元作控制计数器
CJNE   A,direct,rel      ;比较不相等转移
```

这几条基本指令可派生出很多条不同控制计数器的循环转移指令，大大扩充了应用范围和多重循环层次。

循环嵌套就是在循环内套循环的结构形式，也称多重循环。

循环的执行过程是从内向外逐层展开的。内层执行完全部循环后，外层则完成一

次循环，依次类推。层次必须分明，层次之间不能有交叉，否则将产生错误。

编程时要注意循环的正确退出，要防止出现“死循环”。

【4-10】什么是子程序？它的结构特点是什么？什么是子程序嵌套？

【答】在编制应用程序时，往往将那些需多次应用的但完成的运算或操作相同的程序段，编制成一个子程序，并尽量使其标准化，存放于某存储区域。调用子程序的程序称为“主程序”或“调用程序”。

子程序是由专门的子程序调用指令 CALL 调用而以子程序返回指令 RET 结束的程序段。子程序的第一条指令地址，通常称为“子程序首地址”或“入口地址”，往往采用标号(可用助记符)加以表示，调用(转子)指令的下一条指令地址，通常称为“返回地址”或“断点”。

在子程序中调用子程序的现象通常称为子程序嵌套。

【4-11】手工汇编下列程序：

```
      KEY  EQU  20H
      ORG  0000H
      MOV  R0,#30H          ;数据区首址
      MOV  R1,#16           ;数据区长度
      MOV  20H,#KEY         ;关键字送20H单元
      CLR  F0               ;清用户标志位
      MOV  21H,#01          ;序号置1
   LP:MOV  A,@R0            ;取数
      CJNE A,20H,LP1        ;搜索关键字
      SJMP HERE             ;找到关键字,结束
  LP1:INC  21H              ;未搜索到关键字,序号加1
      INC  R0               ;数据区地址指针加1
      DJNZ R1,LP            ;未搜索完,则继续
      SETB F0               ;搜索完,但未搜索到关键字,则置位用户标志
 HERE:SJMP HERE
```

【答】根据指令查指令表得到机器码，手工汇编结果如下：

```
                     KEY  EQU  20H
                     ORG  0000H
0000 7830            MOV  R0,#30H       ;数据区首址
0002 7910            MOV  R1,#16        ;数据区长度
0004 752020          MOV  20H,#KEY      ;关键字送20H单元
0007 C2D5            CLR  F0            ;清用户标志位
0009 752101          MOV  21H,#01       ;序号置1
000C E6           LP:MOV  A,@R0         ;取数
```

```
000D B52002         CJNE   A,20H,LP1        ;搜索关键字
0010 8007           SJMP   HERE             ;找到关键字,结束
0012 0521     LP1:  INC    21H              ;未搜索到关键字,序号加 1
0014 08             INC    R0               ;数据区地址指针加 1
0015 D9F5           DJNZ   R1,LP            ;未搜索完,则继续
0017 D2D5           SETB   F0               ;搜索完,但未搜索到关键字,则置位用户标志
0019 80FE    HERE:  SJMP   HERE
```

【4-12】把长度为 100 的字符串从片内数据存储器的输入缓冲区 INBUF 向设在片外数据存储器的输出缓冲区 OUTBUF 进行传送，一直进行到遇见 ASCII 码的回车字符“CR”时停止，如果字符串中无字符“CR”，则整个字符串全部传送。请加上必要的伪指令，并对源程序加以注释。

【答】程序如下：

```
        ORG    0000H
        AJMP   MAIN
        ORG    0030H
MAIN:   MOV    R7,#100              ;数据长度
        MOV    R0,#INBUF            ;源数据首地址
        MOV    DPTR,#OUTBUF         ;目的数据首地址
LOOP:   MOV    A,@R0                ;把源数据的值赋给 A
        CJNE   A,#0DH,LOOP1         ;判是否是字符“CR”(ASCII 码值为 0DH)
        SJMP   END1                 ;是字符“CR”,则结束传送
LOOP1:  MOVX   @DPTR,A              ;把 A 中的源数据赋给目的数据区
        INC    R0                   ;源数据地址值加 1
        INC    DPTR                 ;目的数据地址值加 1
        DJNZ   R7,LOOP              ;判断数据传送是否完毕
END1:   SJMP   END1
        END
```

【4-13】片内数据存储器从 20H 单元开始存放一批正数，正数为无序排列，并以“—1”作为结束标志。编程实现在这批正数中找出最小正数，存入 10H 单元。请加上必要的伪指令，并对源程序加以注释。

【答】程序如下：

```
        ORG    0000H
        AJMP   MAIN
        ORG    0030H
MAIN:   MOV    R0,#20H              ;正数存放首址
        MOV    10H,#7FH             ;初始值设为正数最大值
```

```
LOOP:MOV   A,  @R0              ;取正数
      CJNE  A,  "－1",CHK       ;比较是否是结束标志"－1"
      SJMP  END1                ;是"－1",则结束比较
CHK:CJNE  A,10H,CHK1            ;比较两个正数大小
      SJMP  LOOP1               ;两个正数相等,不交换
CHK1:JNC  LOOP1                 ;A 中正数较大,不交换
      MOV   10H,A               ;A 中正数较小,则两个正数交换
LOOP1:INC  R0                   ;指向下一个正数地址
      SJMP  LOOP                ;继续比较
END1:SJMP  END1
      END
```

例如：已知(20H)＝7FH，(21H)＝23H，(22H)＝0CH，(23H)＝20H，(24H)＝16H，(25H)＝“－1”。

执行程序后：(10H)＝0CH。

【4-14】比较两个ASCII码字符串是否相同。字符串的长度在内部数据存储器的20H单元，第一个字符串的首地址在内部数据存储器的30H中，第二个字符串的首地址在内部数据存储器的40H中。如果两个字符串相同，则置用户标志F0为0；否则置用户标志F0为1。请加上必要的伪指令，并对源程序加以注释。(注：每个ASCII码字符为一个字节，如ASCII码“A”表示为41H)。

【答】字符串中每一个字符都可以用一个ASCII码表示。只要有一个字符不相同，就可以判定字符串不相同。

```
      ORG   0000H
      AJMP  MAIN
      ORG   0030H
MAIN:MOV   R0,#30H          ;第一个字符串的首地址
      MOV   R1,#40H         ;第二个字符串的首地址
LOOP:MOV   A,@R0            ;第一个字符串的字符值赋给 A
      MOV   B,@R1           ;第二个字符串的字符值赋给 B
      CJNE  A,B,NEXT        ;比较两个字符值,若有不相同则转
      INC   R0              ;字符值相同,则继续比较
      INC   R1
      DJNZ  20H,LOOP        ;判字符串是否比较完
      CLR   F0              ;字符串相等,则 F0 位清零
      SJMP  $
NEXT:SETB  F0               ;字符串不等,则 F0 位置 1
      SJMP  $
      END
```

例如：(20H)＝03H，(30H)＝41H，(31H)＝42H，(32H)＝43H，(40H)＝41H，(41H)＝42H，(42H)＝43H。两个字符串均为“ABC”。

执行结果：(F0)＝0。

【4-15】已知经A/D转换后的温度值存在内部数据存储器的40H中，设定温度值存在41H中，要求编写控制程序，当测量的温度值＞(设定温度值＋2℃)时，从P1.0引脚上输出低电平，当测量的温度值＜(设定温度值－2℃)时，从P1.0引脚上输出高电平，其他情况下，P1.0引脚输出电平不变(假设运算中C中的标志不会被置1)。加上必要的伪指令，并对源程序加以注释。

【答】程序如下：

```
        ORG   0000H
        AJMP  MAIN
        ORG   0020H
MAIN:
        MOV   B,41H        ;设定的温度值
        MOV   A,B
        ADD   A,#02H
        MOV   B,A          ;(设定温度值＋2℃)送B寄存器
        MOV   A,40H        ;测量的温度值
        CLR   C
        SUBB  A,B
        JZ    $            ;测量的温度值＝(设定温度值＋2℃),则P1.0引脚输出不变
        JNC   LOWER        ;测量的温度值＞(设定温度值＋2℃),转P1.0引脚输出低电平
        MOV   B,41H        ;设定的温度值
        MOV   A,B
        DEC   A
        DEC   A
        MOV   B,A          ;(设定温度值－2℃)送B寄存器
        MOV   A,40H        ;测量的温度值
        CLR   C
        SUBB  A,B
        JC    HIGH         ;测量的温度值＜(设定温度值－2℃),转P1.0引脚输出高电平
        SJMP  $            ;P1.0引脚输出不变
LOWER:CLR   P1.0           ;P1.0引脚输出低电平
        SJMP  $
HIGH:SETB   P1.0           ;P1.0引脚输出高电平
        SJMP  $
        END
```

【4-16】80C51 单片微机从内部数据存储器的 31H 单元开始存放一组 8 位带符号字节数，字节个数存在 30H 中。请编写程序统计出其中正数、零和负数的数目，并把统计结果分别存入 20H、21H 和 22H 三个单元中。加上必要的伪指令，并对源程序加以注释。

【答】程序如下：

```
          ORG   0000H
          AJMP  MAIN
          ORG   0030H
    MAIN: MOV   20H,#0              ;统计结果存放单元初始值为 0
          MOV   21H,#0
          MOV   22H,#0
          MOV   R0,#31H             ;数据首地址
    LOOP: MOV   A,@R0               ;取数据
          JB    ACC.7,INC_NEG       ;符号位为 1,表示该数为负数,跳转加 1
          CJNE  A,#0,INC_POS
          INC   21H                 ;该数为 0,0 个数加 1
          AJMP  LOOP1
 INC_NEG: INC   22H                 ;该数为负数,负数个数加 1
          AJMP  LOOP1
 INC_POS: INC20H                    ;该数为正数,正数个数加 1
   LOOP1: INC   R0                  ;指向下一数据地址
          DJNZ  30H,LOOP            ;判断统计是否结束
          END
```

例如：已知(30H)=08H，31H 单元起存放数据为：00H，80H，7EH，6DH，2FH，34H，EDH，FFH。

执行结果：(20H)=04H，(21H)=01H，(22H)=03H。

【4-17】两个 10 位的无符号二-十进制数，分别从内部数据存储器的 40H 单元和 50H 单元开始存放。请编程计算两个数的和，并从内部数据存储器的 60H 单元开始存放。加上必要的伪指令，并对源程序加以注释。

【答】10 位的无符号二-十进制数，占 5 字节，每个字节存放一个压缩 BCD 码(2 位)。

```
          ORG     0000H
          AJMP    MAIN
          ORG     0030H
    MAIN: MOV   R7,#05H       ;十位(5 个字节)计数
          MOV   R0,#40H       ;被加数首址
          MOV   R1,#50H       ;加数首址
```

```
        MOV   R2,#60H          ;和数首址
        CLR   C                ;清 C 标志位
ADDB:MOV   A,@R0            ;取被加数
        ADDC  A,@R1            ;与加数相加
        DA    A                ;进行二-十进制调整
        MOV   B,R0             ;保护被加数地址
        MOV   20H,R2
        MOV   R0,20H
        MOV   @R0,A            ;存和
        MOV   R2,20H           ;恢复和数地址
        MOV   R0,B             ;恢复被加数地址
        INC   R0               ;三个地址指针均加 1
        INC   R1
        INC   R2
        DJNZ  R7,ADDB          ;多字节加未结束,则循环
HERE:SJMP  HERE
        END
```

注意：寄存器间接寻址只针对 R0 和 R1，所以存和时不能使用指令 MOV@R2,A。

例如：

40H～44H 内容为 78H，10H，10H，10H，10H

50H～54H 内容为 42H，10H，10H，10H，10H

```
即 BCD 数   1 0 1 0 1 0 1 0 7 8
          +1 0 1 0 1 0 1 0 4 2
          ---------------------
            2 0 2 0 2 0 2 1 2 0
```

运行结果：60H～64H 单元中的数为 20H，21H，20H，20H，20H。

【4-18】编写子程序，实现 4 位非压缩 BCD 码数转换为二进制数，加上必要的伪指令，并对源程序加以注释。

【答】程序如下：

```
                         ORG    0000H
0000 0130                AJMP   MAIN
                         ORG    30H
0030 752006      MAIN:   MOV    20H,#06H       ;4 位 BCD 数为 6553
0033 752105              MOV    21H,#05H
0036 752205              MOV    22H,#05H
0039 752303              MOV    23H,#03H
003C 7820                MOV    R0,#20H        ;高位地址指针
003E 7A03                MOV    R2,#3          ;循环(n－1)次,n 为 BCD 码位数
```

```
0040 1144            ACALL  BCDB
0042 0142            AJMP   $
                     ;…………
;转换原理:假设4位BCD码为a3a2a1a0,即a3×10³+a2×10²+a1×10¹+a0×10⁰
;二进制值=((a3×10+a2)×10+a1)×10+a0。
;4位非压缩BCD码数转换为二进制数子程序
0044 C0D0   BCDB:    PUSH   PSW          ;现场保护
0046 C0E0            PUSH   ACC
0048 C0F0            PUSH   B
004A 7B00            MOV    R3,#00H      ;设R3中的初始值为b1
004C E6              MOV    A,@R0
004D FC              MOV    R4,A         ;BCD码千位a3送R4
004E EC     LOOP:    MOV    A,R4
;以下(    )H表示高8位,(    )L表示低8位
004F 75F00A          MOV    B,#10
0052 A4              MUL    AB           ;R4×10,设(R4×10)L=b2,(R4×10)H=
                                         ;b3
0053 FC              MOV    R4,A         ;将R4×10后的低8位送到R4中
0054 C5F0            XCH    A,B          ;(A)=b3,(B)=b2
0056 CB              XCH    A,R3         ;(A)=R3(b1),(R3)=b3
0057 75F00A          MOV    B,#10
005A A4              MUL    AB           ;(A)=(b1×10)L,(B)=(b1×10)H
005B 2B              ADD    A,R3         ;A=((b1×10)L+b3)
005C FB              MOV    R3,A         ;此时R3×10,R4×10已经完成
005D 08              INC    R0           ;取下一位BCD码
005E EC              MOV    A,R4         ;(R4+下一位BCD码数值)送R4
005F 26              ADD    A,@R0
0060 FC              MOV    R4,A
0061 EB              MOV    A,R3         ;进位加到高8位
0062 3400            ADDC   A,#0
0064 FB              MOV    R3,A
0065 DAE7            DJNZ   R2,LOOP      ;循环(n-1)次
0067 D0F0            POP    B            ;恢复现场
0069 D0E0            POP    ACC
006B D0D0            POP    PSW
006D …               …
```

例如：4位BCD数6553，存入(20H)=06H、(21H)=05H、(22H)=05H和(23H)=03H。

转换结果：1999H，存入(R3)=19H和(R4)=99H。

【4-19】将外部数据存储器的40H单元中的一个字节拆成2个ASCII码，分别存入内部数据存储器40H和41H单元中，试编写以子程序形式给出的转换程序，说明调用该子程序的入口条件和出口功能。加上必要的伪指令，并对源程序加以注释。

【答】子程序的入口条件、出口功能及源代码如下：

子程序入口条件：准备拆为2个ASCII码的数存入外部数据存储器的40H单元中。

子程序出口功能：拆成2个ASCII码，分别存入内部数据存储器40H和41H单元中。

```
            ORG   1000H
B_TO_A:MOV   DPTR,#40H        ;外部数据存储器40H单元
       MOV   R0,#40H          ;内部数据存储器40H单元
       MOVX  A,@DPTR          ;取数
       PUSH  A
       ANL   A,#0FH           ;低4位转换为ASCII码
       LCALL  CHANGE          ;调用转换子程序
       MOV   @R0,A            ;存入转换后的ASCII码
       INC   R0
       POP   A
       SWAP  A
       ANL   A,#0FH           ;高4位转换为ASCII码
       LCALL  CHANGE          ;调用转换子程序
       MOV   @R0,A            ;存入转换后的ASCII码
       RET
CHANGE:CJNE  A,#0AH,NEXT      ;转换子程序
       AJMP  NEXT2            ;=0AH,转移
NEXT:JNC    NEXT2             ;>0AH,转移
     ADD   A,#30H             ;≤9,数字0～9转化为ASCII码
     RET
NEXT2:ADD A,#37H              ;字母A～F转化为ASCII码
      RET
      END
```

• 设外部数据存储器(40H)=12H。

执行程序B_TO_A后：内部(40H)=31H，(41H)=32H。

• 设外部数据存储器(40H)=ABH。

执行程序B_TO_A后：内部(40H)=41H，(41H)=42H。

【4-20】编写中值数字滤波子程序FILLE，加上必要的伪指令，并对源程序加以注释。

入口条件：3 次采集数据分别存储在内部数据存储器的 20H、21H 和 22H 中。

出口结果：中值在 R0 寄存器中。

【答】程序如下：

```
                   ORG   0000H
0000 0130          AJMP  LIZI
                   ORG   0030H
0030 752056  LIZI: MOV   20H,#56H        ;3 次采集数据
0033 752184        MOV   21H,#84H
0036 752212        MOV   22H,#12H
0039 113D          ACALL FILLE
003B 013B          AJMP  $
                                         ;中值数字滤波子程序 FILLE
003D C0D0   FILLE: PUSH  PSW             ;PSW 及 ACC 保护入栈
003F C0E0          PUSH  ACC
0041 E520          MOV   A,20H           ;取第一个数
0043 C3            CLR   C
0044 9521          SUBB  A,21H           ;与第二个数比较
0046 5006          JNC   LOB1            ;第一个数比第二个大,转 LOB1
0048 E520          MOV   A,20H           ;第一个数比第二个小,交换位置
004A C521          XCH   A,21H
004C F520          MOV   20H,A
004E E522   LOB1:  MOV   A,22H
0050 C3            CLR   C
0051 9520          SUBB  A,20H           ;第三个数与前二个数中的较大数比较
0053 500F          JNC   LOB3            ;第三个数大于前二个中的较大数,转
0055 E522          MOV   A,22H
0057 C3            CLR   C
0058 9521          SUBB  A,21H           ;第三个数与前二个数中的较小数比较
005A 500D          JNC   LOB4
005C E521          MOV   A,21H
005E F8            MOV   R0,A            ;存入中值
005F D0E0   LOB2:  POP   ACC             ;恢复 ACC 和 PSW
0061 D0D0          POP   PSW
0063 22            RET                   ;子程序返回
0064 E520   LOB3:  MOV   A,20H
0066 F8            MOV   R0,A
0067 015F          AJMP  LOB2
0069 E522   LOB4:  MOV   A,22H
006B F8            MOV   R0,A            ;存入中值
```

```
006C 015F          AJMP   LOB2
                   END
```

执行结果为(R0)=56H。

【4-21】根据 8100H 单元中的值 X，决定 P1 口引脚输出为

$$P1=\begin{cases}2X & X>0\\ 80H & X=0(-128D\leqslant X\leqslant 63D)\\ X\text{变反} & X<0\end{cases}$$

加上必要的伪指令，并对源程序加以注释。

【答】程序如下：

```
          ORG   0000H
          SJMP  BEGIN
          ORG   0030H
BEGIN:MOV   DPTR,  #8100H             ;取 X 值
          MOVX  A,  @DPTR
          MOV   R2,  A
          JB   ACC.7,  SMALLER         ;X<0
          SJMP  UNSIGNED               ;X≥0
SMALLER:DEC  A                         ;X<0,P1 输出-X(先减 1,再取反)
          CPL  A
          MOV  P1,  A
          SJMP  OK
UNSIGNED:CJNE  A,  #00H,BIGGER        ;不等于 0 即大于 0
          MOV  P1,  #80H               ;X=0,P1 输出 80H
          SJMP  OK
BIGGER:CLR  C                          ;X>0,P1 输出 2X
          RLC  A
          MOV  P1,  A
OK:       SJMP  $
          END
```

例如：输入 55H，P1 口引脚输出 AAH；输入 00H，P1 口引脚输出 80H；输入 F1(－15 的补码)，P1 口引脚输出 0FH。

【4-22】将 4000H 至 40FFH 中 256 个 ASCII 码加上奇校验后从 P1 口依次输出。加上必要的伪指令，并对源程序加以注释。

【答】ASCII 码的有效位为 7 位，其最高位 D7 可与程序状态字 PSW 中的奇偶校验位 P 配合进行校验。

```
        ORG  0000H
        SJMP  BEGIN
        ORG  0030H
BEGIN:
        MOV  DPTR,#4000H       ;ASCII码首地址
        MOV  R0,#00H           ;发送计数器置计数值256
LOOP:
        MOVX  A,@DPTR          ;取ASCII码
        MOV  C,P               ;置奇校验位送ACC.7
        CPL  C
        MOV  ACC.7,C
        MOV  P1,A              ;从P1口输出
        INC  DPTR
        DJNZ  R0,LOOP          ;循环
        AJMP  $
        END
```

【4-23】编写将十位十六进制数转换为ASCII码的程序。假定十六进制数存放在内部数据存储器的20H单元开始的区域中，转换得到的ASCII码存放在内部数据存储器30H单元开始的区域中。加上必要的伪指令，并对源程序加以注释。

【答】查表法

```
        ORG  0000H
        SJMP  BEGIN
        ORG  0030H
BEGIN:MOV  R2,#5               ;10位十六进制数
       MOV  R0,#20H             ;十六进制数存放首地址
       MOV  R1,#30H             ;转换得到的ASCII码存放首地址
       MOV  DPTR,#ASCTB         ;ASCII码表首址
LOOP:MOV  A,@R0                ;取十六进制数
       ANL  A,#0F0H             ;取高半字节
       SWAP  A
       ACALL  TRANS             ;调用十六进制到ASCII码转换子程序
       MOV  A,@R0               ;取十六进制数
       ANL  A,#0FH              ;取低半字节
       ACALL  TRANS             ;调用十六进制到ASCII码转换子程序
       INC  R0                  ;修正十六进制数地址
       DJNZ  R2,LOOP            ;判转换是否结束
       SJMP  $
;查表子程序
```

```
TRANS:
        MOVC   A,@A+DPTR        ;查表取得 ASCII 码
        MOV    @R1,A
        INC    R1
        RET
ASCTB:
        DB   30H,31H,32H,33H,34H,35H,36H,37H,38H,39H       ;ASCII 码表
        DB   41H,42H,43H,44H,45H,46H
        END
```

注意：十六进制数 0～9 所对应的 ASCII 码为 30H～39H，十六进制数 A～F 所对应的 ASCII 码为 41H～46H。

例如：在 20H 开始输入 5 个十六进制数，11H，F4H，F1H，12H，34H。

执行程序后：内存 30H 单元开始的区域中依次为 31H，31H，46H，34H，46H，31H，31H，32H，33H，34H。

【4-24】80C51 单片微机的 P1.7、P1.6、P1.5 输出的 6 拍波形如图 4-3 所示，后面输出波形重复，连续输出波形 90 拍后停止，请编写源程序，并加上注释和必要的伪指令。

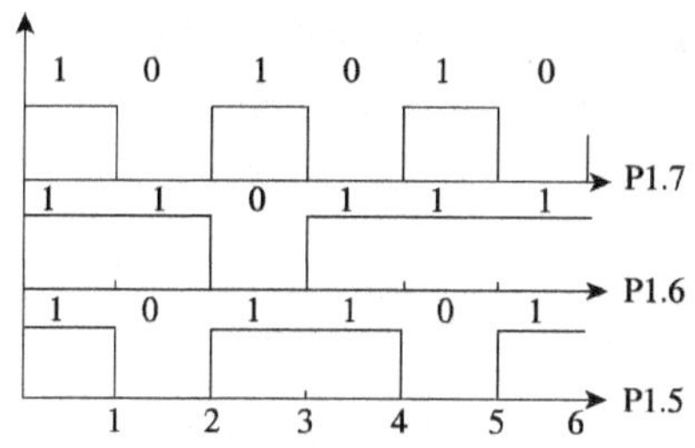

图 4-3　P1.7、P1.6、P1.5 输出的 6 拍波形

【答】由图 4-3 分析，可以得到一个周期为 6 拍的波形表。

```
                        ORG   0000H
0000 802E               SJMP   BEGIN
                        ORG   0030H
0030 7860    BEGIN:MOV   R0,#90           ;90 拍波形计数器
0032 7906    LOOP2:MOV   R1,#6            ;6 拍波形计数器
0034 900047        MOV   DPTR,#TAB        ;波形表首地址
0037 E4     LOOP1:CLR   A
0038 93           MOVC   A,@A+DPTR        ;查表得到输出波形值
0039 F590         MOV   P1,A
```

```
003B E8          MOV   A,R0            ;判断 90 拍波形输出结束
003C 14          DEC   A
003D F8          MOV   R0,A
003E 6005        JZ   STOP             ;90 拍波形输出完,则转停止输出
0040 A3          INC   DPTR            ;90 拍波形未输出完,则输出波形表地址加 1
0041 D9F4        DJNZ   R1,LOOP1       ;6 拍波形循环
0043 80ED        SJMP   LOOP2
0045 80FE   STOP:SJMP   STOP
0047 E040A0   TAB:DB   0E0H,40H,0A0H,60H,0C0H,60H        ;6 拍波形表
004A 60C060
                 END
```

【4-25】编写求无符号数最大值的子程序。

入口条件：采样值存放在外部数据存储器 1000H～100FH 单元中。

出口结果：求得的最大值存入内部数据存储器的 20H 单元中。

对源程序加以注释并加上必要的伪指令。

【答】程序如下：

```
;求无符号数最大值的子程序 CMP
      ORG   1000H
CMP:MOV   R0,#10H          ;采样值数据区长度
      MOV   DPTR,#1000H    ;采样值存放首址
      MOV   20H,#00H       ;最大值单元初始值设为最小数
LP:MOVX   A,@DPTR          ;取采样值
    CJNE   A,20H,CHK       ;数值比较
    SJMP   LP1             ;相等,转移
CHK:JC   LP1               ;A 值小,转移
      MOV   20H,A          ;A 值大,则送 20H
LP1:DJNZ   R0,LP           ;继续
     RET                   ;结束
```

注意：20H 中始终存放两个数比较后的较大值，比较结束后存放的即是最大值。

【4-26】编写求无符号数最小值的子程序。

入口条件：20H 和 21H 中存放数据块起始地址的低位和高位，22H 中存放数据块的长度。

出口结果：求得的最小值存入 30H 单元中。

对源程序加以注释并加上必要的伪指令。

【答】程序如下：

```
;求无符号数最小值的子程序 CMP1
        ORG   2000H
CMP1:MOV   DPL,20H          ;数据块起始地址送 DPTR
        MOV   DPH,21H
        MOV   30H,#0FFH      ;最小值单元初始值设为最大值
LOOP:MOVX   A,@DPTR         ;取数据
        CJNE  A,30H,CHK      ;比较两个数大小
        SJMP  LOOP1          ;两个数相等,不交换
CHK:JNC     LOOP1           ;A 较大,不交换
       MOV  30H,A           ;A 较小,交换
LOOP1:INC   DPTR            ;数据地址加 1
         DJNZ  22H,LOOP     ;判数据是否比较结束
         RET
```

注意：30H 中始终存放两个数比较后的较小值，比较结束后存放的即是最小值。

例如：(20H)＝00H，(21H)＝80H，(22H)＝05H。从 8000H 开始存放下列数：02H，04H，01H，FFH，03H。

调用子程序 CMP1 后的结果：(30H)＝01H。

【4-27】数据组内有数据 X1、X2、…、X10 共 10 个。请编程采用冒泡法对 10 个数据进行排序。最小值存入低位地址单元。对源程序加以注释并加上必要的伪指令。

【答】程序如下：

```
                     ORG   0000H
0000 755021          MOV   50H,#21H      ;置准备排序的数据 10 个(X1～X10)
0003 755132          MOV   51H, #32H
0006 755223          MOV   52H, #23H
0009 755322          MOV   53H, #22H
000C 755489          MOV   54H, #89H
000F 75559A          MOV   55H, #9AH
0012 755635          MOV   56H, #35H
0015 7557F6          MOV   57H, #0F6H
0018 755865          MOV   58H, #65H
001B 7559B3          MOV   59H, #0B3H
001E C200       PX:CLR    00H            ; 设交换过标志
0020 7B09            MOV   R3, #09H      ; 第一次比较两个数，则比较次数为(n-1)
0022 7850            MOV   R0,#50H       ;10 个无符号数存放单元首地址
0024 E6              MOV   A,@R0         ;取数
0025 08        PX3:INC    R0
0026 F9              MOV   R1,A
```

```
0027 96           SUBB   A,@R0         ;DX－(DX＋1)
0028 E9           MOV   A,R1
0029 4006         JC   PX2             ;DX<(DX＋1)则转 PX2,不交换
002B D200         SETB   00H           ;DX>(DX＋1)量交换标志位,20H.0＝1
002D C6           XCH   A,@R0          ;DX 与(DX＋1)交换
002E 18           DEC   R0
002F C6           XCH   A,@R0
0030 08           INC   R0
0031 E6      PX2:MOV   A,@R0           ;A＝(DX＋1)
0032 DBF1         DJNZ   R3,PX3        ;比较 9 次
0034 2000E7       JB   00H,PX          ;有交换则再比较一遍
0037 80FE    END0:SJMP   END0
                     END
```

执行结果：(50H)＝21H，(51H)＝22H，(52H)＝23H，(53H)＝32H，(54H)＝35H，(55H)＝65H，(56H)＝89H，(57H)＝9AH，(58H)＝B3H，(59H)＝F6H。

第5章　单片微机的中断系统原理及应用

【5-1】什么是中断?

【答】单片微机在程序执行过程中，允许外部或内部“事件”通过硬件打断程序的执行，使其转向执行处理外部或内部“事件”的中断服务子程序；而在完成中断服务子程序以后，继续执行原来被打断的程序，这种情况称为“中断”，这样的过程称为“中断响应过程”。

【5-2】单片微机的中断系统主要应该解决哪几个问题?

【答】单片微机的中断系统主要应该解决三个问题，即：

①当单片微机内部或外部有中断申请时，能及时响应中断，中止正在执行的任务，转去处理中断服务子程序，中断服务处理以后，能正确回到原来的断点处继续处理原先的任务。

②当有多个中断源同时申请中断时，单片微机应能首先响应优先级高的中断源，能实现中断优先级的控制。

③当低优先级中断源正在享用中断服务时，若这时优先级比它高的中断源也申请中断，这时要求单片微机能中止低优先级中断源的服务程序，转去执行更高优先级中断源的服务程序，能实现中断嵌套，并能逐级正确返回原断点处，继续处理原先的任务。

【5-3】说明80C51单片微机的中断流程。

【答】80C51单片微机的中断流程由以下几方面组成：

①中断采样：中断采样是针对外部中断请求信号进行的，而内部中断请求都发生在芯片内部，可以直接置位TCON或SCON中的中断请求标志。在每个机器周期的S5P2(第五状态的第二节拍)期间，各中断标志采样相应的中断源，并置入相应标志。

②中断查询：若查询到某中断标志为1，则按优先级的高低进行处理，即响应中断。

③中断响应：响应中断后，由硬件自动生成长调用指令“LCALL”，其格式为LCALL addr16，而addr16就是各中断源的中断矢量地址。首先将程序计数器PC的内容压入堆栈进行保护，先PC低8位地址，后PC高8位地址，同时堆栈指针SP加2。将对应中断源的中断矢量地址装入程序计数器PC，使程序转向该中断矢量地址，去执行中断服务程序。

④中断服务子程序：由中断矢量地址开始，执行子程序，直到遇到中断返回指令RETI为止。

⑤中断返回：执行指令 RETI，撤销中断申请，把断点地址从堆栈弹出送入 PC，先弹出 PC 高 8 位地址，后弹出 PC 低 8 位地址，同时堆栈指针 SP 减 2。程序从断点处恢复执行。

【5-4】什么是单片微机的中断优先级？中断优先级处理的原则是什么？

【答】在一个单片微机系统中往往允许有多个中断源，通常给每个中断源规定了优先级别，称为优先权或中断优先级。

当单片微机同时接收到两个或多个不同优先级的中断请求时，先响应高优先级的中断，如果同时接收到的是几个同一优先级的中断请求时，则由内部的硬件查询序列确定它们的优先服务次序，当服务结束后，再响应级别较低的中断源。

在 80C51 单片微机中有高、低两个中断优先级，通过中断优先级寄存器 IP 来设定。

在 80C51 单片微机中存在同一优先级内由内部硬件查询序列确定的第二个优先级结构。

其排列如下：

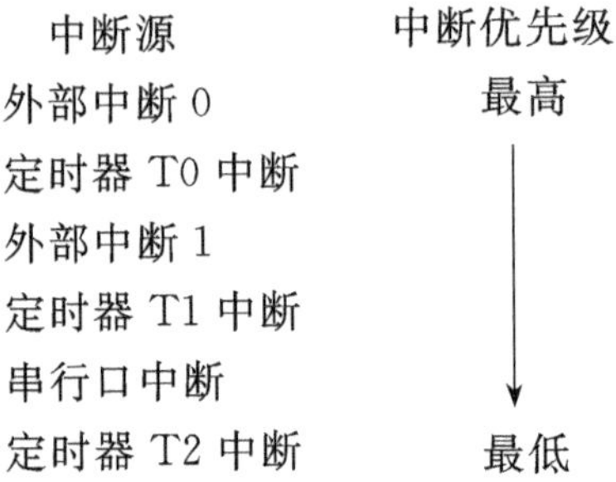

中断源	中断优先级
外部中断 0	最高
定时器 T0 中断	↓
外部中断 1	
定时器 T1 中断	
串行口中断	
定时器 T2 中断	最低

【5-5】80C51 单片微机的外部中断请求有哪两种触发方式？对跳变触发和电平触发信号有什么要求？如何选择和设置？

【答】外部中断请求有两种信号触发方式，即电平有效方式和跳变有效方式，可通过设置有关控制位进行定义。

当设定为信号电平有效方式时，若$\overline{\text{INT0}}$或$\overline{\text{INT1}}$引脚上采样到有效的低电平，则提出中断请求；当设定为信号跳变有效方式时，若$\overline{\text{INT0}}$或$\overline{\text{INT1}}$引脚上采样到有效负跳变，则提出中断请求。

①$\overline{\text{INT0}}$(P3.2)——外部中断 0。

当 IT0(TCON.0)=0 时，信号触发方式为低电平有效；当 IT0(TCON.0)=1 时，信号触发方式为下降沿有效。

②$\overline{\text{INT1}}$(P3.3)——外部中断 1。

当 IT1(TCON.2)=0 时，信号触发方式为低电平有效；当 IT1(TCON.2)=1 时，信号触发方式为下降沿有效。

【5-6】80C51 单片微机共有哪些中断源？对其中断请求如何进行控制？

【答】

1. 中断源

80C51 单片微机中有 5 个中断源。80C52 单片微机中增加了一个中断源——定时器/计数器 T2，共有 6 个中断源。每一个中断源都能被单片微机程控为高优先级或低优先级。

80C51 单片微机的 5 个中断源包括两个外部中断源和三个内部中断源。两个外部中断源$\overline{\text{INT0}}$和$\overline{\text{INT1}}$，外部设备的中断请求信号、掉电等故障信号都可以从$\overline{\text{INT0}}$或$\overline{\text{INT1}}$引脚输入。三个内部中断源为定时器/计数器 T0、T1 的定时/计数溢出中断源和串行口发送或接收中断源。80C51 单片微机的 5 个中断源可以分为 3 类，即：

(1)外部中断

外部中断是由外部信号引起的，共有两个外部中断，它们的中断请求信号分别从引脚$\overline{\text{INT0}}$(P3.2)和$\overline{\text{INT1}}$(P3.3)上引入。

(2)定时中断

定时中断是为满足定时或计数的需要而设置的。当计数器发生计数溢出时，表明设定的定时时间到或计数值已满，这时可以申请中断。由于定时器/计数器在单片微机芯片内部，所以定时中断属于内部中断。80C51 单片微机内部有两个定时器/计数器，所以定时中断有两个源，即：

①TF0(P3.4)——定时器/计数器 T0 溢出中断。

②TF1(P3.5)——定时器/计数器 T1 溢出中断。

(3)串行中断

串行中断是为串行数据传送的需要而设置的。每当串行口发送或接收一组串行数据时，就产生一个中断请求。

TI(SCON.1)和 RI(SCON.0)——串行口发送和接收中断源。

2. 中断的允许和禁止由中断允许寄存器 IE 控制

中断允许寄存器 IE 格式如图 5-1 所示。

位地址	AFH	AEH	ADH	ACH	ABH	AAH	A9H	A8H
符号	EA	—	—	ES	ET1	EX1	ET0	EX0

图 5-1 中断允许寄存器 IE 格式

IE 寄存器中相应位设置为 0 时，所对应的中断源被禁止中断；相应位设置为 1 时，所对应的中断源允许中断。

系统复位后 IE 寄存器中各位均为 0，即此时禁止所有中断。

与中断有关的控制位共 6 位，即：

EX0　外部中断 0 中断允许位。

ET0　定时器/计数器 T0 中断允许位。

EX1　外部中断 1 中断允许位。

ET1　定时器/计数器 T1 中断允许位。

ES　串行口中断允许位。

EA　CPU 中断允许位。当 EA=1，允许所有中断开放，总允许后，各中断的允许或禁止由各中断源的中断允许控制位进行设置；当 EA=0 时，屏蔽所有中断。

80C51 单片微机通过中断允许控制寄存器对中断的允许(开放)实行两级控制，即以 EA 位作为总控制位，以各中断源的中断允许位作为分控制位。只有当总控制位 EA 有效时，即开放中断系统，这时各分控制位才能对相应中断源分别进行开放或禁止。

【5-7】80C51 单片微机在什么情况下可响应中断?

【答】中断响应是有条件的，即：

- 中断源申请中断；
- 该中断源已被允许中断且 CPU 也已允许中断；
- 没有同级或高优先级中断在执行中断服务程序。

在接受中断申请时，如遇下列情况之一时，硬件生成的长调用指令“LCALL”将被封锁：

①CPU 正在执行同级或高一级的中断服务程序中。因为当一个中断被响应时，其对应的中断优先级触发器被置“1”，封锁了同级和低级中断。

②查询中断请求的机器周期不是执行当前指令的最后一个周期。目的在于使当前指令执行完毕后，才能进行中断响应，以确保当前指令的完整执行。

③当前正在执行 RETI 指令或执行对 IE、IP 的读/写操作指令。80C51 中断系统的特性规定，在执行完这些指令之后，必须再继续执行一条指令，然后才能响应中断。

【5-8】如何分析中断响应时间?这对实时控制系统有何意义?

【答】从中断请求发生直到被响应去执行中断服务程序，所需时间称为中断响应时间。一般来说，在单级中断系统中，中断的响应时间最短为 3 个机器周期，最长为 8 个机器周期。

①当中断请求标志位查询占 1 个机器周期，若这个机器周期恰好是指令的最后一个机器周期，在这个机器周期结束后，CPU 立即响应中断，产生硬件长调用 LCALL 指令，执行这条长调用指令需要两个机器周期，这样，中断响应时间为 3 个机器周期。

②如果 CPU 正在执行的是 RETI 指令或访问 IP、IE 指令，则等待时间不会多于两个机器周期，而中断系统规定把这几条指令执行完必须再继续执行一条指令后才能响应中断，如这条指令恰好是 4 个机器周期长的指令(如乘法指令 MUL 或除法指令 DIV)，再加上执行长调用指令 LCALL 所需两个机器周期，则总共需要 8 个机器周期。

③如果中断请求被阻止，不能产生硬件长调用 LCALL 指令，那么所需的响应时间就更长些。如果正在处理同级或优先级更高的中断，那么中断响应的时间还需取决于处理中的中断服务程序的执行时间。

当单片微机应用中断于实时控制系统时，往往非常在意中断的响应时间，如出现故障后，单片微机在多长时间里能够响应和处理，这反映单片微机对故障处理的“失控”时间长短。

【5-9】为什么单片微机需要进行中断请求的撤销？中断请求的撤销有哪些方法？

【答】单片微机响应中断请求，转向中断服务程序执行，在其执行中断返回指令(RETI)之前，中断请求信号必须撤除，否则将会再一次引起中断而出错。

中断请求撤除的方式有三种，即：

①由单片微机内部的硬件自动复位(硬件置位，硬件清除)。

对于定时器/计数器 T0、T1 的溢出中断和采用跳变触发方式的外部中断请求，单片微机响应中断后，由内部硬件自动清除中断标志 TF0 和 TF1、IE0 和 IE1，从而自动撤除中断请求。

②应用软件清除相应标志(硬件置位，软件清除)。

对于串行接收/发送中断请求和 80C52 单片微机中的定时器/计数器 T2 的溢出和捕获中断请求，单片微机响应中断后，必须在中断服务程序中应用软件清除 RI、TI、TF2 和 EXF2 这些中断标志，才能撤除中断。

③采用外加硬件结合软件来清除中断请求(硬件置位，硬、软件结合清除)。

对于采用电平触发方式的外部中断请求，中断标志的撤销是自动的，但中断请求信号的低电平可能继续存在，在以后机器周期采样时又会把已清“0”的 IE0、IE1 标志重新置“1”，再次申请中断。在系统中加入如图 5-2 所示的电平方式外部中断请求的撤销电路，保证在中断响应后把中断请求信号从低电平强制改变为高电平。

从图 5-2 中可看到，用 D 触发器锁存外部中断请求低电平，并通过触发器输出端 Q 送 $\overline{\text{INT0}}$ 或 $\overline{\text{INT1}}$，所以 D 触发器对外部中断请求没有影响。但在中断响应后，为了撤销低电平引起的中断请求，可利用 D 触发器的直接置位端 SD 来实现。采用 80C51 单片微机的一根 I/O 口线来控制 SD 端。只要在 SD 端输入一个负脉冲即可使 D 触发器置“1”，从而撤销了低电平的中断请求信号。

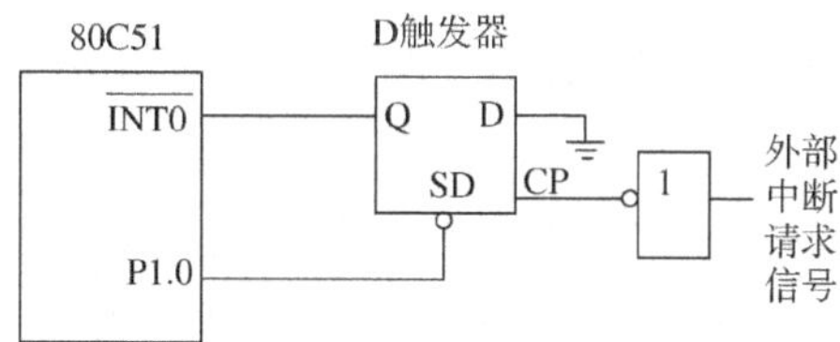

图 5-2　电平方式外部中断请求的撤销电路

通过在中断服务程序中增加以下两条指令，SD 端得到所需负脉冲：

```
ANL P1,#0FEH        ;Q 置 1(SD 为直接置位端,低电平有效)
ORL P1,#01H         ;SD 无效
```

使 P1.0 输出一个负脉冲，其持续时间为两个机器周期，足以使 D 触发器置位，撤除低电平中断请求。第二条指令是必要的，否则 D 触发器的 Q 端始终输出“1”，无法再接受外部中断请求。

【5-10】简述 80C51 单片微机扩展外部中断源的几种方法？

【答】在 80C51 单片微机中，一般只有两个外部中断请求输入端$\overline{\text{INT0}}$和$\overline{\text{INT1}}$。当某个系统需要多个外部中断源时，可以通过增加“OC 门”结合软件来扩展；当定时器/计数器在系统中有空余时，也可以通过对计数器计数长度的巧妙设置，使定时器/计数器的外部输入脚(T0 或 T1)成为外部中断请求输入端。

1. 采用“OC 门”经“线或”后实现

图 5-3 就是占用一个 80C51 的$\overline{\text{INT0}}$或$\overline{\text{INT1}}$扩展 4 个外部中断源的电路。

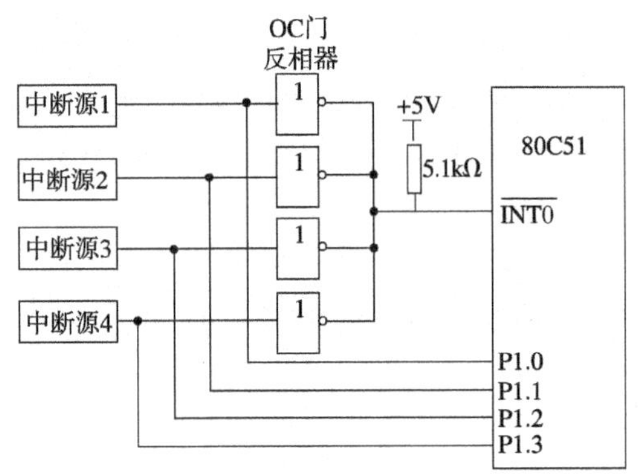

图 5-3　外部中断源的扩展电路

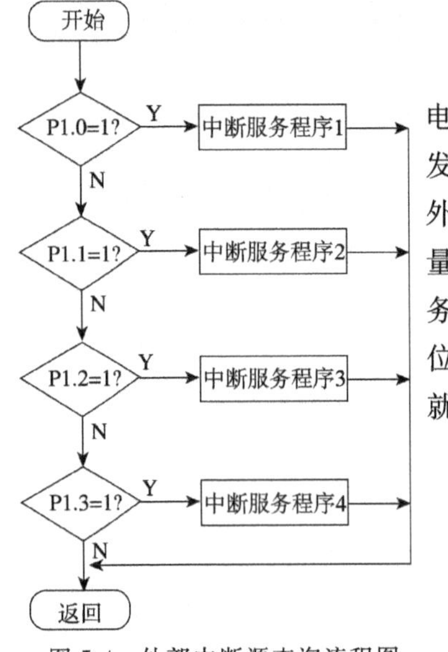

图 5-4　外部中断源查询流程图

当 4 个扩展的外部中断源中有一个或几个出现高电平时，OC 门反相器输出为 0，引起$\overline{\text{INT0}}$低电平触发中断，所以这些中断源都是电平触发方式。当满足外部中断请求条件时，则 CPU 响应中断，转入中断矢量地址 0003H 单元开始执行中断服务程序。在中断服务程序中，由软件设定的顺序查询外部扩展中断哪一位是高电平，然后进入该中断处理程序。查询的顺序就是外部扩展中断源的中断优先级顺序。

外部中断源查询的流程图如图 5-4 所示。

$\overline{\text{INT0}}$的中断服务程序如下：

```
PINTO:PUSH   PSW          ;保护现场
      PUSH   ACC
      JB     P1.0,LOOP1   ;转向中断服务程序 1
```

```
JB   P1.1,LOOP2            ;转向中断服务程序 2
JB   P1.2,LOOP3            ;转向中断服务程序 3
JB   P1.3,LOOP4            ;转向中断服务程序 4
INTEND:POP   ACC           ;恢复现场
       POP   PSW
       RETI
LOOP1:……                   ;中断服务程序 1
      AJMP   INTEND
LOOP2:……                   ;中断服务程序 2
      AJMP   INTEND
LOOP3:……                   ;中断服务程序 3
      AJMP   INTEND
LOOP4:……                   ;中断服务程序 4
      AJMP   INTEND
```

从程序中可以看出，这里定义的扩展外中断源 1 的优先级最高，扩展外中断源 4 的优先级最低，因为查询的顺序先从 P1.0 开始。

2. 通过片内定时器/计数器来实现

可以利用定时器/计数器 T0 或 T1 的外部事件输入引脚 T0、T1 作为边沿触发的外部中断源。这时应设置定时器/计数器 T0 或 T1 为计数器方式，而计数常数为满刻度值。外部输入的脉冲在负跳变时有效，计数器加 1，由于计数常数已设为满刻度值，所以计数器加 1 后即溢出，向 CPU 申请中断。详见题【6-16】。

【5-11】简述 80C51 单片微机的中断与子程序调用的异同点，并举几点加以说明。

【答】中断与子程序调用的相似点：

①两者都是中断当前正在执行的程序，转去执行子程序或中断服务子程序。

②两者都是由硬件自动地把断点地址压入堆栈，然后通过软件完成现场保护。

③执行完子程序或中断服务子程序后，都要通过软件完成现场恢复，并通过执行返回指令，重新返回到断点处，继续往下执行程序。

④两者都可以实现嵌套，如中断嵌套和子程序嵌套。

中断与子程序调用的不同点：

①中断请求信号可以由外部设备发出，是随机的，比如故障产生的中断请求，如按键中断等；子程序调用却是由软件编排好的。

②中断响应后由固定的矢量地址转入中断服务程序，而子程序地址由软件设定。

③中断响应是受控的，其响应时间会受一些因素影响；子程序响应时间是固定的。

第 6 章　单片微机的定时器/计数器原理及应用

【6-1】80C51 单片微机内部设有几个定时器/计数器？简述各种工作方式的特点。

【答】80C51 单片微机内部设有 2 个 16 位定时器/计数器 T0 和 T1。定时器/计数器有 4 种工作方式，其特点如下：

①方式 0 是 13 位定时器/计数器。由 THx 高 8 位(作计数器)和 TLx 的低 5 位(32 分频的定标器)构成，TLx 的低 5 位溢出时向 THx 进位，THx 溢出时硬件置位 TFx(可用于软件查询)，并可以申请定时器中断。

②方式 1 是 16 位定时器/计数器。TLx 的低 8 位溢出时向 THx 进位，THx 溢出时硬件置位 TFx(可用于软件查询)，并可以申请定时器中断。

③方式 2 是定时常数自动重装载的 8 位定时器/计数器。TLx 作为 8 位计数寄存器，THx 作为 8 位计数常数寄存器。当 TLx 计数溢出时，一方面将 TFx 置位，并申请中断；另一方面将 THx 的内容自动重新装入 TLx 中，继续计数。重新装入不影响 THx 的内容，所以可以多次连续再装入。方式 2 对定时控制特别有用。

④方式 3 只适用于 T0，T0 被拆成两个独立的 8 位计数器 TL0 和 TH0。TL0 作 8 位定时器/计数器，它占用了 T0 的 GATE、$\overline{\text{INT0}}$、启动/停止控制位 TR0、T0 引脚(P3.4)以及计数溢出标志位 TF0 和 T0 的中断矢量(地址为 000BH)等。TH0 只能作 8 位定时器用，因为此时的外部引脚 T0 已为定时器/计数器 TL0 所占用。这时它占用了定时器/计数器 T1 的启动/停止控制位 TR1、计数溢出标志位 TF1 及 T1 中断矢量(地址为 001 BH)。

T0 设为方式 3 后，定时器/计数器 T1 只可选方式 0、1 或 2。由于此时计数溢出标志位 TF1 及 T1 中断矢量(地址为 001BH)已被 TH0 所占用，所以 T1 仅能作为波特率发生器或其他不用中断的地方。

【6-2】定时器/计数器作定时器使用时，定时时间与哪些因素有关？定时器/计数器作计数器使用时，外界输入计数频率最高为多少？

【答】定时器/计数器作定时器用时，定时器的定时时间与系统的振荡频率 fosc、计数器的长度(如 8 位、13 位或 16 位等)和定时初始值等有关。

定时器/计数器作计数器用时，通过引脚 T0(P3.4)和 T1(P3.5)对外部信号进行计数，由于检测一个 1 到 0 的跳变需要两个机器周期，故计数脉冲频率不能高于振荡脉冲频率的 1/24。

【6-3】当定时器/计数器 T0 设为方式 3 后，对定时器/计数器 T1 如何控制？

【答】当定时器/计数器 T0 设为方式 3 后，定时器/计数器 T1 只可选方式 0、1 或 2。由于此时 T1 的计数溢出标志位 TF1 及 T1 中断矢量(地址为 001BH)已被 TH0 所占用，所以定时器/计数器 T1 仅能作波特率发生器或其他不用中断的地方。T1 作串行口波特率发生器时，它的计数输出直接去串行口，只需设置好工作方式，串行口波特率发生器自动开始运行，如要 T1 停止工作，只需向 T1 送一个设为工作方式 3 的控制字即可。

【6-4】门控位 GATE 可使用于什么场合？举例加以说明。

【答】当设门控位 GATE=1 时，由外部中断引脚$\overline{INT0}$和 TR0、$\overline{INT1}$和 TR1 共同来启动定时器。当 TR0 置位时，$\overline{INT0}$引脚为高电平时才能启动定时器 T0；当 TR1 置位时，$\overline{INT1}$脚为高电平时才能启动定时器 T1。由此可测得$\overline{INT0}$和$\overline{INT1}$引脚上输入脉冲的高电平持续时间。继而可测得$\overline{INT0}$和$\overline{INT1}$引脚上输入脉冲的低电平持续时间，从而测出$\overline{INT0}$和$\overline{INT1}$引脚上输入脉冲的周期、频率和占空比等。

【6-5】定时器/计数器 T2 有哪几种工作方式？各举例加以说明。

【答】T2 有 3 种工作方式：捕获方式、自动重装载方式和波特率发生器方式，由 T2CON 中有关位决定。

①捕获方式是指在一定条件下，自动将计数器 TH2 和 TL2 的数据读入捕获寄存器 RCAP2H 和 RCAP2L 中，即 TH2 和 TL2 内容的捕获是通过捕获寄存器 RCAP2H 和 RCAP2L 来实现的。

捕获操作发生于下述两种情况下：

- 定时器 2 的寄存器 TH2 和 TL2 溢出时，打开重装载三态缓冲器，把 TH2 和 TL2 的内容自动读入到捕获寄存器 RCAP2H 和 RCAP2L 中。
- 当 EXEN2=1 且 T2EX(P1.1)端的信号有负跳变时，将发生捕获操作。

②自动重装载方式是指在一定条件下，自动地将捕获寄存器 RCAP2H 和 RCAP2L 的数据装入计数器 TH2 和 TL2 中。一般说来，捕获寄存器 RCAP2H 和 RCAP2L 在这里起预置计数初值的功能。

重装载操作发生于下述两种情况下：

- 定时器/计数器 T2 的寄存器 TH2 和 TL2 溢出时，打开重装载三态缓冲器，把捕获寄存器 RCAP2H 和 RCAP2L 的内容自动装载到 TH2 和 TL2 中。
- 当 EXEN2=1 且 T2EX(P1.1)端的信号有负跳变时，将发生重装载操作。

③波特率发生器方式是指 T2 溢出脉冲用作串行口的时钟，在 T2CON 中，RCLK 选择串行通信接收波特率发生器，TCLK 选择发送波特率发生器。因此，发送和接收的波特率可以不同。

【6-6】监视定时器 T3 功能是什么？它与定时器/计数器 T0、T1 有哪些区别？

【答】T3 俗称“看门狗”，它的作用是强迫单片微机进入复位状态，使之从硬件或软件故障中解脱出来。

在实际应用中，由于现场的各种干扰或者程序设计错误，可能使单片微机的程序进入了“死循环”或“非程序区”(如表格数据区)之后，在一个设定的时间内，假如用户程序没有重装监视定时器T3，则监视电路将产生一个系统复位信号，强迫单片微机退出“死循环”或“非程序区”，重新进行“冷启动”或“热启动”。

在程序正常运行时，需要不断地对T3进行“喂狗”，当由于干扰而没能及时“喂狗”时，则强迫单片微机进入复位状态，从而退出非正常运行状态。“喂狗”的时间间隔就是允许的失控时间。T3的定时溢出表示出现非正常状态，而T0和T1的定时溢出是正常状态。

【6-7】如何计算计数和定时工作方式时的计数常数TC？以方式1举例说明。

【答】80C51单片微机的定时器/计数器本质上都是计数器，定时方式是对内部机器周期进行计数，计数方式是对80C51单片微机的引脚T0或T1上输入的下跳变脉冲进行计数。由于计数器是加1(向上)计数的，所以预先置入的计数常数TC应为补码。

计数公式如下：

定时方式：定时时间$=(2^N-TC)\times$机器周期

计数方式：计数次数$=2^N-TC$

对于定时器/计数器T0和T1：

方式1：$N=16$，$2^{16}=65536$，机器周期$=12\times$振荡器周期。

【6-8】用80C51单片微机的定时器/计数器如何测量脉冲的周期、频率和占空比？若时钟频率为6MHz，那么允许测量的最大脉冲宽度是多少？

【答】欲测量的脉冲应接至80C51单片微机的引脚T0或T1上，利用门控信号GATE位启动定时器，对$\overline{INT0}$或$\overline{INT1}$引脚上输入的脉冲的高电平进行测量，从而测出脉宽。

当GATE位设为1，并设定时器/计数器的启动位TR0或TR1为1时，定时器/计数器的定时完全取决于$\overline{INT0}$和$\overline{INT1}$引脚上信号的电平，仅当$\overline{INT0}$和$\overline{INT1}$引脚电平为1时，定时器才工作。换个角度来看，定时器实际记录的时间就是$\overline{INT0}$和$\overline{INT1}$引脚上高电平的持续时间。脉冲反相后送$\overline{INT0}$或$\overline{INT1}$引脚上可测得脉冲低电平持续时间，两者之和即为脉冲周期，脉冲周期倒数为脉冲频率，脉冲高电平与总周期之比是占空比。

当时钟频率为6MHz时，机器周期为2μs。

采用查询方式时，方式1的最大允许被测脉冲宽度为$65536\times 2\mu s=131072\mu s=131.072ms$

采用中断方式时，最大允许被测脉冲宽度为131.072ms/次×中断次数。

【6-9】使用一个定时器，如何通过软硬件结合的方法，实现较长时间的定时？

【答】当需要较长时间的定时情况下，可以采用定时中断的方式，在定时器中断服务程序中对中断次数进行计数，则定时时间＝定时×中断次数。若设定为100ms产生定时中断，当定时中断次数达到100次时，定时为100ms/次×100次＝10s。

【6-10】如何在运行中对定时器/计数器进行“飞读”？

【答】80C51 单片微机可以随时读出计数寄存器 TLx 和 THx(x 为 0 或 1)中的值，称为“飞读”，用于实时显示计数值等。但在读取时应注意由于分时读取 TLx 和 THx 而带来的特殊性。假如先读 TLx，再取读 THx，由于这时定时器/计数器还在运行，在读 THx 之前刚好发生 TLx 溢出向 THx 进位的情况，这样读得的 TLx 值就不正确了，同样，先读 THx 后读 TLx 时也可能产生这种错误。

一种解决办法是：先读 THx，后读 TLx，再重读 THx，若二次读得的 THx 值是一样的，则可以确定读入的数据是正确的；若二次读得的 THx 值不一致，则必须重读。

【6-11】试编程实现 80C51 单片微机产生频率为 100kIIz 等宽矩形波(采用定时器/计数器 T0，方式 0，定时器中断)，假定单片微机的晶振频率为 12MHz。加上必要的伪指令，并对源程序加以注释。

【答】分析：100kHz 等宽矩形波，其周期为 10μs，则定时周期为 5μs，机器周期为 1μs。

计算：$TC = 2^{13} - (12 \times 10^6 \times 5 \times 10^{-6}) \div 12 = 8187 = 1FFBH = 0001\ 1111\ 1111\ 1011B$。

方式 0：定时常数 000 $\underline{11111111}$ $\underline{11011}$。

TCH＝FFH，TCL＝1BH。

```
                 ORG   0000H
0000 0130        AJMP  MAIN
                 ORG   000BH            ;定时器 T0 中断矢量
000B 0141        AJMP  INTER
                 ORG   0030H
0030 758900 MAIN:MOV   TMOD,#00H        ;写控制字,设 T0 为定时器,方式 0
0033 758CFF      MOV   TH0,#0FFH        ;写定时常数,定时为 5μs
0036 758A1B      MOV   TL0,#1BH
0039 D28C        SETB  TR0              ;开启定时器 T0
003B D2A9        SETB  ET0              ;允许定时器 T0 中断
003D D2AF        SETB  EA               ;允许 CPU 中断
003F 013F        AJMP  $                ;中断等待
;定时器 T0 中断服务子程序
0041 758CFF INTER:MOV  TH0,#0FFH        ;重写定时常数
0044 758A1B       MOV  TL0,#1BH
0047 B290         CPL  P1.0             ;P1 口作为输出端,变反输出
0049 32           RETI                  ;中断返回
END
```

【6-12】采用中断方法设计 80C51 单片微机的秒、分脉冲发生器。要求采用定时器/计数器 T1 的方式 1 编程，实现 P1.0 每秒钟输出变反，P1.1 每分钟输出变反。请加上必要的伪指令，并对源程序加以注释。晶振频率为 12MHz。

【答】机器周期为 1μs，定时器采用方式 1 时，最长定时时间仅 65ms。

采用：定时×溢出次数＝所需定时。如定时设为 10ms，则定时溢出中断 100 次为定时 1s。

计算：$10\text{ms}=(2^{16}-\text{TC})\times 1\mu\text{s}$，TC＝55536＝D8F0H。

程序如下：

```
                      ORG   0000H
0000 0130             AJMP  MAIN
                      ORG   001BH
001B 0149             AJMP  INTER
                      ORG   0030H
0030 758910 MAIN:MOV   TMOD,#10H       ;设控制字,T1 为定时器,方式 1
0033 758DD8       MOV   TH1,#0D8H      ;写定时常数,定时为 10ms
0036 758BF0       MOV   TL1,#0F0H
0039 793C         MOV   R1,#60         ;定时 1 分计数器
003B 7864         MOV   R0,#100        ;定时 1s 计数器
003D D28E         SETB  TR1            ;开启定时器 T1
003F D2AB         SETB  ET1            ;允许定时器 T1 中断
0041 D2AF         SETB  EA             ;允许 CPU 中断
0043 C290         CLR   P1.0           ;P1.0 和 P1.1 初始值为低电平
0045 C291         CLR   P1.1
0047 0147         AJMP  $              ;定时中断等待
;定时 10ms 中断服务子程序
0049 758DD8  INTER:MOV    TH1,#0D8H
004C 758BF0        MOV   TL1,#0F0H     ;重置 10ms 定时常数
004F D80A          DJNZ  R0,REP        ;1s 定时未到,则中断返回
0051 B290          CPL   P1.0          ;1s 定时到,P1.0 取反输出
0053 7864          MOV   R0,#100       ;重置定时 1s 计数器
0055 D904          DJNZ  R1,REP        ;若 1 分定时未到,则中断返回
0057 B291          CPL   P1.1          ;1 分定时到,则 P1.1 取反输出
0059 793C          MOV R1,#60          ;重置定时 1 分计数器
005B 32        REP:RETI                ;中断返回
                   END
```

【6-13】80C51 单片微机的定时器/计数器 T0 以定时方法在 P3.1 引脚上输出周期为 400μs，占空比为 9∶1 的矩形脉冲，以定时工作方式 2 编程实现。加上必要的伪

指令，并对源程序加以注释。单片微机晶振频率为 6MHz。

【答】分析：矩形脉冲高电平时间为 360μs，低电平时间为 40μs。机器周期为 2μs。

计算：40μs 定时，40μs＝(2^8－TC)×2μs，TC＝ECH。

360μs 定时，360μs＝(2^8－TC)×2μs，TC＝4CH。

采用查询法编程。

```
                        ORG    0000H
0000 0130               AJMP   MAIN
                        ORG    0030H
0030 758902   MAIN:     MOV    TMOD,#02H      ;设定时器 T0 为定时器,工作方式 2
0033 758CEC             MOV    TH0,#0ECH      ;写定时常数,定时为 40μs
0036 758AEC             MOV    TL0,#0ECH
0039 C2B1               CLR    P3.1           ;P3.1 初始值为低电平
003B D28C               SETB   TR0            ;开启定时器 T0
003D C2B1     LOOP:     CLR    P3.1
003F 108D02             JBC    TF0,REP        ;查询 40μs 定时到,则转 P3.1 输出高电平
0042 013D               AJMP   LOOP           ;40μs 定时未到,则继续查询
0044 D2B1     REP:      SETB   P3.1           ;P3.1 输出高电平 360μs
0046 7F09               MOV    R7,#09H        ;定时 40μs×9＝360μs
0048 108D02   LOOP1:    JBC    TF0,REP1       ;查询高电平 360μs 定时到,则转
004B 0148               AJMP   LOOP1
004D DFF9     REP1:     DJNZ   R7,LOOP1
004F 013D               AJMP   LOOP           ;360μs 到,则转回输出周期波形
                        END
```

【6-14】试编程实现以 80C51 单片微机定时器/计数器 T1 对外部事件计数。每计数 1000 个脉冲后，定时器/计数器 T1 转为定时工作方式，定时 10ms 后，又转为计数方式，如此循环不止。单片微机晶振频率为 6MHz。加上必要的伪指令，并对源程序加以注释。

【答】晶振频率为 6MHz 时，机器周期为 2μs。

计算：定时，10ms＝(2^{16}－TC)×2μs，TC＝EC78H。

计数，1000＝2^{16}－TC，TC＝64536＝FC18H。

程序如下：

```
                      ORG    0000H
0000 0130             AJMP   MAIN
                      ORG    0030H
0030 758950   MAIN:   MOV    TMOD,#50H    ;设计数控制字,T1 为计数器、方式 1
0033 758DFC           MOV    TH1,#0FCH    ;设计数初始值为 1000
0036 758B18           MOV TL1,#18H
0039 D28E             SETB TR1            ;开启计数器 T1
```

```
003B 108F02   LOOP: JBC    TF1,TIMING      ;查询 T1 计数溢出,若溢出则转入定时
003E 013B           AJMP   LOOP
0040 758910 TIMING: MOV    TMOD,#10H       ;设定时控制字,T1 为定时器、方式 1
0043 758DEC         MOV    TH1,#0ECH       ;设定时常数,定时 10ms
0046 758B78         MOV    TL1,#78H
0049 D28E           SETB   TR1             ;开启定时器 T1
004B 108FE2 LOOP1:  JBC    TF1,MAIN        ;查询定时溢出,若溢出则重新开始
004E 014B           AJMP   LOOP1
                    END
```

【6-15】在 80C51 单片微机系统中，已知时钟频率为 6MHz，选用定时器 T0 设置为定时方式 3，试编程使 P1.0 和 P1.L 引脚上分别输出周期为 4ms 和 800μs 的方波。加上必要的伪指令，并对源程序加以注释。

【答】机器周期为 2μs，定时分别为 2ms 和 400μs。

计算：400μs 定时，400μs$=(2^8-\text{TC})\times 2\mu$s，TC=38H。

程序如下：

```
                    ORG   0000H
0000 0130           AJMP  MAIN
                    ORG 000BH              ;定时器 T0 中断矢量
000B 2100           AJMP TIME
             MAIN:
0030 7805           MOV   R0,#05H          ;2ms 定时计数器初值
0032 758903         MOV   TMOD,#03H        ;设 T0 为定时器、方式 3
0035 758A38         MOV   TL0,#38H         ;设 TL0 定时 400μs 的时间常数
0038 D28C           SETB  TR0              ;开启定时器 TL0
003A C28E           CLR   TR1
003C D2A9           SETB  ET0              ;允许定时器 TL0 中断
003E D2AF           SETB  EA               ;允许 CPU 中断
0040 80FE           SJMP  $                ;中断等待
                    ORG 0100H
             TIME:                         ;定时器 T0 中断服务子程序
0100 758A38         MOV   TL0,#38H         ;重置 TL0 定时 400μs
0103 B291           CPL   P1.1             ;400μs 定时到,P1.1 输出变反
0105 D804           DJNZ  R0,RETURN        ;判 2ms 定时未到则返回
0107 7805           MOV   R0,#05H          ;重置 2ms 定时计数器初值
0109 B290           CPL   P1.0             ;400μs×5=2ms 到,P1.0 输出变反
           RETURN:
010B 32             RETI
                    END
```

【6-16】如何实现通过定时器/计数器的计数功能达到扩大外部中断源的目的？试举例加以说明。

【答】可以利用定时器/计数器 T0 或 T1 的外部事件输入引脚 T0、T1 作为边沿触发的外部中断源。这时应设置定时器/计数器为计数器方式，而计数常数为满刻度值。外部输入的脉冲在负跳变时有效，计数器加 1，由于计数常数已设为满刻度值，所以计数器加 1 后即溢出，向 CPU 申请中断。

以定时器/计数器 T0、T1 的计数脉冲输入作为外部中断请求输入，定时器/计数器 T0、T1 的中断矢量用作第三、第四个扩展的外部中断矢量，定时器/计数器 T0、T1 的中断服务程序入口地址作为扩展的第三、第四个外部中断服务入口地址，即实现了外部中断的扩展。

当定时器/计数器 2 用做波特率发生器时，若 EXEN2 置 1，则 T2EX 端的信号产生负跳变时，EXF2 将置 1，但不会发生重装载或捕获操作。这时，T2EX 可以作为一个附加的外部中断源。

例如：把外部中断请求信号 2 连到 80C51 单片微机的 T1 引脚上，定时器/计数器 T1 设为方式 2，即 8 位自动重装载方式，计数常数设为满刻度值 FFH。外部中断 2 的中断服务程序入口地址存放在 T1 的中断矢量区中。其初始化程序段如下：

```
         ORG   0000H
         AJMP  MAIN
         ORG   001BH              ;T1 中断矢量用作外部中断 2 的中断矢量
         LJMP  INT2
         ORG   0030H
MAIN:    MOV   TMOD,#60H          ;设 T1 为计数器、方式 2
         MOV   TL1,#0FFH          ;置 T1 计数常数
         MOV   TH1,#0FFH
         SETB  EA                 ;允许 CPU 中断
         SETB  ET1                ;允许计数器 1 中断
         SETB  TR1                ;启动 T1 计数
         ……
INT2:    ……                       ;外部中断 2 中断服务程序(略)
         RETI                     ;中断返回
         END
```

【6-17】某 80C51 单片微机应用系统有 3 个外部中断源，另外要求从 P1.0 引脚上输出一个 5kHz 的方波，并采用定时器/计数器作为串行口的波特率发生器。试设计该应用系统，并编程实现系统功能。对源程序加以注释和伪指令。

【答】分析如下：

①80C51 单片微机具有两个外部中断源($\overline{INT0}$和$\overline{INT1}$)，为了不增加其他硬件开销，可以把定时器/计数器 T0 设置为方式 3。这时可把 80C51 的引脚 T0 作为第 3 个

外部中断源的输入脚，TL0 设置为计数器，计数器的计数常数设为 FFH。当 T0 引脚上出现从“1”至“0”的负跳变时，TL0 计数溢出，申请中断，这时定时器 T0 的中断源相当于一个边沿触发的外部中断源。

②当 T0 设置为方式 3 之后，T1 作串行口的波特率发生器，设为方式 2。

③在 T0 方式 3 下，TH0 只能作 8 位定时器，用来产生 5kHz 方波的定时，由 P1.0 引脚上输出 5kHz 频率的方波，则方波周期为 200μs，要求定时时间为 100μs。若采用 12MHz 的晶体振荡器，则机器周期为 1μs。

计算：$100\mu s = (2^8 - TC) \times 1\mu s$，$TC = 256 - 100 = 156$。

源程序如下：

```
        ORG   0000H
        SJMP  MAIN
        ORG   000BH
        AJMP  TL0INT           ;TL0(外部中断)中断入口
        ORG   001BH
        AJMP  TH0INT           ;TH0 定时中断入口
        ORG   0030H
  MAIN: MOV   TMOD,#27H        ;设 T0 为方式 3,TL0 为计数器方式,
                               ;TH0 为定时器方式;T1 作波特率发生器
        MOV   TH0,#156         ;设 TH0 定时常数
        MOV   TL0,#0FFH        ;设 TL0 计数常数
        MOV   TL1,#BAUD        ;根据波特率算出的时间常数
        MOV   TH1,#BAUD
        MOV   TCON,#55H        ;置 TR0 和 TR1 为 1,启动 TL0 和 TH0
        SETB  ET0              ;允许 TR0 中断
        SETB  ET1              ;允许 TR1 中断
        SETB  EA               ;允许 CPU 中断
        SJMP  $                ;中断等待。
;第 3 个外部中断的中断服务子程序
        ORG   0100H
TL0INT: MOV   TL0,#0FFH        ;重置计数长度
        ;(中断处理)
        RETI                   ;中断返回
        ;TH0 定时中断服务子程序
        ORG   0200H
TH0INT: MOV   TH0,#156         ;重置定时常数
        CPL   P1.0             ;P1.0 引脚输出方波
        RETI                   ;中断返回
        END
```

第 7 章　单片微机的串行口原理及应用

【7-1】什么是串行通信？什么叫异步通信？80C51 单片微机的异步通信帧格式有哪几种？

【答】

①串行通信，即在数据传输时，一个数据编码字符的所有各位按一定顺序，一位接着一位在信道中被发送和接收。

串行传送方式的物理信道为串行总线。

计算机与外界的数据传送大多是串行的，其传送距离可以从几米直到几千公里。如无线传送。

②异步传输以字符为单位进行数据传输，每个字符都用起始位、停止位包装起来，在字符间允许有长短不一的间隙。在单片微机中使用的串行通信基本上都是异步方式，也有一些采用同步方式，如 80C51 单片微机串行口工作方式 0 和 Motorola 单片微机的 SPI 接口。

③80C51 单片微机的帧格式有三种，即：

- 8 位数据位，如方式 0；
- 10 位数据位，包括 1 位起始位(0)、8 位数据位、1 位停止位(1)，如方式 1；
- 11 位数据位，包括 1 位起始位(0)、8 位数据位、1 位可编程位、1 位停止位(1)，如方式 2 和 3。

【7-2】什么叫波特率、溢出率？如何计算和设置 80C51 单片微机串行通信的波特率？试举例加以说明。

【答】

①波特率(baud rate)表示每秒钟传输离散信号事件的个数，单位为 baud(波特)，即波特率所表示的是调制速度，是单位时间内传输线路上调制状态的变化数。即

$$N_b = 1/T_s$$

式中，N_b 为波特率；

T_s 为码元的电脉冲信号宽度。

若传输的码元的电脉冲信号宽度为 1μs，则 N_b = 1Mbaud，即每秒传送 10^6 码元电脉冲。因此，速率高低与每个码元所占的时间有关。若每个码元的脉冲宽度越小，则传输速率越高。

串行通信常用的标准波特率在 RS-232C 标准中已有规定，如波特率为 600、1200、2400、4800、9600、19200、38400 等。应根据传送数据量的大小、线路的质量好坏等因素综合考虑后，选择合适的波特率。

通信中另外一个概念是“比特率”，也是数据传输速率的测量单位，“比特率”是指每秒传送二进制数据的位数，单位为比特/秒，记作 bits/s 或 b/s 或 bps。比特率与波特率的关系为

$$R=N_b\,\mathrm{lb}N\quad(\mathrm{b/s})\tag{1}$$

式中：R 为比特率；N_b 为波特率；N 为一个脉冲信号所表示的有效状态；lb 是以 2 为底数的对数。

二进制中，脉冲的有无表示这个码元状态的“1”或“0”，即码元有 2 个状态，式(1)中 $N=2$。所以在二进制的情况下：

$$R=N_b\,\mathrm{lb}2=N_b\tag{2}$$

即在二进制的情况下，波特率与比特率数值相等。

但如果用 4 种不同的电压幅值 0V、2V、4V 和 6V 分别表示 00、01、10 和 11，则码元有 4 种状态，式(1)中 $N=4$。用这种信号传输数据时，每改变一次信号值就可用来传送 2 位数据，即

$$R=N_b\,\mathrm{lb}4\tag{3}$$

在这种情况下，比特率为波特率的 2 倍。

②溢出率为溢出周期的倒数，溢出周期即是定时器/计数器的定时时间。

80C51 单片微机串行通信的波特率计算与定时器/计数器的工作方式及定时时间常数有关。

方式 2 时，定时器/计数器的溢出周期为

$$T=(2^8-\mathrm{TC})\times 机器周期$$

而溢出率$=1/T$，则

$$波特率=\frac{2^{\mathrm{SMOD}}}{32}\times 溢出率=\frac{2^{\mathrm{SMOD}}}{32\times(2^8-\mathrm{TC})\times 机器周期}$$

SMOD 位即特殊功能寄存器 PCON.7，当 SMOD 位=1 时，波特率加倍。

例如：设 80C51 单片微机串行口的波特率为 1200，选择定时器/计数器 T1 为定时方式 2，作为串行口的波特率发生器。已知 fosc=11.0592MHz。

计算如下：

$$波特率=\frac{2^{\mathrm{SMOD}}}{32}\times\frac{\mathrm{fosc}}{12\times[2^8-(\mathrm{TH1})]}=1200$$

因为 SMOD=0，故定时器/计数器 T1 的定时常数 TH1=232=E8H。方式 2 时，将定时常数同时送入 TH1 和 TL1 即可。

【7-3】为什么定时器 T1 用做串行口波特率发生器时常采用方式 2?

【答】定时器 T1 用作串行口波特率发生器时，因为工作方式 2 为自动重装载方式，所以不需要在中断服务子程序中重新设置时间常数，没有中断响应而引起的误差，所以常采用方式 2。

【7-4】某异步通信接口，其字符帧格式由 1 个起始位、7 个数据位、1 个奇偶校验位和 1 个停止位组成，当该通信接口每分钟传送 7200 个字符时，计算其传送波特率。

【答】计算如下：

①该通信接口每分钟传送 7200 个字符，即每秒钟传送 120 个字符。

②因为一个字符帧格式占用 10 位，所以每秒钟传送 120×10 位＝1200 位，因此，传送波特率应为 1200。

【7-5】在 80C51 单片微机的应用系统中时钟频率为 6MHz，现需要利用定时器/计数器 T1 产生波特率为 1200，试计算 T1 初值，实际得到的波特率的误差是多少？

【答】使用串行方式 1，T1 为定时器方式 2，利用公式即得定时器装入值：

$$TC=256-\frac{6\times10^6}{384\times1200}=242.98$$

取 TC＝243，实际波特率$=\dfrac{6\times10^6}{32\times12\times(256-243)}=1201.92$

误差为 $(1201.92-1200)\div1200=0.16\%$

【7-6】简述串行通信接口芯片 UART 的主要功能。

【答】通用异步接收发送器 UART 主要功能是完成数据转换，数据发送端要把并行数据转换为串行数据，而在数据接收端，要把串行数据转换为并行数据。

全双工的异步串行通信接口，是指该接口可以同时进行接收和发送数据，因为口内的接收缓冲器和发送缓冲器在物理上是隔离的，即是完全独立的。

【7-7】假定异步串行通信的字符格式为 1 个起始位、8 个数据位(其最高位为奇校验位)、2 个停止位，试画出传送 ASCII 字符“A”的格式。

【答】字符 A 的 ASCII 码为 100 0001B，因此其奇偶校验位 P 为 0，把 P 值变反后送入数据最高位。起始位＝0，停止位＝1。串行通信时，先传送字符的低位。传送 ASCII 字符“A”的输出波形如图 7-1 所示。

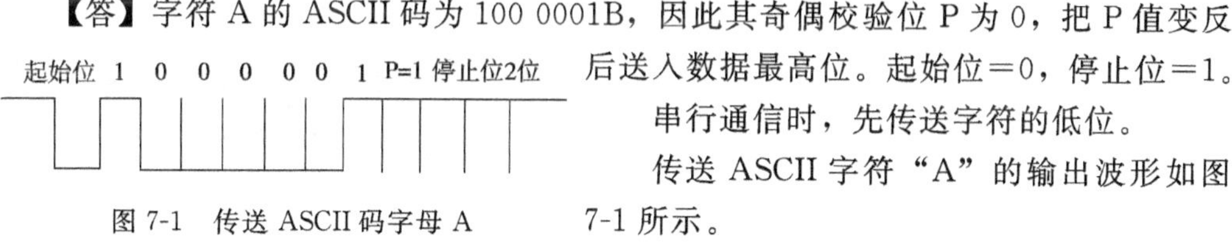

图 7-1 传送 ASCII 码字母 A

【7-8】80C51 单片微机的串行口共有哪几种工作方式？各有什么特点和功能？

【答】80C51 单片微机的串行口共有 4 种工作方式，由串行口控制寄存器 SCON 中的 SM0 和 SM1 两位共同决定。

①串行口方式 0——同步移位寄存器方式。

• SM0＝0、SM1＝0
• 数据传输波特率固定为 fosc/12。
• 由 RXD 引脚输入或输出串行数据。
• 由 TXD 引脚输出同步移位时钟。
• 接收/发送的一帧信息是 8 位数据，传输时低位在前。

②串行口方式 1——8 位 UART。

• SM0＝0、SM1＝1
• 数据传输波特率由定时器/计数器 T1 的定时溢出决定，可用程序设定。定时器/计数器 T1 作为串行口接收和发送的波特率发生器。
• 由 TXD 引脚发送串行数据。
• 由 RXD 引脚接收串行数据。
• 发送或接收一帧信息为 10 位：1 位起始位(0)、8 位数据位(低位在前)和 1 位停止位(1)。

③串行口方式 2 和 3——9 位 UART。

• 当 SM0＝1、SM1＝0 时，串行口选择方式 2；当 SM1＝1、SM0＝1 时，串行口选择方式 3。
• 方式 2 的波特率是固定的，为振荡器频率的 1/32 或 1/64。方式 3 的波特率则由定时器/计数器 T1 的定时溢出决定，可用程序设定。
• 由 TXD 引脚发送串行数据。
• 由 RXD 引脚接收串行数据。
• 发送或接收一帧信息为 11 位：1 位起始位“0”、8 位数据位(低位在前)、1 位可编程位和 1 位停止位“1”。发送时可编程位 TB8 可设置为 1 或 0，接收时可编程位进入 SCON 寄存器的 RB8 位。

【7-9】80C51 单片微机的串行口设为方式 1，当波特率为 9600bit/s 时，每分钟可以传送多少字节？

【答】对于 80C51 单片微机的串行口设为方式 1，当波特率为 9600bit/s 时，每分钟可以传送 57600 字节。

说明：串行口为方式 1 时，作 10 位 UART 用，每秒钟传送字节为 9600÷10＝960，即每分钟传送字节为 960×60＝57600。

【7-10】按照信号传输的方向和同时性，一般把传送方式分为哪几类？

【答】一般把传送方式分为单工方式、半双工方式和全双工方式三种。

①单工方式，即信号(不包括联络信号)在信道中只能沿一个方向传送，而不能沿相反方向传送的工作方式。

②半双工方式，即通信的双方均具有发送和接收信息的能力，信道也具有双向传

输性能，但是通信的任何一方都不能同时既发送信息又接收信息，即在指定的时刻只能沿某一个方向传送信息。

③全双工方式，即信号在通信双方之间沿两个方向可以同时传送，任何一方在同一时刻既能发送又能接收信息。

【7-11】串行通信有哪几种常用的通信数据的差错检测方法？试举例说明。

【答】串行通信常用的通信数据的差错检测方法有两种。

①奇偶校验。奇偶校验码是一种最简单的检错码，它又可分为奇数校验码和偶数校验码两种。它是在 $n-1$ 位信息码（a_{n-1}，a_{n-2}，…，a_2，a_1）后面附加一位校验码 C_0，使码中的1(或0)的数日保持为奇数个或偶数个。奇校验是指无论它的信息码有多少位，校验码只有一位，它使码字中1的数目为奇数。偶校验是指无论它的信息码有多少位，校验码只有一位，它使码字中1的数目为偶数。奇偶校验码能检测出一个码字内的奇数个错误，但不能发现偶数个错误，也不能纠正错误。

②累加和校验。累加和校验码的编码方法是对各行的码字进行无进位的算术累加，将最后的累加和也作为数据进行通信。采用累加和校验码可以避免奇偶校验码不能检测出的错误，可以发现几个连续位的差错。

累加和的加运算可以有两种方法：第一种方法是逻辑加，即按位加，可采用异或操作指令 XOR；第二种方法是算术加，即按字节加，但不考虑进位，采用加法指令 ADD。

【7-12】80C51 单片微机的串行口按工作方式1进行双机串行数据通信。假定波特率为 2400bit/s，甲机传送数据50个，乙机接收数据50个。试编写全双工通信程序。对源程序加以注释和伪指令。fosc =6MHz。

【答】波特率的计算：以定时器 T1 的方式2制定波特率。

计算定时器 T1 的计数初值：

$$\text{波特率}=\frac{2^{SMOD}}{32}\times\frac{fosc}{12}\times\frac{1}{2^8-TH1}$$

$$TH1=2^8-(2^{SMOD}\times fosc)\div(\text{波特率}\times 32\times 12)=FAH$$

①甲机发送程序：

例如：将以片内数据存储器 20H 为首地址的50个数据块内容，通过串行口传至乙机。

```
        ORG   0000H
        SJMP  TRANS
        ORG   0030H
TRANS:MOV   TMOD,#20H        ;置定时器/计数器 T1 为定时器方式 2
        MOV   TL1,#0FAH        ;置 T1 定时常数(串行口波特率为 2400bit/s)
```

```
        MOV   TH1,#0FAH
        SETB  EA            ;允许中断
        CLR   ES            ;关串行口中断
        MOV   PCON,#00H     ;波特率不倍增
        CLR   TI            ;清发送中断
        MOV   SCON,#40H     ;置串行口为方式1
        MOV   R0,#20H       ;数据区首地址
        MOV   R1,#50        ;数据区长度
        MOV   A,R1
        MOV   SBUF,A        ;发送长度
        JNB   TI,$
        CLR   TI
LOOP:   MOV   A,@R0         ;输出数据
        CLR   TI
        MOV   SBUF,A
        JNB   TI,$          ;查询发送是否完成
        INC   R0            ;修正地址
        DJNZ  R1,LOOP       ;数据若没有发送完,则继续
        SJMP  $             ;结束发送
```

②乙机接收程序:

乙机通过 RXD 引脚接收甲机发来的数据,接收波特率与甲机一样。接收的第一字节是数据块的长度,接收到的数据依次存入数据块首地址开始的存储器中。

```
         ORG   0000H
         SJMP  RECEIVE         ;乙机接收
         ORG   0030H
RECEIVE: MOV   TMOD,#20H       ;设定时器/计数器T1为定时器方式2
         MOV   TL1,#0FAH       ;置T1定时常数

         MOV   TH1,#0FAH
         SETB  EA              ;允许CPU中断
         CLR   ES              ;关串行口中断
         CLR   RI              ;清接收中断
         MOV   SCON,#50H       ;置串行口方式1、允许接收
         MOV   PCON,#00H       ;波特率不倍增
         MOV   R1,#20H         ;存入数据区首地址
         JNB   RI,$            ;查询数据有否接收完
         CLR   RI
         MOV   A,SBUF          ;读入接收数据的数据长度
         MOV   R0,A            ;存入R0
```

```
LOOP:JNB   RI,$                 ;接收数据
      CLR   RI
      MOV   A,SBUF
      MOV   @R1,A               ;将数据送入片内数据存储器
      INC   R1                  ;数据存储器地址加 1
      DJNZ  R0,LOOP             ;若数据未接收完,则继续
      SJMP  $
      END
```

【7-13】80C51 单片微机的串行口按工作方式 3 进行串行数据通信。假定波特率为 1200bit/s，第 9 数据位 TB8 作奇校验位，连续发送 50 个数据，待发送数据存在内部数据存储器的 30H 开始的连续单元中。试编写数据通信源程序并对源程序加上注释和伪指令。

【答】

```
      ORG   0000H
      MOV   TMOD,#20H           ;设 T1 为定时器、方式 2
      MOV   TL1,#0E8H           ;设时间常数
      MOV   TH1,#0E8H
      MOV   SCON,#11000000B     ;设串行口为方式 3
      MOV   R0,#30H             ;设发送数据区首址
      MOV   R7,#50              ;发送 50 个数据
LOOP: MOV   A,@R0               ;取数据
      MOV   C,P                 ;设奇校验位,送 TB8
      CPL   C
      MOV   TB8,C
      MOV   SBUF,A              ;带奇校验位发送
      JNB   TI,$                ;查询发送等待
      CLR   TI
      INC   R0                  ;发送数据地址加 1
      DJNZ  R7,LOOP             ;循环发送
HERE: SJMP  HERE
      END
```

【7-14】某应用系统由 5 台 80C51 单片微机构成主从式多机系统，试画出硬件连接示意图，并简述主从式多机系统工作原理。

【答】80C51 单片微机主从式多机系统示意图如图 7-2 所示。

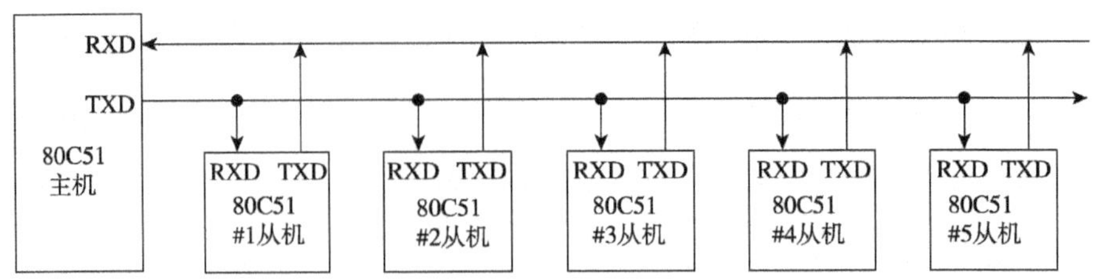

图 7-2　80C51 主从式多机系统示意图

80C51 单片微机主从式多机系统工作原理：串行口方式 2 和方式 3 有一专门的应用领域，即多处理机通信。在串行口控制寄存器 SCON 中，设有多处理机通信位 SM2(SCON.5)。

当串行口以方式 2 或方式 3 接收时，若 SM2＝1，只有当接收到的第 9 位数据(RB8)为 1 时，才将数据送入接收缓冲器 SBUF，并使 RI 置 1，申请中断，否则数据将丢失；若 SM2＝0，则无论第 9 位数据(RB8)是 1 还是 0，都能将数据装入 SBUF，并且发中断。

80C51 单片微机多机通讯时，主机向从机发送的信息分为地址和命令或数据两类。主机发送地址帧时，置第 9 位数据(RB8)为 1；主机发送命令或数据帧时，将第 9 位数据(RB8)清 0。

各从机开始多机通信时，SM2 位都置为 1，都可以响应主机发来的第 9 位数据(RB8)为 1 的地址信息。但从机响应中断后，有两种不同的操作：

- 若从机的地址与主机点名的地址不相同，则该从机将继续维持 SM2 为 1，从而拒绝接收主机后面发来的命令或数据信息，不会产生中断，而等待主机的下一次点名。
- 若从机的地址与主机点名的地址相同，该从机将本机的 SM2 清 0，继续接收主机发来的命令或数据，响应中断。

这样，从开始时的一个主机面对多个从机，而发展为一个主机与一个从机的一对一的通信。当一个主机对一个从机的通信完成后，该从机的 SM2 位又被置为 1。主机重新开始呼叫另一个从机，重复上述过程。

【7-15】串行通信时为什么需要制定通信规约？主要有哪些内容？

【答】为了保证串行通信的成功和可靠，必需制定通信规约。在进行通信时，单片微机与单片微机，单片微机与上位机、掌上电脑等都必须严格遵守规定的通信协议和规约。有的是由 IEC(国际电工技术委员会)制定的，如 ISO－XXXX；有的是由国家制定的国标，如 GB/T－XXXX－XXXX；也有的是由部或行业制定的部标或行标，如机械行业标准 JB/T XXXX－XXXX，电力行业标准 DL/T XXX－XXXX 等。在国家或行业对该产品或系统没有相关标准时，可由企业自行制定企业标准。

在这些标准中往往对通信的细节进行了规定，一般应有以下内容：

1．信号传输特性

确定信号信道，对不同的信道提出要求，如：

①有线信道；

②无线信道红外、无线。

2．数据传输可靠性

①一次通信成功率；

②通信总差错率。

3．电气接口

①RS-485 标准电气接口；

②RS-232 标准电气接口。

4．帧格式

帧是传送信息的基本单元，一个帧包括帧同步起始标志符、设备地址域、控制命令域、长度域、数据域、帧校验域以及帧结束标识符，并且需要规定每一个域的长度、格式。比如数据或地址传送时，先送高位还是低位；累加和包括哪些字节的和等。

5．差错控制

需要规定采用哪一种校验方式，每个字节是奇校验还是偶校验；帧数据是否需要帧校验；对于字节奇偶错或帧校验错，是否采取放弃等。

6．传输速率

①缺省起始波特率，设定的默认值。

②标准波特率：如 1200bit/s、2400bit/s、4800bit/s 和 9600bit/s 等。

③特殊波特率。

7．数据通信格式

应规定数据读命令格式及应答帧格式；数据设置命令及应答帧格式等。

在 80C51 单片微机的多机通信中，曾制定了很简单的通信规约。

第8章　单片微机的系统扩展原理及接口技术

【8-1】简述单片微机系统扩展的基本原则和实现方法。

【答】系统扩展是单片微机应用系统硬件设计中最常遇到的问题。系统扩展是指单片微机内部各功能部件不能满足应用系统要求时，在片外连接相应的外围芯片以满足应用系统要求。80C51系列单片微机有很强的外部扩展能力，外围扩展电路芯片大多是一些常规芯片，扩展电路及扩展方法较典型、规范。用户很容易通过标准扩展电路来构成较大规模的应用系统。

对于单片微机系统扩展的基本方法有并行扩展法和串行扩展法两种。并行扩展法是指利用单片机的三组总线(地址总线AB、数据总线DB和控制总线CB)进行的系统扩展；串行扩展法是指利用SPI三线总线和I^2C双线总线的串行系统扩展。

1. 外部并行扩展

单片微机是通过芯片的引脚进行系统扩展的。为了满足系统扩展要求，80C51系列单片微机芯片引脚可以构成图8-1所示的三总线结构，即地址总线AB、数据总线DB和控制总统CB。单片微机所有的外部芯片都通过这三组总线进行扩展。

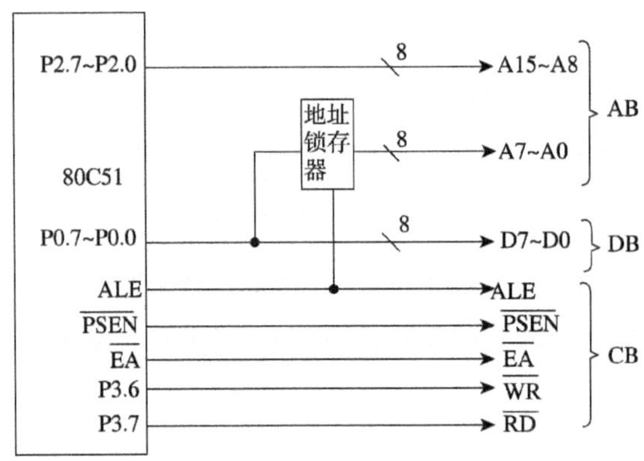

图8-1　80C51系列单片微机的三总线结构

2. 外部串行扩展

80C51系列单片微机的串行扩展包括：SPI(Serial PeriPheral Interface)三线总线和I^2C双总线两种。在单片微机内部不具有串行总线时，可利用单片微机的二根或三根I/O引脚用软件来虚拟串行总线的功能。I^2C总线系统示意图如图8-2所示。

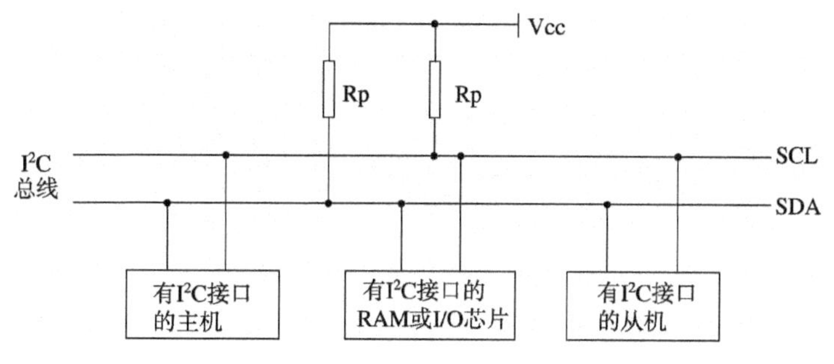

图 8-2　I²C 总线系统示意图

【8-2】如何构造 80C51 单片微机并行扩展的系统总线？

【答】80C51 单片微机并行扩展的系统总线有三组。

①地址总线（A0～A15）：由 P0 口提供低 8 位地址 A0～A7，P0 口输出的低 8 位地址 A0～A7 必须用锁存器锁存，锁存器的锁存控制信号为单片微机引脚 ALE 输出的控制信号。由 P2 口提供高 8 位地址 A8～A15。

②数据总线（D0～D7）：由 P0 口提供，其宽度为 8 位，数据总线要连到多个外围芯片上，而在同一时间里只能够有一个是有效的数据传送通道。哪个芯片的数据通道有效，则由地址线控制各个芯片的片选线来选择。

③控制总线（CB）：包括片外系统扩展用控制线和片外信号对单片微机的控制线。系统扩展用控制线有 ALE、$\overline{\text{PSEN}}$、$\overline{\text{EA}}$、$\overline{\text{WR}}$和$\overline{\text{RD}}$。

【8-3】80C51 单片微机扩展一片 Intel 2764 和一片 Intel 6264，组成一个既有程序存储器又有数据存储器的系统，试画出逻辑连接图，并说明各芯片的地址范围。

【答】采用线选法译码。

注意：复位后，PC＝0000H。对 2764 与 6264 芯片采用不同的控制线。

程序存储器 2764 和数据存储器 6264 与 80C51 单片微机的连接图如图 8-3 所示。

当 P2.7＝0，$\overline{\text{PSEN}}$＝0 时，选中 2764，因此，程序存储器 2764 地址为 0000H～1FFFH。（因为系统中只扩展了一片程序存储器，所以 2764 的$\overline{\text{CE}}$端可以直接接地）。要注意 80C51 单片微机内部自带程序存储器，当外扩程序存储器 2764 地址为 0000H～1FFFH 时，必须将 80C51 单片微机的$\overline{\text{EA}}$引脚接地。若 80C51 单片微机的$\overline{\text{EA}}$引脚接高电平，则 2764 地址为 1000H～1FFFH。

当 P2.6＝0，$\overline{\text{RD}}$＝0 或$\overline{\text{WR}}$＝0 时，选中 6264，因此数据存储器 6264 地址可以为 0000H～1FFFH 或 A000H～BFFFH 等。（注：因 P2.7 和 P2.5 未参加译码，所以 6264 地址有 4 处重叠。）

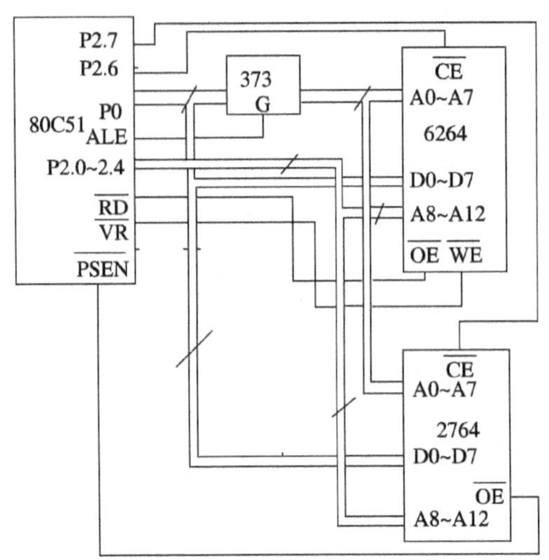

图8-3　程序存储器 2764 和数据存储器 6264 与 80C51 的连接图

【8-4】在 80C51 单片微机系统中，外接程序存储器和外接数据存储器共用 16 位地址线 A0～A15 和 8 位数据线 D0～D7，为什么不会发生冲突？

【答】因为对外接程序存储器和外接数据存储器采用不同的指令，从而产生不同的控制信号来加以区别。对不同类型存储器分时进行选通，不会引起混乱。

对片外程序存储器操作使$\overline{PSEN}$输出变为低电平，而$\overline{PSEN}$信号通常是作为扩展程序存储器的读选通信号，所以该信号低电平使得程序存储器允许读。

对外接数据存储器使用 MOVX 指令，该指令执行时自动产生$\overline{WR}$或$\overline{RD}$信号。而$\overline{RD}$或$\overline{WR}$通常作为扩展数据存储器和 I/O 端口的读/写选通信号。

【8-5】80C51 单片微机外扩多片 8KB 数据存储器芯片，要实现最大数据存储器容量的扩展，采用 74LS138 译码器进行地址译码，请画出扩展连接示意图，并说明各芯片的地址范围。

【答】8KB 容量的数据存储器需要 13 根地址线进行片内译码，80C51 单片微机的 16 根地址总线还剩下 3 位，正好用作 74LS138 译码器的输入，所以最多可以扩展 8 片 8KB 容量的数据存储器，每一芯片的地址是确定的。8 片 8KB 数据存储器的扩展原理图如图 8-4 所示。

8 片 8KB 容量的数据存储器的地址分别为：

(0)0000H～1FFFH　　(1)2000H～3FFFH

(2)4000H～5FFFH　　(3)6000H～7FFFH

(4)8000H～9FFFH　　(5)A000H～BFFFH

(6)C000H～DFFFH　　(7)E000H～FFFFH

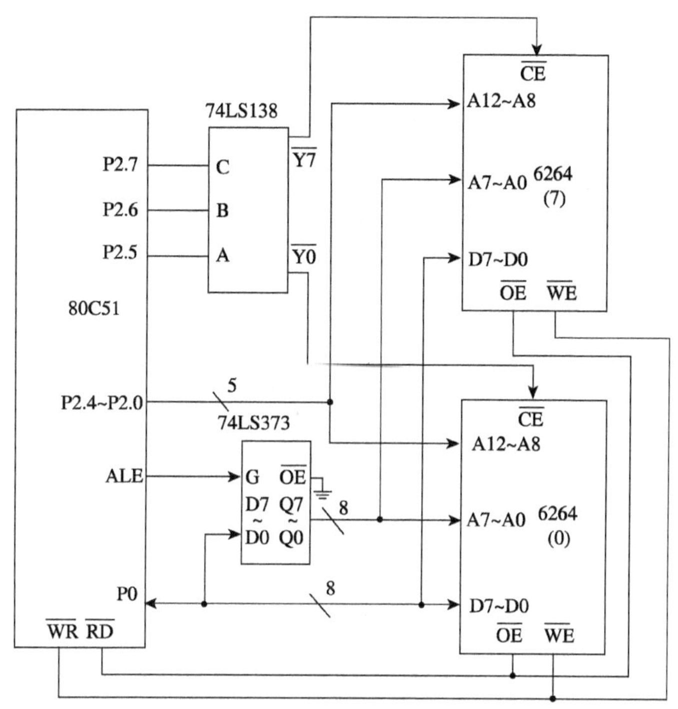

图 8-4　8 片 8KB 数据存储器的扩展原理图

【8-6】举例说明程序存储器和数据存储器扩展的原则和方法。

【答】程序存储器采用并行扩展方式，而数据存储器可采用并行扩展方式，也可以采用串行扩展方式。

并行扩展方式时，程序存储器和数据存储器的地址线和数据线共用，但控制线不同，如程序存储器采用$\overline{\text{PSEN}}$线为片外程序存储器的“读”选通信号，数据存储器采用$\overline{\text{RD}}$和$\overline{\text{WR}}$线为片外数据存储器的读/写选通信号。

【8-7】举例说明“片选”中线选法和译码法的应用特点。

【答】在单片微机应用系统中，为了唯一地选择片外某一存储单元或 I/O 端口，需要进行两次选择。一是必须先找到该存储单元或 I/O 端口所在的芯片，一般称为“片选”。二是通过对芯片本身所具有的地址线进行译码，然后确定唯一的存储单元或 I/O 端口，称为“字选”。

“片选”保证每次读或写时，只选中某一片存储器芯片或 I/O 接口芯片。常用的方法有“线选法”和“地址译码法”。

线选法一般是利用单片微机的最高几位空余地址线中的一根(如 P2.7，即 A15)作某一片存储器芯片或 I/O 接口芯片的“片选”控制线，常用于应用系统中扩展芯片较少的场合。

译码法应用译码器对空余的高位地址线进行译码，而译码器的输出作为“片选”控制线。常用于应用系统中扩展芯片较多而空余的地址线不够线选的场合。常用的译码器有 3/8 译码器 74LS138、双 2/4 译码器 74LS139、4/16 译码器 74LS154 等。译码器输出为低电平有效。正常情况下，译码器只有一根输出是低电平，其余输出都是高电平。这样，当译码器输出作为单片微机应用系统中外扩芯片的“片选”控制线时，保证每次读或写时只选中一个芯片。部分地址线参加译码时，称为部分地址译码，这时芯片的地址会有重叠。16 根地址线全部参加译码的，称为全地址译码。图 8-4 示意的是通过 3/8 译码器 74LS138 获得 64KB 地址的数据存储器。

【8-8】读外接程序存储器和外接数据存储器时，三总线信号有何异同。

【答】读外接程序存储器和外接数据存储器时，其地址总线 A0～A15 和数据总线 D0～D7 是公共的，差别在于读外接程序存储器时控制信号为$\overline{\text{PSEN}}$，读外接数据存储器时控制信号为$\overline{\text{RD}}$。

【8-9】请编程对扩展的并行数据存储器 628128(128KB)进行自检，若 628128 的每一单元读/写都正确，则把片内数据存储器中 20H 单元内容清 0，否则 20H 内容为 628128 出错单元数(或 20H 单元内容为 FFH)。请加上必要的伪指令，并对源程序加以注释。

【答】①628128 数据存储器的扩展及自检，需对每一字节的每一位进行写 1 和读 1 操作，还需要对每一字节的每一位进行写 0 和读 0 操作。若写与读的值不一样，需判断 628128 数据存储器的硬件连接是否正确，存储器芯片是否完好以及数据传送指令是否正确。

②628128 数据存储器的容量为 128KB，芯片内有地址线 17 根(A0～A16)，若单片微机选用 80C51，其地址线仅 16 根(A0～A15)。这时可采用“体选”原理，把 628128 数据存储器分为两个存储体，每个存储体的容量为 64KB(也可分为 4 个存储体，每个存储体的容量为 32KB 等)，利用 80C51 单片微机的 I/O 口线作为“体选”线，比如 P1.1 连 628128 的 A16。这时“片选”只能采用 I/O 输出线(如 P1.0)，该 I/O 输出低电平时选中 628128。

③628128 与 80C51 单片微机的连接图如图 8-5 所示。

程序如下：

```
                    ERRORN   EQU   20H      ;20H 中存放错误个数
                    FLAG   BIT   00H
                    ORG   0000H
0000 0130           AJMP   MAIN
```

```
                    ORG   30H
0030 752400 MAIN:   MOV   ERRORN,#00H
0033 C290           CLR   P1.0              ;“片选”选中 628128 芯片
0035 C291           CLR   P1.1              ;“体选”进行低 64KB 存储单元检测
0037 C200           CLR   FLAG
0039 900000         MOV   DPTR,#0000H
003C 7400   LOOP1:  MOV   A,#00H            ;FLAG=0 时,对低 64KB 进行写 0
003E F0             MOVX  @DPTR,A           ;FLAG=1 时,对高 64KB 进行写 0
003F A3             INC   DPTR
0040 E583           MOV   A,DPH
0042 04             INC   A
0043 70F7           JNZ   LOOP1
0045 E582           MOV   A,DPL
0047 04             INC   A
0048 70F2           JNZ   LOOP1
004A 200009         JB    FLAG,NEXT1        ;FLAG=1,则表示 628128 写 0 结束,转读
004D D200           SETB  FLAG              ;设 FLAG=1,开始 628128 高 64KB 写 0
004F D291           SETB  P1.1
0051 900000         MOV   DPTR,#0000H
0054 013C           AJMP  LOOP1
;读 628128,判是否为全 0
0056 C200   NEXT1:  CLR   FLAG              ;先判低 64KB 是否为全 0
0058 C291           CLR   P1.1              ;“体选”低 64KB 存储单元进行检测
005A 900000         MOV   DPTR,#0000H
005D E0     LOOP2:  MOVX  A,@DPTR
005E 6002           JZ    NEXT2
0060 0524           INC   ERRORN            ;某一存储单元非 0,则错误个数加 1
0062 A3     NEXT2:  INC   DPTR
0063 E583           MOV   A,DPH
0065 04             INC   A
0066 70F5           JNZ   LOOP2
0068 E582           MOV   A,DPL
006A 04             INC   A
006B 70F0           JNZ   LOOP2
006D 200009         JB    FLAG,NEXT3        ;当 FLAG=1,则转移
0070 D200           SETB  FLAG              ;设 FLAG 为 1,判高 64KB 是否为全 0
0072 D291           SETB  P1.1              ;“体选”高 64KB 存储单元进行检测
0074 900000         MOV   DPTR,#0000H
0077 015D           AJMP  LOOP2
```

;对 628128 各单元写入 FFH

```
0079 900000 NEXT3:MOV   DPTR,#0000H
007C C291           CLR   P1.1              ;"体选"低 64KB 存储单元进行检测
007E C200           CLR   FLAG
0080 74FF   LOOP3:MOV   A,#0FFH
0082 F0             MOVX  @DPTR,A
0083 A3             INC   DPTR
0084 E583           MOV   A,DPH
0086 04             INC   A
0087 70F7           JNZ   LOOP3
0089 E582           MOV   A,DPL
008B 04             INC   A
008C 70F2           JNZ   LOOP3
008E 200009         JB    FLAG,NEXT4
0091 D200           SETB  FLAG
0093 D291           SETB  P1.1
0095 900000         MOV   DPTR,#0000H
0098 0180           AJMP  LOOP3
```

;读 628128,判是否为全 1

```
009A C200 NEXT4: CLR   FLAG
009C C291        CLR   P1.1                 ;"体选"低 64KB 存储单元进行检测
009E 900000      MOV   DPTR,#0000H
00A1 E0    LOOP4:MOVX  A,@DPTR
00A2 04          INC   A
00A3 6002        JZ    NEXT5
00A5 0524        INC   ERRORN               ;某一存储单元非 FFH,错误个数加 1
00A7 A3    NEXT5:INC   DPTR
00A8 E583        MOV   A,DPH
00AA 04          INC   A
00AB 70F4        JNZ   LOOP4
00AD E582        MOV   A,DPL
00AF 04          INC   A
00B0 70EF        JNZ   LOOP4
00B2 200009      JB    FLAG,NEXT6
00B5 D200        SETB FLAG
00B7 D291        SETB P1.1                  ;"体选"高 64KB 存储单元进行检测
00B9 900000      MOV   DPTR,#0000H
00BC 01A1        AJMP  LOOP4
```

;将错误个数写入 20H 单元中

```
00BE E524 NEXT6: MOV   A,ERRORN
00C0 F520        MOV   20H,A
00C2 80FE        SJMP   $
                 END
```

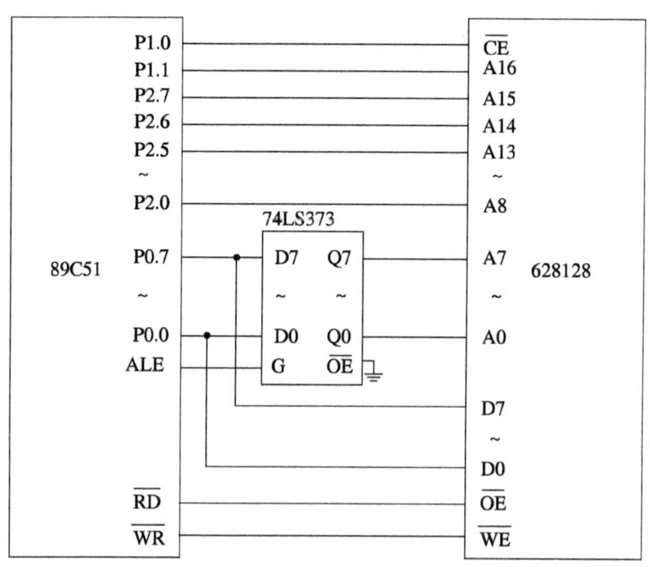

图 8-5 628128 与 80C51 的连接图

如果采用循环结构,则程序更简短些。628128 自检流程图如图 8-6 所示。

```
        ORG   0000H            ;0000H 单元开始存放程序
        MOV   R0,#00H          ;设置CS=0,A16=0
        MOV   R1,#55H          ;设置校验码 1
        MOV   R2,#0AAH         ;设置校验码 2
        MOV   R3,#02H          ;
LOOP1:  MOV   P1,R0            ;P1.0 作"片选",P1.1 作"体选"
        MOV DPTR,#0000H        ;从片外数据存储器的 X0000H 单元开始检测
LOOP0:  MOV   A,R1             ;向片外数据存储器写入校验码 1
        MOVX  @DPTR,A
        MOVX  A,@DPTR          ;读出校验码
        XRL   A,R1             ;比较读出与写入的值
        JNZ   ERROR            ;两个值不同说明片外数据存储器出错
        MOV   A,R2             ;用校验码 2 进行检测
        MOVX  @DPTR,A
        MOVX  A,@DPTR
        XRL   A,R2
        JNZ   ERROR            ;两个值不同说明片外 RAM 出错
```

```
        INC   DPTR                  ;该数据存储器单元正常,检测下一单元
        MOV   A,DPH                 ;数据存储器 X0000H～XFFFFH 检测循环
        JNZ   LOOP0
        MOV   A,DPL
        JNZ   LOOP0
        MOV   R0,#02H               ;A16=1,检测10000H～1FFFFH 单元
        DJNZ  R3,LOOP1              ;开始10000H～1FFFFH 单元的检测
        MOV   20H,#00H              ;检测完成,片外数据存储器功能完好
        SJMP   $                    ;暂停
ERROR:MOV    20H,#0FFH              ;发现出错单元,设置标志位为 FFH
        SJMP  $
```

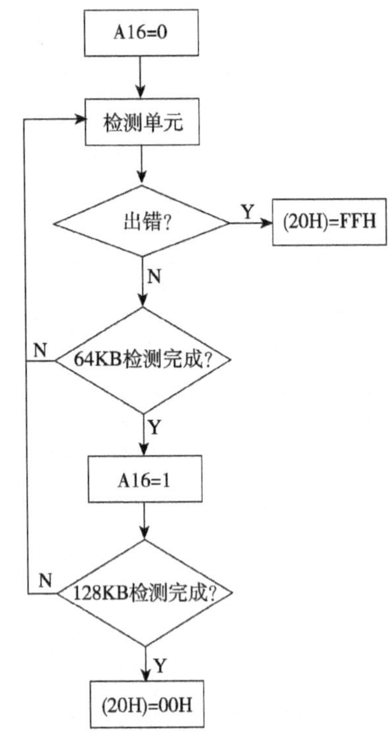

图 8-6　628128 自检流程图

【8-10】在单片微机 I/O 扩展中为什么有数据总线的隔离问题？如何解决？

【答】单片微机的 I/O 操作中，输入/输出的数据都要通过系统的数据总线(D0～D7)进行传送，为了正确地进行数据的传送，就必须解决数据总线的隔离问题。如何使数据设备在需要的时候与数据总线接通，而在不需要的时候又能同数据总线隔开，这就是总线隔离问题。

数据总线上往往连接着多个数据源设备(输入数据)和多个数据负载设备(输出数

据)。但是在任一时刻，只能进行一个源和一个负载数据的传送，当一对源和负载的数据传送正在进行时，要求所有其他不参与的设备在电性能上与数据总线隔开。为此，对于输出设备的接口电路，要提供锁存器，当允许接收输出数据时闩锁打开，否则关闭。而对于输入设备的接口电路，要使用三态缓冲电路或集电极开路门。

【8-11】80C51 单片微机采用哪一种 I/O 编址方式？有哪些特点？

【答】单片微机常用的 I/O 编址有两种方式，即独立编址方式和统一编址方式。

1. 独立编址方式

I/O 地址空间和存储器地址空间相互独立，界限分明。为此需要专门设置一套 I/O 指令和控制信号，从而增加了系统的开销。

2. 统一编址方式

统一编址就是把系统中的 I/O 和数据存储器统一进行编址。在这种编址方式中，把接口中的寄存器(端口)与数据存储器中的存储单元同等对待。为此也把这种编址称之为存储器映像(Memory Mapped)编址。采用这种编址时，单片微机只有一个统一的地址空间，该地址空间既供数据存储器编址使用，也供 I/O 编址使用。

80C51 单片微机采用统一编址方式，因此，在接口电路中的 I/O 编址也采用 16 位地址，和数据存储单元的地址长度一样。优点是 80C51 单片微机指令中适用于内部数据存储器和特殊功能寄存器 SFR 的所有指令都可以为 I/O 所用，因此，80C51 单片微机对 I/O 的控制非常方便。

【8-12】单片微机控制 I/O 的操作有几种方法？说明各种方法的特点及适用范围。

【答】在单片微机中，为了实现数据的输入/输出传送，共有 4 种控制方式，即无条件传送方式、查询方式、中断方式和直接存储器存取(DMA)方式，主要使用前 3 种方式。

1. 无条件传送方式

也称为同步程序传送。在进行 I/O 操作时，不需要测试外部设备的状态，可以根据需要随时进行数据传送操作。

2. 程序查询方式

也称为有条件传送方式，即数据的传送是有条件的。在 I/O 操作之前，要先检测外设状态，以了解外设是否已为数据输入/输出做好了准备，只有在确认外设已“准备好”的情况下，才能执行数据输入/输出操作。通常把以程序方法对外设状态的检测称之为“查询”，所以就把这种有条件的传送方式称之为“程序查询方式”。

为了实现查询方式的数据输入/输出传送，需要由接口电路提供外设状态，并以软件方法进行状态测试。因此，这是一种软件、硬件方法相结合的数据传送方式。但是软件查询过程对单片微机来说毕竟是一个无用的开销。

3. 程序中断方式

程序中断方式与查询方式的主要区别在于如何知道外设是否为数据传送做好了准备，查询方式是单片微机的主动形式，而中断方式则是单片微机等待通知(中断请求)的被动形式。

采用中断方式进行数据传送时，当外设为数据传送做好准备之后，就向单片微机发出中断请求。中断请求是一种随机事件，为实现程序中断，对单片微机的硬件和软件都有较高的要求。此外，由于中断处理常需现场保护和现场恢复，因此对单片微机来说仍有较大的无用开销。

【8-13】举例说明接口电路的功能。

【答】在数据的I/O传送中，接口电路主要有以下几项功能：

1. 速度协调

由于速度上的差异，使得数据的I/O传送只能以异步方式进行，即只能在确认外部设备已为数据传送做好准备的前提下才能进行I/O操作。

数据输出都是通过单片微机系统的数据总线进行的，但是由于CPU的工作，输出数据在数据总线上保持时间十分短暂，无法满足慢速输出设备的需要。为此在接口电路中需设置锁存器，以保存输出数据直至为输出设备所接收。因此，数据锁存就成为接口电路的一项重要功能。

2. 三态缓冲

数据输入时，输入设备向CPU传送的数据也要通过数据总线，为了维护数据总线上数据传送的有序，因此，只允许当前时刻正在进行数据传送的数据源使用数据总线，其他数据源都必须与数据总线处于隔离状态。为此要求接口电路能具有三态缓冲功能。

3. 数据转换

CPU只能输入和输出并行的电压数字信号“0”或“1”，但是有些外部设备所提供的并不是这种信号形式，为此需要使用接口电路进行数据信号的转换。其中包括：模→数转换、数→模转换、串→并转换和并→串转换等。

【8-14】已知可编程I/O接口芯片8255A的控制寄存器的地址为BFFFH，要求设定A口为基本输入，B口为基本输出，C口为输入方式。试编写从C口读入数据后，再从B口输出的程序段，并根据要求画出80C51与8255A连接的逻辑原理图。试加上必要的伪指令，并对源程序加以注释。

【答】已知8255A的控制寄存器地址为BFFFH，若地址线A0、A1被用做8255A端口选择信号，则8255A的C口地址为BFFEH，B口地址为BFFDH，A口地址为BFFCH。可以选用地址线P2.6(A14)作8255A的“片选”线。

8255A 与 80C51 连接图如图 8-7 所示。

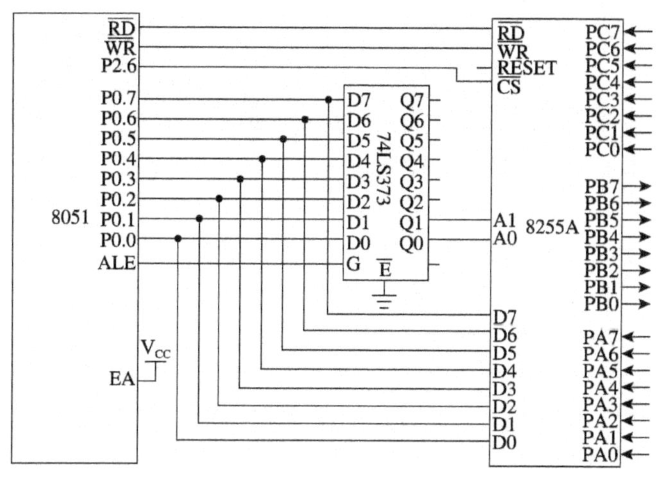

图 8-7　8255A 与 80C51 连接图

程序如下：

```
ORG   0000H
MOV   DPTR,#0BFFFH              ;8255A 控制寄存器地址
MOV   A,#99H
MOVX  @DPTR,A                   ;写控制字(PA 输入、PB 输出、PC 输入)
MOV   DPTR,#0BFFEH              ;C 口地址
MOVX  A,@DPTR                   ;PC 输入
MOV   DPTR,#0BFFDH              ;B 口地址
MOVX  @DPTR,A                   ;PB 输出
```

【8-15】可编程 I/O 接口芯片 8255A 的 C 口具有哪些控制字？

【答】①8255A 的 C 口可以由 8255A 的工作方式控制字来设定，其特征位是控制字的最高位为 1。

- 作一般 I/O 用，PC3～PC0 和 PC7～PC4 的输入/输出方式可以有 4 种组合方式；
- 作 A 口和 B 口的数据传送联络信号。

②8255A 的 C 口具有专门的 C 口位置位/复位控制字，其特征位是控制字的最高位为 0。在使用中，控制字每次只能对 C 口的某一位进行置位或复位。

【8-16】请设计一个采用 80C51 单片微机为控制器的智能交通灯管理系统。具体要求如下：假设交通十字路口有两组交通灯，每一组各有红、黄、绿三种颜色的指示灯，分别管理通道 A 和通道 B。A 为主通道，B 为次通道。

①如果两个通道都有车，则轮流放行。其中A通道亮绿灯6s，B通道亮绿灯4s。

②通道放行管理：如果某个通道无车，而另一车道有车，那么有车的通道放行。如果无车的通道有车了，则有车的通道立刻恢复正常的交通灯管理(由无车通道有车开始计时)。

③如果两个通道都没有车，那么两个通道按照平时的交通灯进行管理。

④如有紧急车辆通过，应立即禁止普通车辆通行(即A、B车道红灯均亮)，紧急车辆通过后，恢复原来的信号灯状态，且原先的计时时间累计。要求采取中断方式，用按键中断模拟有紧急车辆通过。

⑤在从绿灯切换为红灯时，应有2s的黄灯点亮时间。

加上必要的伪指令，并对源程序加以注释。

提示： 使用拨动开关模拟通道有车/无车，选择拨动开关的两位。A通道通行的时候B通道必须禁止通行，B通道通行的时候A通道必须禁止通行。紧急车辆信号与中断请求信号$\overline{INT0}$相连。

【答】智能交通灯管理系统硬件连接图如图8-8所示。

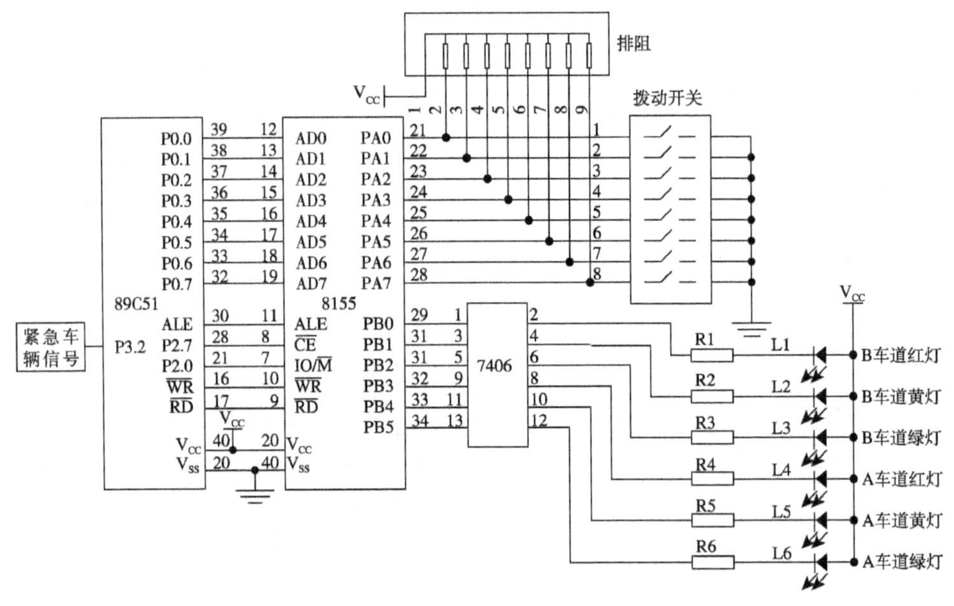

图8-8 智能交通灯管理系统硬件连接图

8155命令/状态口地址为7FF8H(P2.7=0，P2.0=1选8155的IO)，PA口地址为7FF9H，PB口地址为7FFAH，PC口地址为7FFBH。

智能交通灯管理软件流程图如图8-9所示。

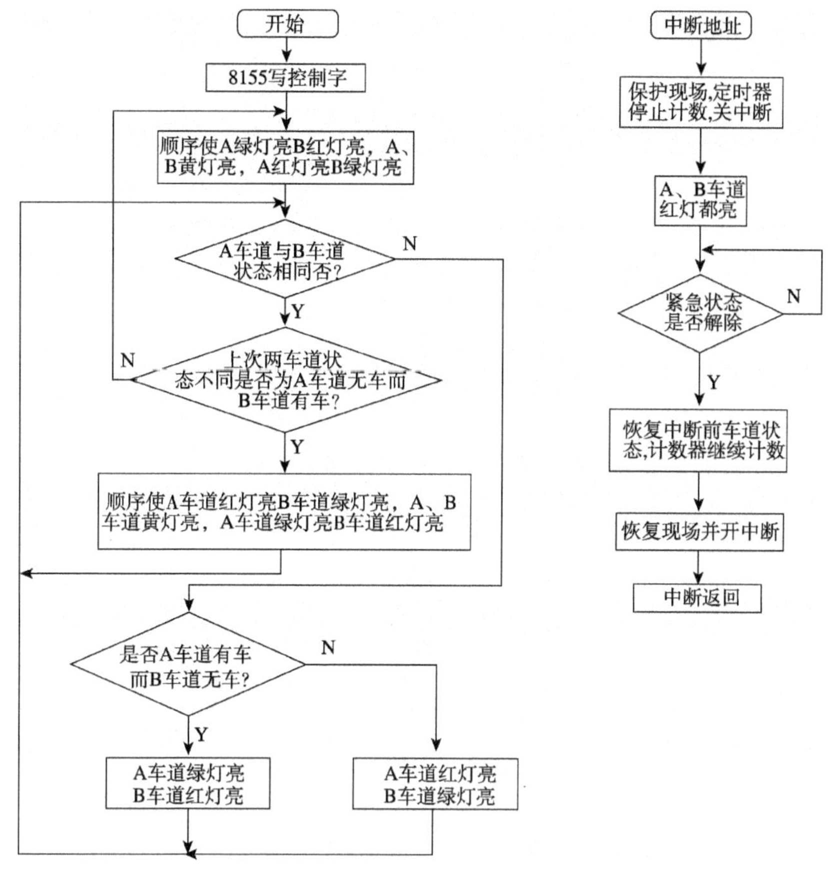

图 8-9　智能交通灯管理软件流程图

```
                      FLAG1  BIT   00H          ;A 车道有车而 B 车道无车标志位
                      FLAG2  BIT   01H          ;A 车道无车而 B 车道有车标志位
                      BUF   EQU   21H           ;用于中断返回时亮灯
                      ORG   0000H
0000 0130             AJMP   MAIN
                      ORG   0003H
0003 01FE             AJMP   JINJI              ;有中断则转中断程序
                      ORG   0030H
0030 D2AF        MAIN:SETB   EA                 ;允许 CPU 中断
0032 D2A8             SETB   EX0                ;允许外部中断 0
0034 C200             CLR   FLAG1               ;请标志位
0036 C201             CLR   FLAG2
0038 907FF8   KAISHI:MOV DPTR,＃7FF8H           ;指向 8155 命令状态口
003B 7402             MOV   A,＃02H             ;写控制字,A 口和 C 口输入,B 口输出
```

```
003D F0                      MOVX   @DPTR,A
003E 907FFA                  MOV   DPTR,#7FFAH      ;8155PB 口输出
0041 7421                    MOV   A,#00100001B     ;A 绿 B 红
0043 F521                    MOV   BUF,A
0045 F0                      MOVX   @DPTR,A
0046 11E3                    ACALL   DELAY6;        ;调用定时 6s 子程序
0048 7412                    MOV   A,#00010010B     ;A 黄 B 黄
004A F521                    MOV   BUF,A
004C F0                      MOVX   @DPTR,A
004D 11F5                    ACALL   DELAY2
004F 740C                    MOV A,#00001100B       ;A 红 B 绿
0051 F521                    MOV   BUF,A
0053 F0                      MOVX   @DPTR,A
0054 11EC                    ACALL   DELAY4         ;调用定时 4s 子程序
0056 907FF9 PANDUAN:MOV   DPTR,#7FF9H           ;PA.7 表示 A 车道,PA.0 表示 B 车道
0059 E0                      MOVX   A,@DPTR
005A FB                      MOV   R3,A             ;保存 PA 口状态
005B 5480                    ANL   A,#80H           ;查看 A 车道状态
005D FC                      MOV   R4,A
005E EB                      MOV   A,R3
005F 5401                    ANL   A,#01H           ;查看 B 车道状态
0061 03                      RR   A
0062 2C                      ADD   A,R4
0063 6027                    JZ   TONG              ;两车道状态一样
0065 EC                      MOV   A,R4
0066 9480                    SUBB   A,#80H
0068 6002                    JZ   ACD
006A 017C                    AJMP   BCD
006C D200                ACD:SETB   FLAG1         ;A 车道有车
006E C201                    CLR   FLAG2
0070 7421                    MOV   A,#00100001B     ;A 车道绿灯亮,B 车道红灯亮
0072 F521                    MOV   BUF,A
0074 907FFA                  MOV   DPTR,#7FFAH      ;8155PB 口输出
0077 F0                      MOVX   @DPTR,A
0078 11E3                    ACALL   DELAY6         ;调用定时 6s 子程序
007A 0156                    AJMP   PANDUAN         ;延时 6s 后再判断
007C D201                BCD:SETB   FLAG2         ;B 车道有车
007E C200                    CLR   FLAG1
0080 907FFA                  MOV   DPTR,#7FFAH      ;B 口输出
```

```
0083 740C                MOV   A,#00001100B      ;A车道红灯亮,B车道绿灯亮
0085 F521                MOV   BUF,A
0087 F0                  MOVX  @DPTR,A
0088 11EC                ACALL DELAY4            ;调用延时4s子程序
008A 0156                AJMP  PANDUAN
008C 200102        TONG:JB FLAG2,NEXT1           ;上次A车道无车B车道有车,转NEXT1
008F 0138                AJMP  KAISHI            ;没有出现过一车道有车另一车道无
                                                 ;车或上次A车道有车B无车则转
                                                 ;开始
0091 907FFA      NEXT1:MOV   DPTR,#7FFAH         ;B口输出
0094 740C                MOV   A,#00001100B      ;依旧A车道红灯亮,而B车道绿灯亮
0096 F521                MOV   BUF,A
0098 F0                  MOVX  @DPTR,A
0099 11EC                ACALL DELAY4            ;调用延时4s子程序
009B 7421                MOV   A,#00100001B      ;黄灯亮2s
009D F521                MOV   BUF,A
009F F0                  MOVX  @DPTR,A
00A0 11E3                ACALL DELAY6            ;调用延时6s子程序
00A2 7412                MOV   A,#00010010B      ;A车道绿灯亮,B车道红灯亮
00A4 F521                MOV   BUF,A
00A6 F0                  MOVX  @DPTR,A
00A7 11F5                ACALL DELAY2            ;调用延时2s子程序
00A9 0156                AJMP  PANDUAN
00AB 7980       DELAY1:MOV R1,#80H               ;定时1s子程序
00AD 758900              MOV   TMOD,#00H
00B0 758C0C              MOV   TH0,#0CH
00B3 758A78              MOV   TL0,#78H
00B6 D28C          LOOP:SETB  TR0
00B8 108D02              JBC   TF0,OK
00BB 01B6                AJMP  LOOP
00BD D9F7            OK:DJNZ  R1,LOOP
00BF 22                  RET
00C0 7A02      DELAY10:MOV R2,#02H               ;定时10ms子程序
00C2 758900              MOV   TMOD,#00H
00C5 758D0C              MOV   TH1,#0CH
00C8 758B78              MOV   TL1,#78H
00CB C2AF                CLR   EA
00CD D28E         LOOP6:SETB  TR1
00CF 108F02              JBC   TF1,HAHA
```

```
00D2 01CD                AJMP   LOOP6
00D4 DA03          HAHA:DJNZ   R2,ZAILAI
00D6 D2AF                SETB   EA
00D8 22                  RET
00D9 758D0C      ZAILAI:MOV    TH1,#0CH
00DC 758B78              MOV    TL1,#78H
00DF C28F                CLR    TF1
00E1 01CD                AJMP   LOOP6
00E3 753006     DELAY6:MOV    30H,#06H          ;定时 6s 子程序
00E6 11AB        LOOP1:ACALL  DELAY1
00E8 D530FB              DJNZ   30H,LOOP1
00EB 22                  RET
00EC 753104     DELAY4:MOV 31H,#04H             ;定时 4s 子程序
00EF 11AB        LOOP2:ACALL DELAY1
00F1 D531FB              DJNZ   31H,LOOP2
00F4 22                  RET
00F5 753202     DELAY2:MOV 32H,#02H             ;定时 2s 子程序
00F8 11AB        LOOP3:ACALL  DELAY1
00FA D532FB              DJNZ   32H,LOOP3
00FD 22                  RET
;中断程序
00FE C0E0         JINJI:PUSH   A                ;保存 A
0100 C083                PUSH   DPH             ;保存 DPTR
0102 C082                PUSH   DPL
0104 11C0                ACALL  DELAY10         ;软件延时,消除抖动
0106 20B217              JB  P3.2,NEXT
0109 C28C                CLR    TR0             ;定时器停止计数
010B C2AF                CLR    EA              ;关 CPU 中断
010D 7409          JIXU:MOV A,#00001001B        ;A、B 车道红灯都亮
010F 907FFA              MOV    DPTR,#7FFAH     ;B 口输出
0112 F0                  MOVX   @DPTR,A
0113 30B2F7              JNB  P3.2,JIXU         ;紧急状态还在,则保持状态
0116 E521                MOV    A,BUF           ;紧急状态解除,恢复以前灯的状态
0118 907FFA              MOV    DPTR,#7FFAH     ;B 口输出
011B F0                  MOVX   @DPTR,A
011C D28C                SETB   TR0             ;在中断前定时的基础上再定时
011E D2AF                SETB   EA              ;开 CPU 中断
0120 D082          NEXT: POP    DPL             ;恢复 DPTR 和 A
0122 D083                POP    DPH
```

```
0124 D0E0          POP   A
0126 32            RETI                 ;中断返回
                   END
```

【8-17】并行 D/A 转换器为什么必须有锁存器？有锁存器和无锁存器的 D/A 转换器与 80C51 单片微机的接口电路有什么不同？

【答】并行 D/A 转换器的数字输入是由数据总线上引入的，而数据总线上的数据是一直在变动的，为了保持 D/A 转换器输出的稳定，就必须在单片微机与 D/A 转换器输入口之间增加锁存数据功能的锁存器。对于具有锁存器的并行 D/A 转换器的数字输入可以直接与单片微机的数据总线相连。对于不具有锁存器的并行 D/A 转换器的数字输入需增加锁存器。

【8-18】在什么情况下要使用 D/A 转换器的双缓冲方式？试以 DAC0832 为例，绘出双缓冲方式的接口电路。

【答】D/A 转换器的双缓冲方式可以使两路或多路并行数/模转换器同时输出模拟量。DAC0832 双缓冲方式的接口电路如图 8-10 所示。用单片微机口线 P2.5 控制第一片 DAC0832 的输入锁存器，地址为 DFFFH，用单片微机口线 P2.6 控制第二片 DAC0832 的输入锁存器，地址为 BFFFH，以上为第一级缓冲。然后用单片微机口线 P2.7 同时控制两片 DAC0832 的第二级缓冲，地址为 7FFFH，这时两片 DAC0832 同时进行 D/A 转换并输出模拟量。

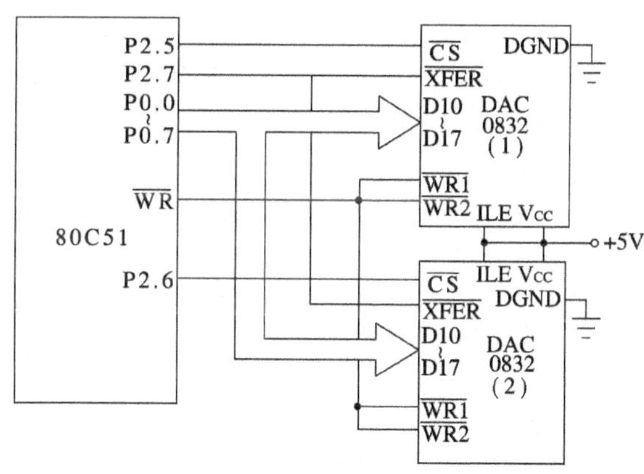

图 8-10　DAC0832 双缓冲方式的接口电路

【8-19】应用 D/A 转换器 DAC0832 产生梯形波，梯形波的上升段和下降段宽度各为 5ms 和 10ms，波顶宽度为 50ms，请编程实现。试加上必要的伪指令，并对源程序加以注释。

【答】设定 DAC0832 最大输出为 249(0～249)，那么上升段每一步需要延时 5ms/250=20μs，下降段每步延时 40μs(不需考虑指令本身延时)，波顶延时 50ms，因此，需要两个延时子程序，一个 20μs，一个 50ms。假设 DAC0832 为单缓冲方式，其寄存器地址为 7FFFH。设晶振为 12MHz。

程序如下：

```
          ORG   0000H
          AJMP   MAIN
          ORG   0100H
MAIN:
          MOV   DPTR,  #7FFFH            ;DAC0832寄存器地址
          MOV   R2,   #250
          MOV   R1,   #0                 ;设上升段步数计数器
UP:       MOV   A,R1                     ;上升边
          MOVX   @DPTR,A                 ;输出一步模拟电压
          LCALL   DELAY 20μs             ;每一步输出延时20μs
          INC   R1                       ;输入数字量加1
          DJNZ   R2,UP
LEVEL:MOV   A,   #249                    ;波顶
          MOVX   @DPTR,A                 ;输出模拟电压
          LCALL   DELAY50ms              ;波顶延时50ms
          MOV   R2,   #250               ;下降边
          MOV   A,   #249
DOWN:MOVX   @DPTR,A                      ;输出一步模拟电压
          LCALL   DELAY20μs              ;每一步输出延时40μs
          LCALL   DELAY20μs
          DEC   A
          DJNZ   R2,   DOWN
          SJMP   MAIN
DELAY20μs:MOV   R3,   #5                 ;软件延时20μs子程序
LOOP:NOP
          DJNZ   R3,   LOOP
          RET
DELAY50ms:                               ;定时50ms子程序
               MOV   TMOD,   #10H        ;设T1为定时器、方式1
               MOV   TH1,#3CH            ;设定时50ms定时常数
               MOV   TL1,#0B0H
               CLR   ET1
               SETB   TR1                ;启动T1
WT:            JBC   TF1,DOK             ;查询50ms定时
```

```
        AJMP   WT
DOK:    RET
        END
```

【8-20】单片微机对 A/D 转换器转换的控制一般可以分为几个过程?

【答】单片微机对 A/D 转换器转换的控制一般可以分为 3 个过程，即：

①单片微机通过控制口对 A/D 转换器发出启动转换信号，A/D 转换器开始进行转换。

②单片微机判断 A/D 转换器的转换是否结束，判断方法有多种，如查询转换结束状态；A/D 转换结束申请中断；对于逐次逼近型 A/D 转换器还可采用延时等待方法等。

③单片微机发出数据输出允许信号，读入 A/D 已转换完成的数据。

【8-21】简述逐次逼近式 A/D 转换器的原理。

【答】逐次逼近式 A/D 转换器是一种比较常用的、性价比较好的 A/D 转换器。它由比较器、参考电源、逐次逼近寄存器 S. A. R 与控制逻辑、时钟信号等部分组成。开始转换以后，时钟信号首先将寄存器的最高有效位置“1”，使输出数字为 100…0。这个数码经 D/A 转换器转换为模拟电压 V_O，送至比较器与模拟输入电压 V_I 比较。如果 $V_I<V_O$ 说明数字量过大，该位被清零；如果 $V_O<V_I$，说明数字量还不够大，应将这一位保留。然后，再按同样的方法对次高次进行试探比较。这样逐位试探比较下去，逐次逼近，一直到最低位为止，比较次数由 ADC 位数所决定。比较完毕后，逐次逼近寄存器中的数字状态就是输入模拟量 V_I 所对应的输出数字。比较过程与以标准砝码称重的过程很相似。

在逐次逼近式 A/D 转换器中，逐次逼近寄存器的位数是转换精度的决定因素。寄存器位数越多，转换精度越高。A/D 转换器所用的参考电源的精度对转换精度有直接影响。对快速变化的输入信号，还应配备采样保持电路，才能保证转换精度的要求。

【8-22】利用 ADC0809 芯片设计以 80C51 为控制器的巡回检测系统。8 路输入的采样周期为 0.8s，其他末列条件可自定。请画出电路连接图，并进行程序设计。试加上必要的伪指令，并对源程序加以注释。

【答】巡回检测系统如图 8-11 所示。8 路输入通道地址为 DFF8H～DFFFH。

8 路输入的采样周期为 0.8s，ADC0809 芯片共有 8 路模拟量输入通道，所以每一路通道输入模拟量的采样时间为 0.8s÷8=0.1s=100ms。

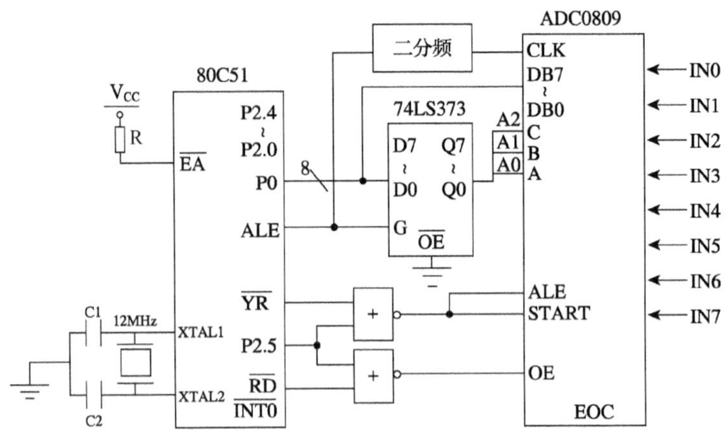

图 8-11 巡回检测系统

采用定时器中断采样，每隔100ms对一路模拟量进行转换。当fosc=12MHz时，机器周期为1μs，定时器/计数器方式1的最长定时时间约65ms。现设定时时间为50ms，定时中断两次即为定时100 ms。

计算：$(2^{16}-TC)\times 1\mu s=50ms$，TC=3CB0H。

```
        ORG   0000H
        AJMP  MAIN
        ORG   000BH                ;定时器T0中断矢量
        AJMP  TIMER0_INT
        ORG   0030H
MAIN:   MOV   TMOD,#01H            ;设T0为定时器、方式1
        MOV   TH0,#3CH             ;设T0定时50ms定时常数
        MOV   TL0,#0B0H
        MOV   R4,#2                ;两次中断产生100ms定时
        MOV   R1,#08H              ;转换8路计数器
        MOV   DPTR,#0DFF8H         ;设通道0地址
        MOV   R0,#40H              ;设数据存储单元首址
        SETB  TR0                  ;启动T0定时
        SETB  ET0                  ;允许T0中断
        SETB  EA                   ;允许CPU中断
        AJMP  $                    ;定时中断等待
TIMER0_INT:
        DJNZ  R4,AGAIN             ;若50ms定时未到2次则转AGAIN
        MOV   R4,#02
LOOP:   MOVX  @DPTR,A              ;100ms定时到,则启动一路A/D转换
        LCALL D128μs               ;延时等待A/D转换完成
```

```
        MOVX   A,@DPTR              ;读入 A/D 转换值
        MOV    @R0,A                ;存入 A/D 转换值
        INC    DPTR                 ;指向 A/D 下一通道地址
        INC    R0                   ;指向下一数据存储单元
        DJNZ   R1,END1              ;8 路转换未结束,则循环
        MOV    R1,#08H              ;重置转换 8 路计数器
        MOV    DPTR,#0DFF8H         ;重置通道 0 地址
        MOV    R0,#40H              ;重置数据存储单元首址
AGAIN:MOV    TH0,#3CH               ;重置定时器常数
        MOV    TL0,#0B0H
END1:RETI
D128μs:……                           ;延时 128μs 子程序(略)
        RET
        END
```

【8-23】举例说明独立式按键的设计原理。

【答】独立式按键就是各按键相互独立，每个按键分别与单片微机的输入引脚或系统外扩 I/O 芯片的一根输入线相连。每根输入线上的按键，它的工作状态不会影响其他输入线的工作状态。因此，通过检测输入线的电平状态，可以很容易地判断哪个按键被按下了。

独立式按键电路配置灵活，软件结构简单，但每个按键需占用一根输入引脚。

例如，单片微机的 P1.0 引脚上接一个按键，无键按下时 P1.0 由上拉电阻决定为高电平，当按键按下时 P1.0 通过按键与地线短路而为低电平。可见，查询 P1.0 引脚的电平即可判断该按键是否被按下。

【8-24】请举例说明 3×3 矩阵式键盘的设计原理和编程方法。

【答】3×3 矩阵式键盘如图 8-12 所示。

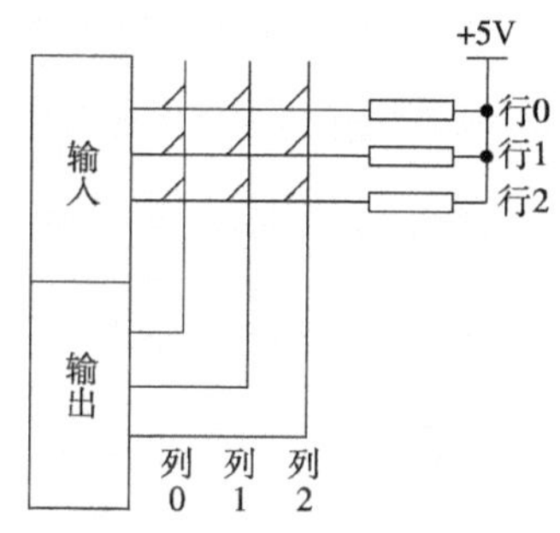

图 8-12　3×3 矩阵式键盘

矩阵式键盘适用于按键数量较多的场合，它由行线和列线组成，行线和列线分别与单片微机的 I/O 口线相连，也可以与系统扩展的 I/O 口线相连。按键位于行、列的交叉点上。一个 3×3 的行、列结构可以构成一个有 9 个按键的键盘。

每个按键设置在行、列线交点上，行、列线分别连接到按键开关的两端。行线通过上拉电阻接到＋5V 上。无按键动作时，行线处于高电平状态，而当有按键按下时，行线电平状态将由与此行线相连的列线电平决定。如果列线电平为低，则行线电平为低；如果列线电平为高，则行线电平亦为高。这一点是识别矩阵键盘按键是否被按下的关键所在。由于矩阵键盘中行、列线为多键共用，各按键均影响该键所在行和

列的电平。因此，各按键将相互发生影响，所以必须将行、列线信号配合起来并作适当的处理，才能确定闭合键的位置。

键盘扫描子程序中需要完成以下几个功能：

- 判断键盘上有无键被按下；
- 消除按键抖动的影响；
- 确定是哪一个按键被按下；
- 执行该按键操作。

【8-25】如何用静态方式实现多位 LED 显示，请画出接口电路图。

【答】静态 LED 显示电路如图 8-13 所示。

LED 静态显示方式的特点是字位同时被选通。LED 显示器工作于静态显示方式时，各位的共阴极(或共阳极)连接在一起并接地(或 5V)；每位的段选线(a～dp)分别与一个 8 位的锁存器输出相连。之所以称为静态显示，是由于显示器中字位各段码相互独立，而且各字位的显示字符一经确定，相应锁存器的输出将维持不变，直到显示另一个字符为止。所以，静态显示器的亮度都较高。

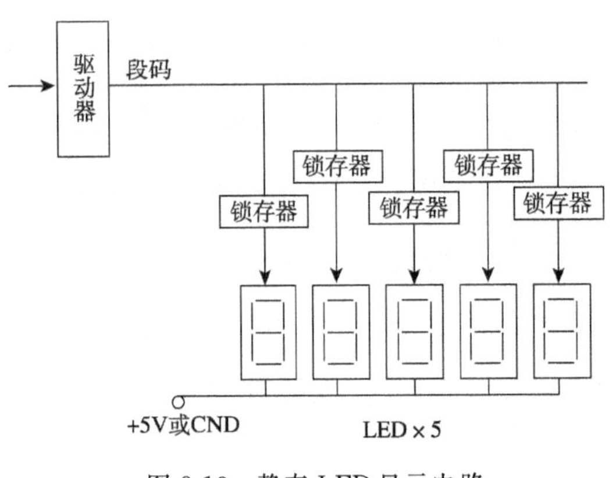

图 8-13　静态 LED 显示电路

图 8-13 所示为一个 5 位静态 LED 显示器电路。电路中各字位 LED 可独立显示，只要在该字位的段选线上保持段选码电平，该字位就能保持相应的显示字符。由于各字位分别由一个 8 位锁存器控制段选码，故在同一时间里，每一位显示的字符可以各不相同。

【8-26】如何用动态方式实现多位 LED 显示，请画出接口电路图。

【答】动态 LED 显示电路如图 8-14 所示。

采用 LED 动态显示方式时，LED 各字位分时选通。通常将所有 LED 字位的段选线相应地并联在一起，由一个(7 段 LED)或两个(“米”字段 LED)8 位 I/O 口控制，形成 LED 段选线的多路复用。而各 LED 位的共阳极或共阴极分别由相应的 I/O 口线控制，实现各 LED 位的分时选通。图 8-14 所示为一个 5 位 7 段 LED 动态显示电路原理图，其中段选线占用一个 8 位 I/O 口线，而

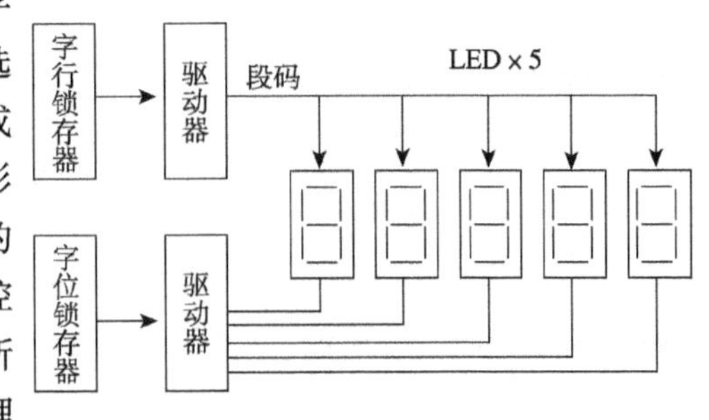

图 8-14　动态 LED 显示电路

位选线占用一个5位I/O口线。由于各位的段选线并联，段选码的输出对各位来说都是相同的。因此，同一时刻，如果各位位选线都处于选通状态的话，5位LED将显示相同的字符。若要各位LED能够显示出与本字位相应的显示字符，就必须采用扫描显示方式，即在某一时刻，只让某一位的位选线处于选通状态，而其他各位的位选线处于关闭状态，同时，段选线上输出相应字位要显示字符的字型码，这样同一时刻，5位LED中只有选通的那一字位显示出字符，而其他4个字位则是熄灭的。同样，在下一时刻，只让下一字位的位选线处于选通状态，而其他各字位的位选线处于关闭状态，同时，在段选线上输出相应字位将要显示字符的字型码，则同一时刻，只有选通位显示出相应的字符，而其他各位则是熄灭的。如此循环下去，就可以使各字位显示出将要显示的字符，虽然这些字符是在不同时刻出现的，而且同一时刻，只有一个字位显示，其他各个字位熄灭。但由于人眼有视觉暂留现象，只要每字位显示间隔足够短，则可造成多字位同时亮的假象，达到显示的目的。

【8-27】某型号直流测速发电机，输出为0～5V时，对应电动机转速为0～1024rad/min，设计单片微机电动机转速检测系统。

1. 每隔100ms(采用定时器/计数器T0的定时中断方式)对8路电动机转速进行A/D采样，并存入片内数据存储器40H～47H单元。试编写定时巡检程序，当某台电动机转速低于512 rad/min时，发出报警信号使对应LED点亮，同时继续巡回检测。对源程序加以注释并加上伪指令，写出必要的计算步骤。

2. 回答两个问题：

①A/D启动信号是由那条指令产生，启动信号为什么是窄脉冲。

②在图8-15的设计中存在2处错误，指出并加以修正。

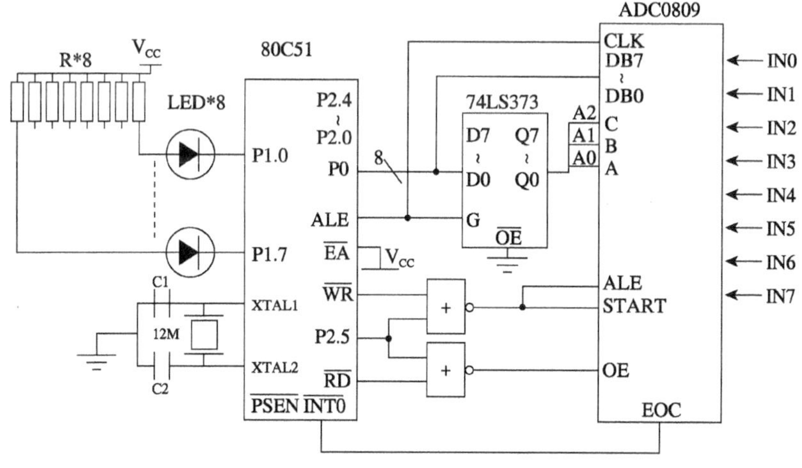

图8-15　单片微机电动机转速检测系统

【答】①计算：晶振为12MHz，则机器周期为1μs。定时方式1为16位定时器。

$$(2^{16}-TC)\times 1\mu s=50ms$$

计算得出：TC=3CB0H。

直流测速发电机输出为0～5V时，对应电动机转速为0～1024r/min，经A/D转换后的数字量约为FFH(255)，所以当电动机转速为512r/min时，经A/D转换后的数字量约为128。

```
                    ORG   0000H
0000 0130           AJMP  MAIN
                    ORG   000BH               ;定时器T0中断矢量
000B 0146           AJMP  TIMER0_INT
                    ORG   0030H
0030 758901   MAIN: MOV   TMOD,#01H           ;设定时器/计数器T0为定时器、方式1
0033 758C3C         MOV   TH0,#3CH            ;设定时50ms定时常数
0036 758AB0         MOV   TL0,#0B0H
0039 7C02           MOV   R4,#2               ;两次中断产生100ms定时
003B 7590FF         MOV   P1,#0FFH            ;灯全灭
003E D28C           SETB  TR0                 ;启动T0
0040 D2 A9          SETB  ET0                 ;允许T0中断
0042 D2 AF          SETB  EA                  ;允许CPU中断
0044 0144           AJMP  $                   ;定时中断等待
      TIMER0_INT:                             ;定时器T0中断服务子程序
0046 DC1F           DJNZ  R4,AGAIN            ;判定时到否
0048 7B01           MOV   R3,#01H             ;亮LED初始值
004A 7C02           MOV   R4,#2               ;两次中断产生100ms定时
004C 7840           MOV   R0,#40H             ;要存入数据的首地址
004E 7908           MOV   R1,#8               ;采样8路计数
0050 90DF80         MOV   DPTR,#0DFF8H        ;通道0地址
0053 F0       LOOP: MOVX  @DPTR,A             ;启动A/D
0054 20B2FD         JB    P3.2,$              ;查询等待A/D完成
0057 E0             MOVX  A,@DPTR             ;存入A/D转换值
0058 F6             MOV   @R0,A
0059 20E704         JB    ACC.7,NEXT1         ;判断是否为≥128(转速≥512r/min)
005C EB             MOV   A,R3                ;若小于128,则点亮对应的LED灯
005D F4             CPL   A
005E 5290           ANL   P1,A
0060 A3     NEXT1:  INC   DPTR                ;转换下一通道
0061 08             INC   R0
0062 EB             MOV   A,R3                ;移位变量左移1位
0063 23             RL    A
```

```
0064 FB              MOV  R3,A
0065 D9EC            DJNZ R1,LOOP          ;采样 8 路
0067 758C3C  AGAIN:MOV  TH0,#3CH          ;重置定时器值
006A 758AB0          MOV  TL0,#0B0H
006D 32              RETI
                     END
```

②回答如下：

A/D 启动信号是由指令 MOVX @DPTR，A 产生。指令 MOVX @DPTR，A 执行时，它需要$\overline{WR}$信号产生的窄脉冲，并且同时用 P2.4 选通 ADC0809，所以是窄脉冲。

错误 1：ALE 作为 ADC0809 的时钟信号，由图 8-15 上可知单片微机晶振频率为 12MHz，因而 ALE 信号频率为 2 MHz，超过了 ADC0809 的时钟允许频率范围(10k～1 280kHz)，可以把单片微机晶振频率改为 6MHz 或对 ALE 信号进行二分频。

错误 2：由时序需要可知，EOC 信号从低电平变为高电平表示 A/D 转换结束，而$\overline{INT0}$是输入从高电平变为低电平时申请中断，所以$\overline{EOC}$信号要经过反相器后与$\overline{INT0}$相连。

【8-28】设计单片微机应用系统的 LCD 显示电路，采用 LCD 模块。

1. 画出硬件连接图，标出 LCD 模块端口地址。
2. 写出 LCD 初始化程序，从 LCD 左上角起显示“01”并加以注释。

【答】1. HC1602LCD 模块与单片微机连接图如图 8-16 所示。

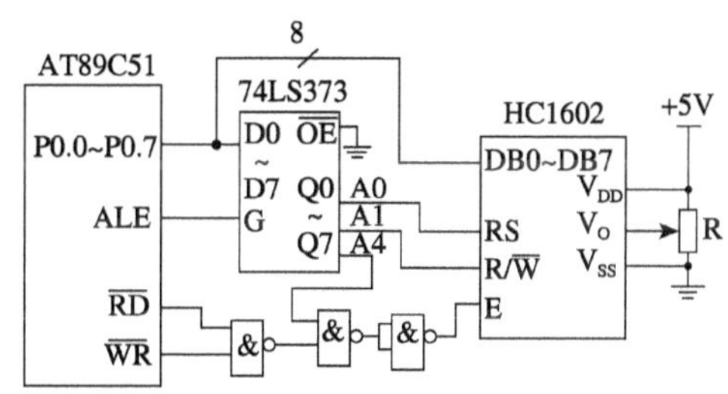

图8-16　HC16202LCD 模块与单片微机连接图

LCD 写指令口地址为 10H，读状态口地址为 12H，写数据口地址为 11H，读数据口地址为 13H。

2.

```
ORG   1000H
MOV   R0,#10H              ;写指令地址
MOV   R1,#12H              ;读“忙”指令地址
```

```
INIT:LCALL RDBUSY          ;判 LCD“忙”
     MOV  A,#38H           ;系统设置指令,8 位,两行,5×7 点阵
     MOVX  @R0,A
     LCALL  RDBUSY
     MOV  A,#01H           ;清屏指令
     MOVX  @R0,A
     LCALL  RDBUSY
     MOV  A,#02H           ;光标复位指令
     MOVX  @R0,A
     LCALL  RDBUSY
     MOV  A,#06H           ; 模式设置指令
     MOVX  @R0,A
     LCALL  RDBUSY
     MOV  A,#0FH           ;显示开/关控制指令
     MOVX  @R0,A
     MOV  R0,#10H          ;写指令口地址
     LCALL  RDBUSY
     MOV  A,#80H           ;显示地址 DDRAM 地址设置指令
     MOVX  @R0,A
     LCALL  RDBUSY
     MOV  R0,#11H          ;写数据口地址
     MOV  A,#30H           ;显示“0”
     MOVX  @R0,A
     LCALL  RDBUSY
     MOV  A,#31H           ;显示“1”
     MOVX  @R0,A
     …
RDBUSY:MOVX  A,@R1         ;读“忙”标志子程序
       JB  ACC.7,RDBUSY
       RET
```

【8-29】简述系统扩展时的可靠性设计。

【答】应用系统扩展时，可靠性设计是单片微机应用系统软件、硬件设计的重要组成部分，按照国家标准规定，可靠性的定义是“产品在规定条件下和规定时间内，完成规定功能的能力”，离开了这三个“规定”，就失去了衡量可靠性高低的前提。

可靠性设计贯彻在单片微机应用系统设计的全过程，硬件系统设计、PCB 设计及电源系统设计主要是本质可靠性设计。而在软件设计及总体设计中，则除了本质可靠性外，还必须考虑可靠性控制设计。

【8-30】简述系统扩展时的低功耗设计。

【答】应用系统扩展时，低功耗设计除了降低功耗、节省能源、满足绿色电子的基本要求之外，还能提高系统的可靠性，满足便携式、电池供电等特殊应用场合产品的要求。

应用系统低功耗设计的意义如下：

①实现"绿色"电子，节省能源。低功耗的实现，能明显地降低应用系统所消耗的功率。消耗功率的降低，可以使温升降低，改善应用系统的工作环境。

②提高了电磁兼容性和工作可靠性。目前单片微机正全盘 CMOS 化，CMOS 电路有较大的噪声容限；单片微机的低功耗模式常采用的待机、掉电及关闭电源等方式，在这些方式下，系统对外界噪声失敏，大大减少了因噪声干扰产生的出错概率。

③促进便携化发展。最小功耗设计技术有利于电子系统向便携化发展。如便携式仪器仪表，可以在野外环境使用，仅靠电池供电就能正常工作。

第2部分　实验指导

“单片微型计算机原理与接口技术”是一门实践性很强的课程，只有通过实验才能真正掌握课程内容并达到教学要求。通过实验有利于对课程内容的理解和掌握，有利于激发学生学习该门课程的兴趣和主动性。

单片微机实验系统主要由计算机、单片微机仿真器、实验系统板及仿真软件几部分组成。其中计算机主要承担的任务有源程序的编辑、编译以及将编译通过后所生成的后缀名为 HEX 的机器码文件，通过 RS－232 串行口下载给仿真器，同时也可在计算机上直接模拟运行源程序来进行调试，包括单步执行、设置断点、跟踪显示、连续运行及查看各种寄存器内容等等。在联机调试软件的支持下还可对单片微机及仿真器内部的各种寄存器、存储器、PC 指针和特殊功能寄存器直接进行修改或赋值。

仿真器采用 MICETEK 公司的 EasyProbe8052F 仿真器，该仿真器是目前较为常用且功能较强的一种开发装置。

实验系统板由外部中断信号、计数脉冲输出、串行显示、A/D 转换器和并行输入/输出电路所组成。主要用于完成中断实验、并行输出实验、定时器/计数器定时及外部信号计数实验、串行通讯及串行显示实验、A/D 转换实验、LED/LCD 显示与键盘实验等多个基本的单片微机原理与接口实验。

仿真软件由 WAVE 的编辑软件及 MICETEK 公司的 EasyProbe8052F 仿真软件组成。上述软件均在 WINDOWS 环境下运行。

实验一　上机操作

一、实验目的

1. 掌握 WAVE 仿真器的一般上机操作规程。

2. 基本掌握对汇编语言源程序的编辑、汇编、连接等使用方法。

3. 掌握应用 WAVE6000 对汇编语言源程序的调试方法，学会检查运行结果的方法(单步运行、设断点运行和连续运行)。

二、实验内容

将下列示范程序或自选习题或例题进行编辑、汇编、连接后运行并通过。

三、实验报告要求

1. 写出调试通过后的 .LST 文件，并加以注释。

2. 写出程序功能及结果。

3. 记录实验中出现的故障、错误以及相应的解决办法。

四、参考程序

```
        ORG    0000H
        AJMP   MAIN
        ORG    0080H
MAIN:MOV    SP,#40H           ;设堆栈指示器初值
     MOV    TMOD,#00H
     MOV    SCON,#00H         ;设串行口为方式 0,同步移位寄存器方式(串行显示)
CIRC_0:MOV   R7,#10H          ;设 16 个显示字符计数器
       MOV   A,#00H           ;显示初值
CIRC_1:MOV   4BH,A
       MOV   4AH,A
       ACALL   DIP            ;调用显示子程序
       ACALL   DELAY          ;调用延时子程序
       ADD   A,#01H
       DJNZ   R7,CIRC_1       ;16 个显示字符轮显
       SJMP   CIRC_0
DIP:PUSH A                    ;显示子程序
```

```
    MOV   DPTR,#TAB_1         ;指向显示代码表
    MOV   A,4AH
    MOVC  A,@A+DPTR           ;查表得查示代码
    MOV   4CH,A
    MOV   A,4AH
    MOVC  A,@A+DPTR           ;查表得查示代码
    MOV   4DH,A
    MOV   A,4BH
    MOVC  A,@A+DPTR           ;查表得查示代码
    MOV   4EH,A
    MOV   A,4BH
    MOVC  A,@A+DPTR           ;查表得查示代码
    MOV   4FH,A
    MOV   R1,#4CH
    MOV   R0,#04H             ;4位控制
DIP_0:MOV A,@R1
      MOV   SBUF,A            ;串行口送出查示代码
DIP_1:JNB   TI,DIP_1          ;检查发送是否结束
      CLR   TI
      INC   R1
      DJNZ  R0,DIP_0          ;4位轮显
      NOP
      ACALL DELAY             ;调用延时子程序
      POP   A
      RET                     ;子程序返回
DELAY:PUSH A                  ;延时子程序
      MOV   R3,#0FH
DELAY2:MOV  R2,#0FFH
DELAY1:NOP
      MOV   R1,#0FFH
      NOP
      DJNZ  R1,$
      DJNZ  R2,DELAY1
      DJNZ  R3,DELAY2
      POP   A
      RET                     ;子程序返回
TAB_1:DB 3FH,06H,5BH,4FH,66H,6DH,7DH,07H,7FH,6FH,77H,7CH,39H,
      5EH,79H,71H             ;共阴极显示代码表
```

实验二　汇编语言程序设计

一、实验目的

1. 熟悉 80C51 单片微机汇编语言设计及编程技巧。
2. 掌握逻辑运算程序的设计方法。
3. 掌握求最小数和最大数程序的设计方法。
4. 掌握多字节无符号十进制数加、减法程序的设计。

二、实验内容

1. 逻辑运算

根据下列逻辑运算式，编写程序计算运算结果。

$$Y=\overline{A\oplus\overline{B\cdot C}}\cdot\overline{D+A}$$

设：A＝63H，B＝82H，C＝C5H，D＝36H。

2. 求最小数和最大数

16 个无符号数连续存放在以 20H 为起始地址的 RAM 中，找出其中的最小值存入 30H 单元中，找出其中的最大值存入 31H 单元中。

3. 十进制加、减运算

286729＋652430－752196＝?

在 8051 片内数据存储器的 20H～22H 中放入 3 字节被加数(低位在先)、23H～25H 放入加数(低位在先)、26H～28H 放入减数，结果存入 29H～2BH 单元(低位在先)。

三、实验器材

1. Micetek 仿真器一台。
2. 实验板一块。

四、实验结果

1. 逻辑运算

```
                ORG   0000H
0000 0180                   AJMP MAIN
                            ORG 0080H
0080 7463   MAIN：  MOV A,＃63H        ;将 A 值给累加器 A
```

```
0082 7836          MOV R0,#36H     ;将 D 值给 R0
0084 48            ORL A,R0        ;将 A 与 D 逻辑或,即 A+D 存入累加器 A
0085 F4            CPL A           ;求 ¬(A+D)
0086 F9            MOV R1,A        ;将 ¬(A+D)存入 R1
0087 7482          MOV A,#82H      ;将 B 值给累加器 A
0089 78C5          MOV R0,#0C5H    ;将 C 值给 R0
008B 58            ANL A,R0        ;B 与 C 逻辑与,结果存入累加器 A
008C F4            CPL A           ;求反,即¬(B·C)
008D 7863          MOV R0,#63H     ;将 A 值存入 R0
008F 68            XRL A,R0        ;A ⊕¬(B·C),存入累加器 A
0090 F4            CPL A           ;¬(A ⊕¬(B·C))
0091 59            ANL A,R1        ;¬(A ⊕¬(B·C))·¬(D+A)
                   END
```

2. 求最小数和最大数

```
                   ORG   0000H
                   AJMP  MAIN
0000 0180
                   ORG   0080H
0080 7820   MAIN:MOV R0,#20H         ;设数的存放首地址
0082 E6          MOV A,@R0           ;将首地址中的数送累加器 A
0083 7F09        MOV R7,#09H         ;设存放数的个数为(9+1)=10
0085 FA          MOV R2,A            ;设第一个数作为最小数存入 R2
0086 FB          MOV R3,A            ;设第一个数作为最大数存入 R3
0087 08     LOOP:INC R0              ;地址加 1
0088 118E        ACALL COMP          ;调用找出最大数与最小数子程序
008A DFFB        DJNZ R7,LOOP        ;判断是否已将所有数比较完
008C 01A0        AJMP DONE           ;结束程序
;比较数大小子程序
008E C3     COMP:CLR C               ;清 C 标志位
008F E6          MOV A,@R0           ;将当前数送累加器 A
0090 9A          SUBB A,R2           ;比较累加器 A 与当前数的大小
0091 4007        JC MIN              ;若当前数更小、取小数
0093 E6          MOV A,@R0           ;将当前数赋给累加器 A
0094 F9          MOV R1,A            ;将当前数赋给 R1
0095 EB          MOV A,R3            ;将最大数赋给 A
0096 99          SUBB A,R1           ;比较最大数与当前数的大小
0097 4004        JC MAX              ;当前数大,取大数
0099 22          RET                 ;子程序返回
009A E6     MIN: MOV A,@R0           ;取当前数
```

```
009B FA            MOV R2,A          ;将当前数赋给 R2
009C 22            RET               ;子程序返回
009D E9       MAX: MOV A,R1          ;取当前数
009E FB            MOV R3,A          ;将当前数给 R3
009F 22            RET               ;子程序返回
00A0 8A30 DONE:    MOV 30H,R2        ;将最小数送入地址 30H
00A2 8B31          MOV 31H,R3        ;将最大数送入地址 31H
                   END
```

3. 十进制加、减运算

286729＋652430－752196＝?

```
                         ORG 0000H
0000 0180                AJMP MAIN
                         ORG 0080H
0080 752029        MAIN: MOV 20H,#29H      ;将被加数放入片内数据存储器 20H～22H
0083 752167              MOV 21H,#67H
0086 752228              MOV 22H,#28H
0089 752330              MOV 23H,#30H      ;将加数放入片内数据存储器 23H～25H
008C 752424              MOV 24H,#24H
008F 752565              MOV 25H,#65H
0092 752696              MOV 26H,#96H      ;将减数放入片内数据存储器 26H～28H
0095 752721              MOV 27H,#21H
0098 752875              MOV 28H,#75H
009B E520                MOV A,20H
009D 2523                ADD A,23H         ;最低字节相加
009F D4                  DAA               ;二一十进制调整
00A0 F52D                MOV 2DH,A         ;将相加结果存入 2DH
00A2 E521                MOV A,21H
00A4 3524                ADDC A,24H        ;次低字节带进位相加
00A6 D4                  DAA               ;二一十进制加法调整
00A7 F52E                MOV 2EH,A         ;将次低字节相加结果存入 2EH
00A9 E522                MOV A,22H
00AB 3525                ADDC A,25H        ;最高字节带进位相加
00AD D4                  DA A              ;二一十进制加法调整
00AE F52F                MOV 2FH,A         ;将最高字节相加结果存入 2FH
00B0 C3                  CLR C             ;清零 C 标志位
00B1 749A                MOV A,#9AH        ;求 26H 中的十进制补码
00B3 9526                SUBB A,26H
00B5 252D                ADD A,2DH         ;加上补码
00B7 D4                  DA A              ;二一十进制调整
```

```
00B8 F52D      MOV 2DH,A      ;将最低字节运算结果存入 2DH
00BA B3        CPL C          ;标志位取反
00BB 749A      MOV A,#9AH     ;求 27H 中的十进制补码
00BD 9527      SUBB A,27H
00BF 252E      ADD A,2EH      ;加上补码
00C1 D4        DA A           ;二一十进制调整
00C2 F52E      MOV 2EH,A      ;将次低字节运算结果存入 2EH
00C4 B3        CPL C          ;标志位取反
00C5 749A      MOV A,#9AH     ;求 28H 中的十进制补码
00C7 9528      SUBB A,28H
00C9 252F      ADD A,2FH      ;加上补码
00CB D4        DA A           ;二一十进制调整
00CC F52F      MOV 2FH,A      ;将最高字节运算结果存入 2FH
               END
```

注意：①字节减法改为加该字节的补码，如减 1，改为加 99H。因为 DA A 指令只适用于 BCD 码加法运算后的二一十进制调整。

②运算结果存入 2EH～2FH 中(低位在先)。

实验三　智能交通灯控制

一、实验目的

1. 掌握单片微机片内定时器的编程和应用。

2. 掌握单片微机外部中断的编程和应用。

3. 掌握单片微机系统使用并行 I/O 口的方法。

二、实验任务

设计一个智能交通灯管理程序。要求如下：

假设十字路口有两组交通灯，每一组各有红、黄、绿三种颜色的指示灯，分别管理车道 A 和车道 B。A 为主车道。

1. 如果两个车道都有车，轮流放行，其中 A 车道绿灯亮 6s。B 车道绿灯亮 4s。

2. 车道放行管理：如果某个车道无车，而另一车道有车，那么有车的车道放行。如果无车的车道有车了，则有车的通道立刻恢复正常的交通灯进行管理(由无车车道有车开始计时)。

3. 如果两个车道都没有车，那么两个车道按照当时的交通灯状态进行管理。

4. 如有紧急车辆通过，应立即禁止普通车辆通行(即 A 和 B 车道红灯均亮)，紧急车辆通过后，恢复原来的信号灯状态，并且原先的计时时间累计。要求采取中断方式，用按键中断模拟有紧急车辆通过。

5. 在从绿灯切换为红灯时，应有 2s 的黄灯点亮时间。

提示：使用拨动开关模拟车道有无车，选择拨动开关的两位。A 车道通行的时候，B 车道必须禁止；B 车道通行的时候，A 车道必须禁止。

三、实验器材

1. PC 机一台。

2. MICE 高级仿真器一台。

3. 自制实验版一块。

4. 导线若干。

四、实验报告内容

1. 实验系统逻辑电路图和芯片地址分配。

2. 软件流程图和 . LST 文件，并加以注释。

3. 记录实验中出现的故障、错误以及相应的解决办法。

五、实验板线路接法

实验三接线原理图如实验图 3-1 所示。

P0.0 控制 A 车道红灯

P0.1 控制 A 车道黄灯

P0.2 控制 A 车道绿灯

P0.3 控制 B 车道红灯

P0.4 控制 B 车道黄灯

P0.5 控制 B 车道绿灯

P1.0=1，A 车道有车

P1.1=1，B 车道有车

P3.2=1，有紧急车辆通过

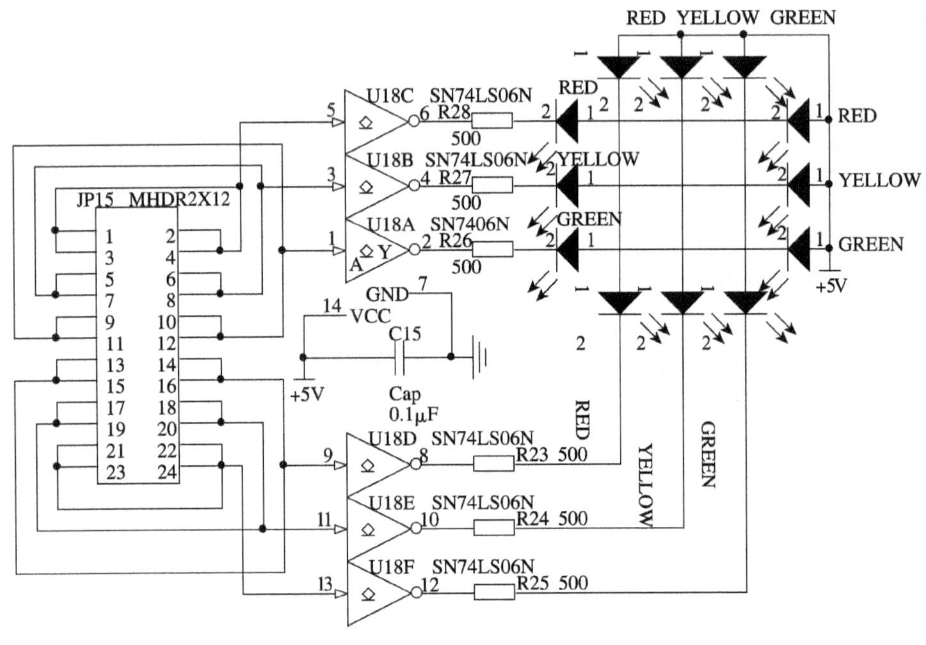

实验图 3-1 实验三接线原理图

实验三程序流程图参见实验图 3-2。

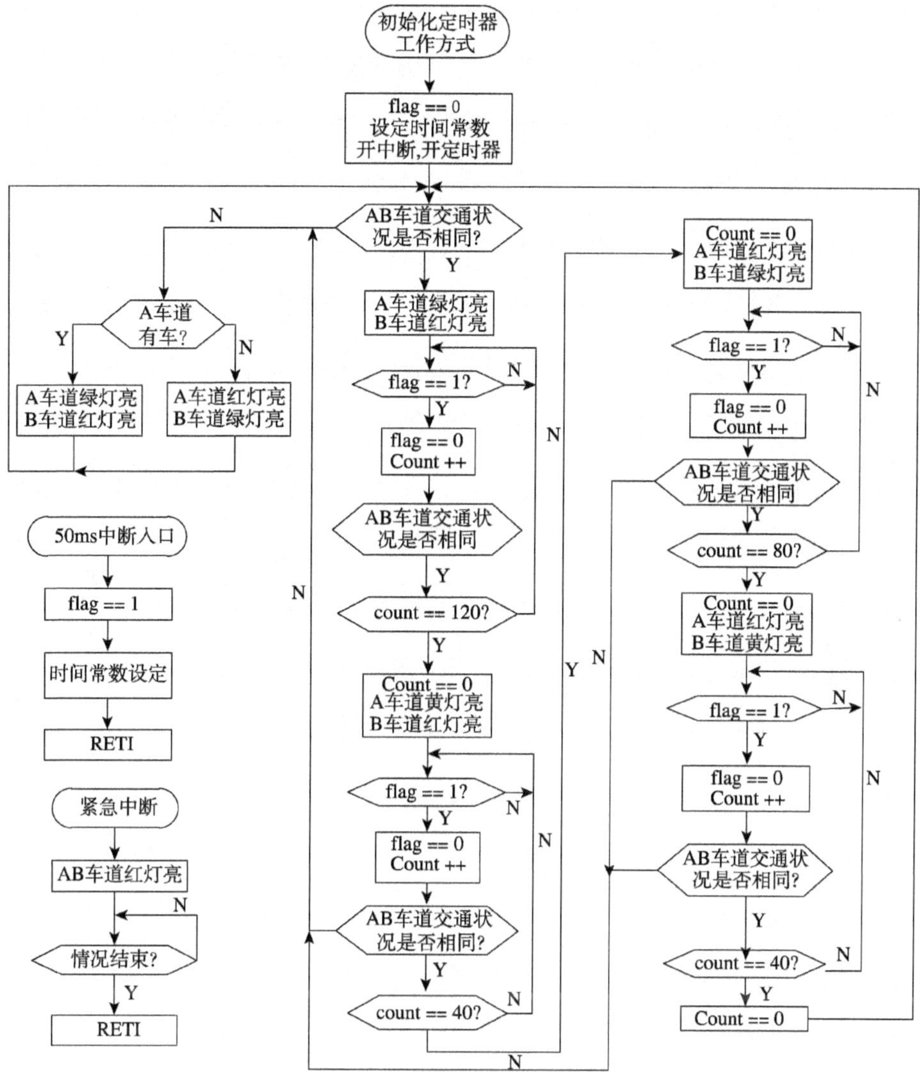

实验图 3-2　实验三程序流程图

参考程序

```
;flag=20H.0
;有车无车标志位 21H,22H
;count =R0
;外接 12MHz 晶振时:定时 50ms 计算得到定时常数 TC=65536-50000=15536=3CB0H
;外接 6MHz 晶振时:定时 50ms 计算得到定时常数 TC=65536-25000=40536=9E58H
        ORG   00H
        AJMP  MAIN
```

```
        ORG   0003H                    ;外部中断矢量
        AJMP   EMER
        ORG   000BH                    ;T0 中断矢量
        AJMP   T0INT
        ORG   30H
MAIN:MOV   P0,#00H                     ;设 P0 初值
        MOV   TMOD,#01H                ;设 T0 为定时器,方式 1
        CLR TI                         ;关闭串行口发送中断源
        CLR IT0                        ;设INT0中断低电平有效
        SETB EA                        ;开 CPU 中断
        SETB EX0                       ;允许外部中断 0 中断
        MOV 21H,#00H                   ;设置标志位
        MOV 22H,#00H
        MOV A,21H
        XRL A,22H                      ;判断两车道是否同时有车或同时无车
        JZ LP1                         ;若(A)=0,即同时有车或同时无车跳转 LP1
        AJMP LOOP                      ;跳转到 LOOP
LP1:MOV R0,#00H                        ;初始化
      CLR 20H.0                        ;清空标志位
      SETB EA                          ;开 CPU 中断
      SETB ET0                         ;允许 T0 中断
      SETB TR0                         ;启动 T0
      MOV TH0,#9EH                     ;设定时器 T0 定时常数(50ms 定时器)
      MOV TL0,#58H
      CLR   P0.0                       ;A 车道绿灯亮,B 车道红灯亮
      CLR   P0.1
      SETB   P0.2
      SETB   P0.3
      CLR   P0.4
      CLR   P0.5
WAIT1:JNB 20H.0,WAIT1                  ;看标志位是否为 0,为 0 则等待,为 1 继续执行
        CLR   20H.0                    ;标志位清零
        LCALL JUDGE                    ;调用输入车辆运行情况子程序
        JZ   W1                        ;若(A)=0,即同时有车或无车跳转 W1
        AJMP LOOP                      ;否则,跳转 LOOP
W1:INC   R0                            ;count 加 1
    CJNE   R0,#120,WAIT1               ;当 R0 加到 120 时向下运行(50ms×120=6s)
    MOV   R0,#0                        ;将 R0 清空
    CLR   P0.0                         ;等待 1,A 车道黄灯亮,B 车道红灯亮
```

```
        SETB  P0.1
        CLR  P0.2
        SETB  P0.3
        CLR  P0.4
        CLR  P0.5
WAIT2:JNB  20H.0,WAIT2              ;看标志位是否为0,为0则重复此句,为1继续执行
        CLR  20H.0                  ;标志位清0
        LCALL  JUDGE                ;调用输入车辆运行情况子程序
        JZ  W2                      ;若(A)=0,即同时有车或无车跳转W2,
        AJMP  LOOP                  ;跳转LOOP
W2:INC  R0                          ;count加1
    CJNE  R0,#40,WAIT2              ;当R0加到40时,向下运行(50ms×40=2s)
    MOV  R0,#0                      ;将R0清空
    SETB  P0.0                      ;A车道红灯亮,B车道绿灯亮
    CLR  P0.1
    CLR  P0.2
    CLR  P0.3
    CLR  P0.4
    SETB  P0.5
WAIT3:JNB  20H.0,WAIT3              ;看标志位是否为0,为0则等待,为1继续执行
        CLR  20H.0                  ;标志位清0
        LCALL  JUDGE                ;调用输入车辆运行情况子程序
        JZ  W3                      ;若(A)=0,即同时有车或无车跳转W3
        AJMP  LOOP                  ;跳转LOOP
W3:INC  R0                          ;count加1
    CJNE  R0,#80,WAIT3              ;当R0加到80时,向下运行(50ms×80=4s)
    MOV  R0,#0                      ;将R0清空
    SETB  P0.0                      ;等待2,A车道红灯亮,B车道黄灯亮
    CLR  P0.1
    CLR  P0.2
    CLR  P0.3
    SETB  P0.4
    CLR  P0.5
WAIT4:JNB  20H.0,WAIT4              ;看标志位是否为0,为0则重复此句,为1继续执行
        CLR  20H.0                  ;标志位清0
        LCALL  JUDGE                ;调用输入车辆运行情况子程序
        JZ  W4                      ;若(A)=0,即同时有车或无车跳转W4
        AJMP  LOOP                  ;跳转LOOP
W4:INC  R0                          ;count加1
```

```
        CJNE   R0,#40,WAIT4            ;当 R0 加到 40 时向下运行(50ms×40=2s)
        MOV    R0,#0                   ;将 R0 清空
        AJMP   LP1                     ;跳转回 LP1 再次开始
        SJMP   $
        ORG    100H
T0INT:  MOV    TH0,#9EH                ;重置定时器 T0 的定时常数
        MOV    TL0,#58H
        SETB   20H.0                   ;20H.0 置 1
        SETB   TR0                     ;启动定时器
        RETI                           ;中断返回
LOOP:   CLR    ET0                     ;禁止 T0 中断
        CLR    TR0                     ;关闭 T0
        JB     21H.0,LP3;              ;若 21H.0=1,A 通道有车,跳转 LP3。若 21H.0=0,
                                       ;继续运行
LP2:    SETB   P0.0                    ;A 车道红灯亮,B 车道绿灯亮
        CLR    P0.1
        CLR    P0.2
        CLR    P0.3
        CLR    P0.4
        SETB   P0.5
        LCALL  JUDGE                   ;调用输入车辆运行情况子程序
        JNZ    LP21                    ;若(A)≠0,即 A、B 车道只有一条有车,跳转到
                                       ;LP21,否则继续执行
        AJMP   LP1                     ;两车道状态相同,跳转到 LP1
LP21:   JNB    21H.0,LP2               ;若 A 车道无车,跳转 LP2
LP3:    CLR    P0.0                    ;A 车道绿灯亮,B 车道红灯亮
        CLR    P0.1
        SETB   P0.2
        SETB   P0.3
        CLR    P0.4
        CLR    P0.5
        LCALL  JUDGE                   ;调用输入车辆运行情况子程序
        JNZ    LP31                    ;若(A)≠0,即 A、B 车道只有一条有车,转 LP31,否
                                       ;则继续执行
        AJMP   LP1                     ;两车道状态相同,跳转到 LP1
LP31:   JNB    21H.0,LP2               ;若 A 车道无车,跳转 LP2
        AJMP   LP3
EMER:   PUSH   P0                      ;P0 压栈保护
        SETB   P0.0                    ;A 车道红灯亮,B 车道红灯亮
```

```
        CLR   P0.1
        CLR   P0.2
        SETB  P0.3
        CLR   P0.4
        CLR   P0.5
EMER1:JB   IE0,EMER1              ;(IE0)=1,跳转 EMER1,即外部中断申请信号有效
        POP   P0                   ;无外部中断申请,则 P0 出栈
        RETI                       ;中断返回
;输入车辆运行情况子程序
JUDGE:MOV   21H.0,P3.0            ;输入车辆运行情况
        MOV   22H.0,P3.1
        MOV   A,21H                ;判断两车道状态是否相同
        XRL   A,22H
        RET                        ;子程序返回
```

实验四　单片微机应用系统存储器扩展和虚拟 I²C 总线应用

一、实验目的

1. 掌握单片微机应用系统串行扩展的基本编址方法。

2. 掌握虚拟 I²C 总线的编程。

3. 掌握检验单片微机应用系统存储器扩展正确性的基本方法：软件自检包括三方面，即检查硬件连接是否正确，存储器芯片是否完好以及数据传送是否正确。

二、实验任务

1. 采用 80C51 单片微机的 P1.6(SCL)和 P1.7(SDA)两根 I/O 口线构成虚拟 I²C 总线，扩展串行 EEPROM 芯片 24C02。

2. 编制程序，对扩展的串行数据存储器 24C02 进行自检，若每一单元读/写都正确，则把片内 RAM 中 20H 单元内容清 0，否则置 20H 内容为 FFH。

三、实验器材

1. PC 机一台。

2. MICE 仿真器一台。

3. 自制应用系统实验板一块。

四、实验报告内容

1. 实验系统逻辑电路图和芯片地址分配。

2. 软件流程图和 .LST 文件，并加以注释。

3. 记录实验中出现的故障、错误以及相应的解决办法。

参考程序：

```
                        SCL EQU P1.6
                        SDA EQU P1.7
                        MTD EQU 21H
                        MRD EQU 29H
                        NUMBYT EQU 28H
                        SLA EQU 27H
                        ORG 0000H
0000 0130               AJMP MAIN
                        ORG 0030H
```

```
0030 752200     MAIN:MOV 22H,#00H          ;写入 00H 送存储器 24C02
0033 752000          MOV 20H,#00H          ;标志位初始化
0036 752100          MOV MTD,#00H          ;设写入 24C02 的首地址
0039 7F00            MOV R7,#00H           ;设写入数据为 256 个
003B 7527A0    LOOP: MOV SLA,#0A0H         ;写寻址地址(24C01 的器件地址引
                                            脚 A2、A1、A0 都接地)
003E 752802          MOV NUMBYT,#2         ;写入地址和一个数据
0041 12011D          LCALL WRNBYT          ;调用子程序发送数据
0044 752801          MOV NUMBYT,#01H       ;写入读操作的地址
0047 12011D          LCALL WRNBYT          ;发送地址
004A 7527A1          MOV SLA,#0A1H         ;读寻址地址
004D 752801          MOV NUMBYT,#01H       ;设读取数据个数
0050 120147          LCALL RDNBYT          ;调用子程序读入数据
0053 120083          LCALL JUDGE           ;调用子程序,判断读/写是否正确
0056 0521            INC MTD               ;24C02 的地址加 1
0058 DFE1            DJNZ R7,LOOP          ;是否判断完?
005A 015A      DONE: AJMP $                ;结束
;判断写入全为 1 程序
005C 7522FF          MOV 22H,#0FFH         ;写入 11111111B 到存储器 24C02
005F 752100          MOV MTD,#00H          ;写入 24C02 的首地址
0062 7F00            MOV R7,#00H           ;写入数据为 256 个
0064 7527A0   LOOP1: MOV SLA,#0A0H         ;写寻址地址
0067 752802          MOV NUMBYT,#2         ;写入地址和一个数据
006A 12011D          LCALL WRNBYT          ;发送数据
006D 752801          MOV NUMBYT,#01H       ;写入读操作的地址
0070 12011D          LCALL WRNBYT          ;发送地址
0073 7527A1          MOV SLA,#0A1H         ;读寻址地址
0076 752801          MOV NUMBYT,#01H       ;读取数据个数
0079 120147          LCALL RDNBYT          ;调用子程序读入数据
007C 12008E          LCALL JUDGE1          ;调用子程序判断读/写是否正确
007F 0521            INC MTD               ;24C02 的地址加 1
0081 DFE1            DJNZ R7,LOOP1         ;是否判断完?
;写入 00000000B 时,判断读/写是否正确子程序
0083 E529     JUDGE: MOV A,MRD             ;从 MRD 中取所读取的数据
0085 6006            JZ CONTINUE           ;如果为 0,则正确,继续判断
0087 7520FF          MOV 20H,#0FFH         ;错误,将 20H 置为 0FFH
008A 02005A          LJMP DONE             ;结束判断
008D 22   CONTINUE: RET                    ;返回
;写入 11111111B 时判断读/写是否正确子程序
```

```
008E E529     JUDGE1: MOV A,MRD          ;从 MRD 中取所读取的数据
0090 C3               CLR C
0091 94FF             SUBB A,#0FFH       ;与 0FFH 比较
0093 60F8             JZ CONTINUE        ;结果为 0,则正确,继续判断
0095 7520FF           MOV 20H,#0FFH      ;错误,将 20H 置为 0FFH
0098 02005A           LJMP DONE          ;结束判断
;I²C 软件包
009B D291        STA: SETB SDA           ;启动 I²C 总线
009D D290             SETB SCL
009F 00               NOP
00A0 00               NOP
00A1 C291             CLR SDA
00A3 00               NOP
00A4 00               NOP
00A5 C290             CLR SCL
00A7 22               RET                ;子程序返回
00A8 C291       STOP: CLR SDA            ;停止 I²C 总线数据传送
00AA D290             SETB SCL
00AC 00               NOP
00AD 00               NOP
00AE D291             SETB SDA
00B0 00               NOP
00B1 00               NOP
00B2 C290             CLR SCL
00B4 22               RET                ;子程序返回
00B5 C291       MACK: CLR SDA            ;发送应答位
00B7 D290             SETB SCL
00B9 00               NOP
00BA 00               NOP
00BB C290             CLR SCL
00BD D291             SETB SDA
00BF 22               RET                ;子程序返回
00C0 D291      MNACK: SETB SDA           ;发送非应答位
00C2 D290             SETB SCL
00C4 00               NOP
00C5 00               NOP
00C6 C290             CLR SCL
00C8 C291             CLR SDA
00CA 22               RET                ;子程序返回
```

```
00CB D291     CACK:SETB SDA          ;应答位检查
00CD D290          SETB SCL
00CF C2D5          CLR F0
00D1 E590          MOV A,P1
00D3 30E102        JNB ACC.1,CEND    ;读 SDA
00D6 D2D5          SETB F0
00D8 C290     CEND:CLR SCL
00DA 00            NOP
00DB 00            NOP
00DC 22            RET               ;子程序返回
00DD 7F08   WRBYT:MOV R7,#08H        ;向 SDA 线上发送一个数据字节(数据
                  ;在 A 中)
00DF 33        WLP:RLC A
00E0 4005          JC WR1
00E2 01F3          AJMP WR0
00E4 DFF9     WLP1:DJNZ R7,WLP
00E6 22            RET               ;子程序返回
00E7 D291      WR1:SETB SDA          ;发送"1"(SCL=1 时,SDA 保拼"1")
00E9 D290          SETB SCL
00EB 00            NOP
00EC 00            NOP
00ED C290          CLR SCL
00EF C291          CLR SDA
00F1 01E4          AJMP WLP1
00F3 C291      WR0:CLR SDA           ;发送"0"
00F5 D290          SETB SCL
00F7 00            NOP
00F8 00            NOP
00F9 C290          CLR SCL
00FB 01E4          AJMP WLP1
00FD 7F08   RDBYT:MOV R7,#08H        ;从 SDA 线上读取一个数据字节
00FF D291      RLP:SETB SDA
0101 D290          SETB SCL
0103 E590          MOV A,P1
0105 30E105        JNB ACC.1,RD0
0108 2115          AJMP RD1
010A DFF3     RLP1:DJNZ R7,RLP
010C 22            RET               ;子程序返回
010D C3        RD0:CLR C             ;读入"0",拼装
```

```
010E EA                 MOV A,R2
010F 33                 RLC A
0110 FA                 MOV R2,A
0111 C290               CLR SCL
0113 210A               AJMP RLP1
0115 D3            RD1: SETB C                ;读入“1”,拼装
0116 EA                 MOV A,R2
0117 33                 RLC A
0118 FA                 MOV R2,A
0119 C290               CLR SCL
011B 210A               AJMP RLP1
011D C0D0   WRNBYT: PUSH PSW                  ;模拟 I²C 总线发送几个字节数据
011F 75D018             MOV PSW,#18H
0122 A828   WRNBYT0:MOV R0,NUMBYT
0124 12009B   WRNBYT1:LCALL STA
0127 E527               MOV A,SLA
0129 1200DD             LCALL WRBYT
012C 1200CB             LCALL CACK
012F 20D5F2             JB F0,WRNBYT1
0132 7921               MOV R1,#MTD
0134 E7           WRDA:MOV A,@R1
0135 1200DD             LCALL WRBYT
0138 1200CB             LCALL CACK
013B 20D5E4             JB F0,WRNBYT0
013E 09                 INC R1
013F D8F3               DJNZ R0,WRDA
0141 1200A8             LCALL STOP
0144 D0D0               POP PSW
0146 22                 RET                   ;子程序返回
;模拟 I²C 总线接收几字节数据
0147 C0D0    RDNBYT: PUSH PSW
0149 75D018  RDNBYT1:MOV PSW,#18H
014C 12009B             LCALL STA
014F E527               MOV A,SLA
0151 1200DD             LCALL WRBYT
0154 1200CB             LCALL CACK
0157 20D5EF             JB F0,RDNBYT1
015A 7929          RDN:MOV R1,#MRD
015C 1200FD       RDN1: LCALL RDBYT
```

```
015F F7                MOV @R1,A
0160 D52809            DJNZ NUMBYT,ACK
0163 1200C0            LCALL MNACK
0166 1200A8            LCALL STOP
0169 D0D0              POP PSW
016B 22                RET                       ;子程序返回
016C 1200B5        ACK:LCALL MACK
016F 09                INC R1
0170 80EA              SJMP RDN1
```

程序执行后，(20H)＝00H，(MRD)＝FFH，最后读取的数据为 FFH 与写入的一样。

将上面程序中写入 FFH 改为写入 F0H，则最后的结果是(20H)＝FFH，(MRD)＝F0H，说明写入数据与读取数据执行正确，并且(20H)标志位也工作正常。

实验五　单片微机应用系统键盘、显示器与监控程序设计

一、实验目的

1. 掌握人机界面—键盘设计方法及工作原理。

2. 掌握人机界面—显示器接口技术，以及 LCD 模块与单片微机的硬件连接及软件编制。

3. 掌握监控程序设计。

二、实验任务

编写并调试键盘键输入并在 LCD 上显示键盘键号的程序。

三、实验器材

1. PC 机一台。

2. 仿真器一台。

3. 自制应用系统实验板一块＋HC16202(2×16 液晶显示模块)。

四、实验报告内容

1. 实验系统键盘、LCD 显示模块与单片微机连接逻辑电路图和芯片地址分配。

2. 软件流程图和 .LST 文件，并加以注释。

3. 记录实验中出现的故障、错误以及相应的解决办法。

五、实验板

1. 4×4 键盘接线

4 行分别连接到 8255 的输出口 PA0、PA1、PA2 和 PA3；4 列分别连接到 8255 的输入口 PB0、PB1、PB2 和 PB3。

2. 74HC373 接线

ALE 接 MCU 的 ALE 端，OE 接地，VCC 接 5V，D0～D7 分别接到 P0.0～P0.7。

3. 8255 接线

$\overline{RD}$接到 MCU 的$\overline{RD}$，$\overline{WR}$接到 80C51 的$\overline{WR}$，A0 接到 74HC373 的 A0，A1 接到 74HC373 的 A1，$\overline{CS}$接到 P2.7，D0～D7 分别接到 P0.0～P0.7。

8255 的端口地址：PA—7FFCH，PB—7FFDH，PC—7FFEH，控制寄存器—7FFFH。

4. LCD1602 接线

LCD1602 的 RS 脚接到 74HC373 的 A0，LCD1602 的 R/W 脚接到 74HC373 的 A1，地址线 A4 经门电路后接至 LCD1602 的 E 脚，当 A4 = 1，$\overline{RD}$ 或 $\overline{WR}$ = 0 时，E 有效，LCD1602 的 D0～D7 分别接到 P0.0～P0.7。

LCD1602 的端口地址：写指令口—10H，读状态口—12H，写数据口—11H，读数据口—13H。

LCD1602 外形图如实验图 5-1 所示。

实验图 5-1　LCD1602 外形图

键盘与显示器扩展原理图如实验图 5-2 所示。

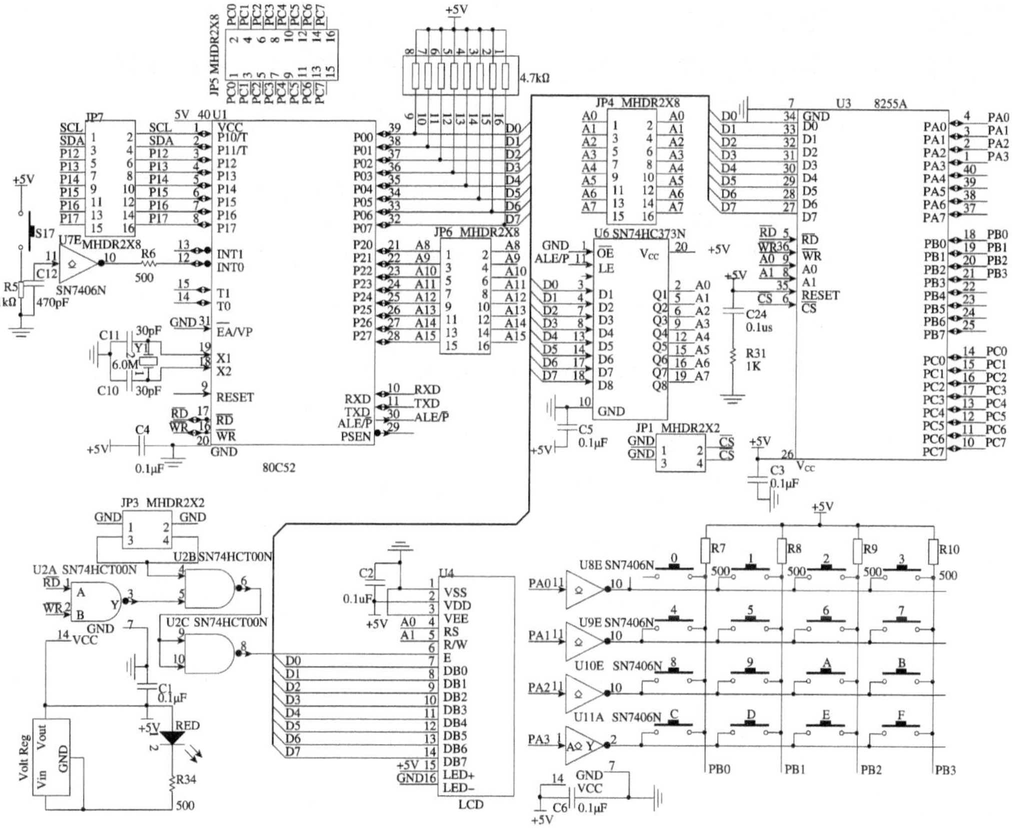

实验图 5-2　键盘与显示器扩展原理图

参考程序如下所示：

```
ORG   0000H
AJMP  MAIN
```

```
ORG  0030H
MAIN:MOV  SP,#60H
     MOV  DPTR,#7FFFH          ;8255初始化,PA口输出,PB口输入
     MOV  A,#82H
     MOVX  @DPTR,A
     ACALL LCDINIT             ;调用LCD初始化子程序
BEGIN:
      ACALL KEY_ON             ;判断有无键按下
      JNZ  DELAY               ;有键按下,A≠0,转消抖
      AJMP  BEGIN              ;无键按下,继续扫描
DELAY:
        ACALL  DL10ms          ;调用延时10ms子程序,进行按键软件消抖
        ACALL  KEY_ON          ;再判有无键按下
        JNZ  KEY_NUM           ;A≠0,确定键已按下,转定按键位置
        AJMP  BEGIN            ;是按键抖动,继续扫描
KEY_NUM:
          ACALL  KEY_P         ;调用定键位置子程序
          JZ  BEGIN            ;A=0,出错继续扫描
          ACALL  KEY_CODE      ;调用对按键编码子程序
          MOV  30H,A           ;保护A(键编码值)
KEY_OFF:
         ACALL  KEY_ON         ;调用等待按键被释放子程序
         JNZ  KEY_OFF
         MOV  A, 30H           ;恢复A
         CJNE  A,#0,NEXT1
         AJMP  KEY0
NEXT1:
       CJNE  A,#1,NEXT2
       AJMP  KEY1
NEXT2:
       CJNE  A,#2,NEXT3
       AJMP  KEY2
NEXT3:
       CJNE  A,#3,NEXT4
       AJMP  KEY3
NEXT4:
       CJNE  A,#4,NEXT5
       AJMP  KEY4
```

```
NEXT5:
        CJNE   A,#5,RETURN
        AJMP   KEY5
RETURN:
         RET                    ;返回
;判定有无键按下子程序
KEY_ON:
         MOV   A,#0FFH          ;全扫描字 00H
         MOV   DPTR,#7FFCH      ;PA 口地址送 DPTR
         MOVX  @DPTR,A          ;PA 口输出全扫描字
         MOV   DPTR,#7FFDH      ;PB 口地址送 DPTR
         MOVX  A,@DPTR          ;PB 口状态读入 A 中
         CPL   A                ;A 取反
         ANL   A,#0FH           ;取低四位,若 A 低四位不为 0,表示有键按下
         RET
;判定按键位置子程序
KEY_P:
        MOV   R7,#0FEH          ;键盘第 1 行置 0
        MOV   A,R7
L_LOOP:
         MOV   DPTR,#7FFCH      ;PA 口地址送 DPTR
         MOVX  @DPTR,A          ;扫描字送 PA 口
         MOV   DPTR,#7FFDH      ;PB 口地址送 DPTR
         MOVX  A,@DPTR          ;读入 PB 口状态
         ORL   A,#0F0H
         MOV   R6,A             ;送 R6 保存
         CPL   A                ;A 取反
         JZ    NEXT             ;此行无按键,转扫描下一行
         AJMP  KEY_C            ;按键在此行,转 KEY_C
NEXT:
       MOV   A,R7               ;上一扫描字送 A
       JNB   ACC.3,ERROR        ;第 4 行扫描完,没发现按键,出错
       RL    A                  ;左环移得下一扫描字
       MOV   R7,A               ;保存于 R7 中
       AJMP  L_LOOP             ;开始下一行扫描
ERROR:
         MOV   A,#00H           ;置出错码 00H
         RET                    ;返回
;找出 R7、R6 中的 0 位,此位即为按键所在行、列。R3、R2 中保存行、列数
```

```
KEY_C:
        MOV   R2,#00H              ;初始化 R2、R3
        MOV   R3,#00H
        MOV   R5,#04H              ;共 4 列
        MOV   A,R6                 ;列状态送 A
AGAIN1:
        JNB   ACC.0,OUT1           ;ACC.0 位为 0,转 OUT1
        INC   R2
        RR    A                    ;右环移
        DJNZ  R5,AGAIN1            ; 4 列未测试完继续
OUT1:
        INC   R2                   ;列数加 1(调整)
        MOV   R5,#04H              ;共 4 行
        MOV   A,R7                 ;行状态送 A
AGAIN2:
        JNB   ACC.0,OUT2           ;ACC.0 位为 0,转 OUT2
        INC   R3
        RR    A
        DJNZ  R5,AGAIN2
OUT2:
        INC   R3
        MOV   A,R3                 ;行号送入 A 中
        SWAP  A                    ;行号置于高 4 位
        ADD   A,R2                 ;列号置于低 4 位
        RET                        ;返回
;键编码子程序
KEY_CODE:
        MOV   30H,A                ;保存 A
        ANL   A,#0FH               ;屏蔽行号
        MOV   R7,A                 ;取出列号
        DEC   R7                   ;列号减 1
        MOV   A,30H                ;恢复 A
        SWAP  A
        ANL   A,#0FH               ;屏蔽列号
        DEC   A                    ;行号减 1
        MOV   B,#04H
        MUL   AB                   ;行号×4
        ADD   A,R7                 ;加上列号得到键编号
        RET
```

```
KEY0:
        LCALL   RDBUSY              ;判 LCD“忙”
        MOV   DPTR, #11H            ;写数据口地址
        MOV   A,#30H                ;显示“0”
        MOVX   @DPTR,A
        RET
KEY1:
        LCALL   RDBUSY              ;判 LCD“忙”
        MOV   DPTR,#11H             ;写数据口地址
        MOV   A,#31H                ;显示“1”
        MOVX   @DPTR,A
        RET
KEY2:
        LCALL   RDBUSY              ;判 LCD“忙”
        MOV   DPTR,#11H             ;写数据口地址
        MOV   A,#32H                ;显示“2”
        MOVX   @DPTR,A
        RET
KEY3:
        LCALL   RDBUSY              ;判 LCD“忙”
        MOV   DPTR,#11H             ;写数据口地址
        MOV   A,#33H                ;显示“3”
        MOVX   @DPTR,A
        RET
KEY4:
        LCALL   RDBUSY              ;判 LCD“忙”
        MOV   DPTR,#11H             ;写数据口地址
        MOV   A,#34H                ;显示“4”
        MOVX   @DPTR,A
        RET
KEY5:
        LCALL   RDBUSY              ;判 LCD“忙”
        MOV   DPTR,#11H             ;写数据口地址
        MOV   A,#35H                ;显示“5”
        MOVX   @DPTR,A
        RET
;LCD 初始化子程序
LCDINIT:
            LCALL   RDBUSY          ;判 LCD“忙”
```

```
        MOV   DPTR,#10H          ;写指令地址
        MOV   A,#38H             ;系统设置,8位,二行,5×7点阵
        MOVX  @DPTR,A
        LCALL RDBUSY             ;判LCD"忙"
        MOV   DPTR,#10H          ;写指令地址
        MOV   A,#01H             ;清屏
        MOVX  @DPTR,A
        LCALL RDBUSY             ;判LCD"忙"
        MOV   DPTR,#10H          ;写指令地址
        MOV   A,#02H             ;光标回到第一行第一列
        MOVX  @DPTR,A
        LCALL RDBUSY             ;判LCD"忙"
        MOV   DPTR,#10H          ;写指令地址
        MOV   A,#06H             ;显示地址加1模式
        MOVX  @DPTR,A
        LCALL RDBUSY             ;判LCD"忙"
        MOV   DPTR,#10H          ;写指令地址
        MOV   A,#0FH             ;开显示,光标,闪烁
        MOVX  @DPTR,A
        MOV   DPTR,#7F00H
        LCALL RDBUSY             ;判LCD"忙"
        MOV   A,#80H             ;设数据显示位置
        MOVX  @DPTR,A
        RET
;判LCD"忙"子程序
RDBUSY:
        MOV   DPTR,#12H          ;读指令地址
        MOVX  A,@DPTR            ;读"忙"标志
        JB    ACC.7,RDBUSY       ;LCD"忙"则等待
        RET
;延时10ms子程序
DL10ms:MOV  R7,#120
LPB:MOV   R6,#0FFH
LPA:DJNZ  R6,LPA
    DJNZ  R7,LPB
    RET
    END
```

实验六　智能汽车寻迹控制

一、实验目的

1. 掌握智能汽车光电传感检测路径技术。本实验采用光电管阵列作为车道信号采集单元，信号采集电路板上包括实验所用电源单元(7.2V、5V)和采集信号的模数转换器 ADC0809。

2. 掌握智能汽车舵机控制方法。

3. 掌握智能汽车驱动电机控制方法。

4. 实现智能汽车寻迹控制

二、实验任务

按照给定路径，实现智能汽车的寻迹控制，并记录成功完成的时间(共试三次，以时间最短一次为完成时间)。

1. 调试完成 A/D 转换，实现光电传感检测路径。

2. 调试完成智能汽车舵机的转向控制和智能汽车驱动电机的速度控制。

3. 调试完成智能汽车寻迹控制的基本要求，即按照给定路径，顺利跑完一圈。在此基础上，提高速度，力争在最短时间内顺利跑完一圈。

三、实验器材

1. PC 机一台。

2. 仿真器一台。

3. 车模＋舵机＋驱动电机＋充电器＋电池＋实验板。

4. 白色 KT 板(作基板)＋25mm 宽黑胶带(作竞赛赛道引导线)。

四、实验报告内容

1. 实验系统逻辑电路图和芯片地址分配。

2. 软件流程图和 .LST 文件，并加以注释。

3. 记录实验中出现的故障、错误以及相应的解决办法。

五、实验板

实验电路由以下四个单元组成：电源模块、舵机转向模块、电机驱动模块和路径采集模块。其中的舵机和电机均为直流电机，其转速是由 PWM 控制。

1. 电源模块

实验供电由 7.2V 电池供电，需要将其转换成单片微机及器件所需要的 5V 电压。

2. 舵机转向模块

S3010 舵机实物图如实验图 6-1 所示。舵机为三端输入，其中红色为舵机电源线，黑色为地线，白色为控制线。S3010 舵机转角图如实验图 6-2 所示。

从实验图 6-2 得知控制 S3010 舵机转向的 PWM 波周期为 20ms，当 PWM 的高电平维持时间为 1ms，低电平维持时间为 19ms 时，舵机左转 45°；当 PWM 的高电平维持时间为 2ms，低电平维持时间为 18ms 时，舵机右转 45°；当 PWM 的高电平维持时间为 1.5ms，低电平时间为 18.5ms 时，舵机 0°。若想进行其他度数的旋转，可在实际使用中加不同占空比的 PWM 波，实现相应方向的控制(持续加固定的 PWM 波一段时间)。

注意： 在试验中，如果舵机转向卡死，此时仍提供 PWM 波，易损坏舵机。

实验图 6-1　S3010 舵机实物图

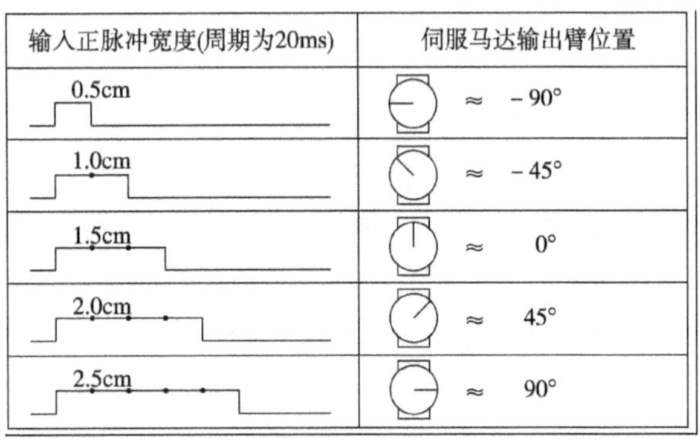

输入正脉冲宽度(周期为20ms)	伺服马达输出臂位置
0.5cm	≈ -90°
1.0cm	≈ -45°
1.5cm	≈ 0°
2.0cm	≈ 45°
2.5cm	≈ 90°

实验图 6-2　S3010 舵机转角

3. 电机驱动模块

实验中使用的电机为 RS-380SH，电机驱动电路采用飞思卡尔公司的 MC33886，其引脚如实验图 6-3 所示。

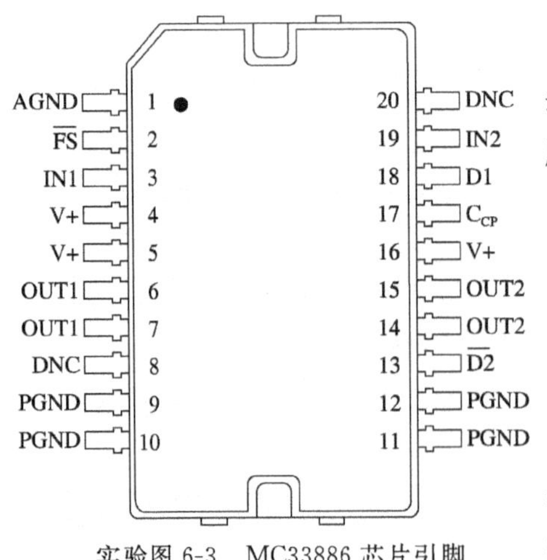

实验图 6-3　MC33886 芯片引脚

其特性为：

工作电压：5～40V。

导通电阻：120mΩ。

输入信号：TTL/CMOS。

PWM 频率：＜10kHz。

33886 为 H 桥芯片，33886 的半桥并联接法为：IN＋和 IN－并联接 MCU 的 PWM 模拟输出端，D1 接地，$\overline{D2}$和$\overline{FS}$接 5V，OUT1

和 OUT2 并联接电机的正端(红线)，黑线接芯片的 PGND。

4. 路径采集模块

本单元使用的主要元件为 ADC0809 和 TCRT5000。

TCRT5000 作为道路信号采集传感器。其输出信号经 ADC0809 转换后送入单片微机中进行路线判别。TCRT5000 示意图如实验图 6-4 所示。

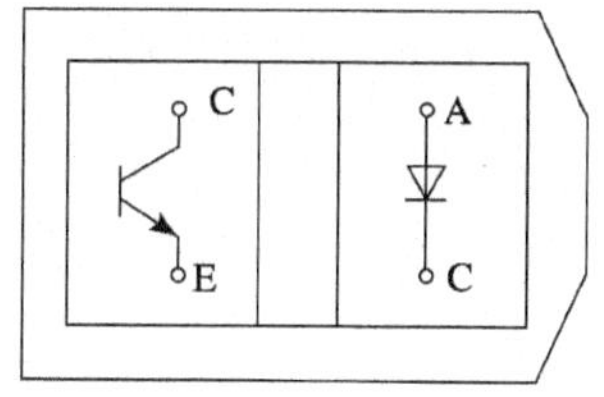

实验图 6-4 TCRT5000 示意图

TCRT5000 在位于 KT 板白色区域(此时接收管可接收到更多的反射信号)时，接收管输出电流增大，检测输出信号端的电压为低电平，当其位于黑色引导线(此时接收管接收到的反射信号较少)时，接收管输出电流减小，检测输出信号端的电压为高电平。8 路检测管的输出接到 ADC0809 的 8 路信号输入端，0809 地址选通的输入分别接 A0～A2，读写控制可由 P2.7 信号控制，时钟信号由 ALE 提供。

注意：电路焊接时，重点需要注意 TCRT5000 引脚方向，该传感器中的蓝色二极管为红外发光管(发出信号)，黑色二极管为光电二极管(接收信号)，发光管在使用时需要正置，光电管使用时需要倒置，在不确定阴阳极时，发光管可串接电阻后连于电源，可通过手机摄像头摄像模式下观察是否有亮点出现，若有表明方向正确，否则错误。接收管方向也可通过万用表测量。(可按电路板图中标注的方向焊接)。

发射管两端电压是在电位器上分压得到的，为防止将发射管烧毁，在焊接电路板前，先将电位器对应位置的电阻跳到尽量小，待完成焊接上电后，在慢慢调大发射管上的所得电压。

建议：发射管分压在 1～2V 之间，以保证发射功率足够。调整发射管分压及外界环境，使传感器输出信号大小在位于白板和黑线处有明显区别。

①发射管应能保证有较高的发射功率，但同时又不能过高，以免烧坏发射管。发射管两端电压在 1.2～2.0V 时可以得到较好的效果，此时电位器 2、3 脚间阻值约为 180Ω。

②传感器安装位置应合理，当离地面位置较高时，影响接收效果，因此应使其安装高度距离地面较近，建议在 1cm 左右较合适，具体据实际情况调整。

③在保证合理安装位置和发射管电压的情况下，经测试发现，输出采集信号可以较好地分辨出黑色跑道和白色 KT 板，高低电平理想时可分别达到 4.0V 以上(甚至更高)和 0.2V 以下，一般高电平在 2.7～3.5V 之间，低电平在 0.2V 以下。

实验六电路原理图如实验图 6-5 所示。

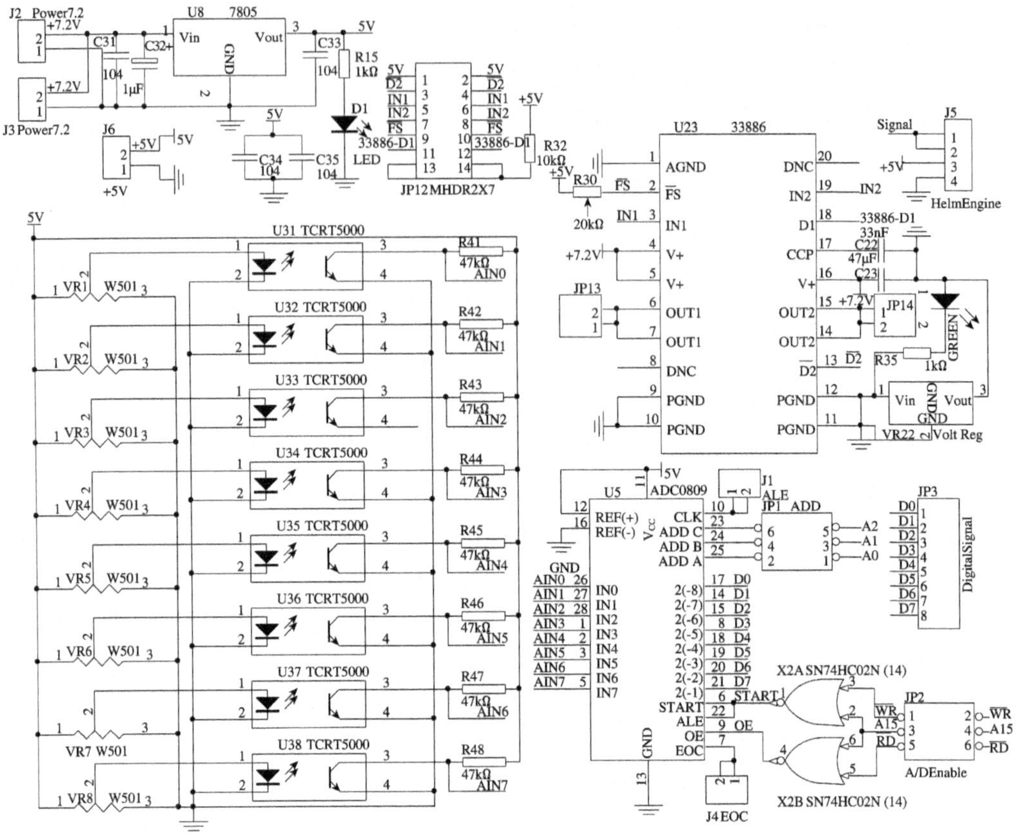

实验图 6-5　实验六电路原理图

硬件调试步骤：

①检测电路板的调试。将 8 路检测传感器分别放在白色 KT 板和黑色引导线下，检测电平，要求黑色引导线下的电平在 3V 以上，白色 KT 板上的低电平为 1V 以下，可以通过调节滑动变阻器来完成调节。

②舵机的调试。分别用不同占空比的程序段来调试舵机，此处用 P1.0 作为舵机控制信号，分别用左转角度和右转角度，以及直走来检测舵机是否与程序的转向符合，可以通过不断修改程序来修正。

③驱动电机的调试。用 P1.1 作为电机的控制信号，改变占空比，观察转速，不断调节占空比，使之符合要求。

④采样程序的调试。用黑色纸条放在 8 路探测开关的不同地方，运行采样程序，检测采样值是否正确。

⑤采样与舵机联合测试。不接驱动电机信号，用黑色引导线放在探测开关的不同地方，观察采样值和舵机的转向是否正常。

⑥整机测试。接入驱动电机信号，检测循迹是否正常。

⑦实验中的问题与修正。通过实际测量，需找到一个比较合适的数值 60H 作为采样高低电平的分界值。

程序流程框图参见实验图 6-6。

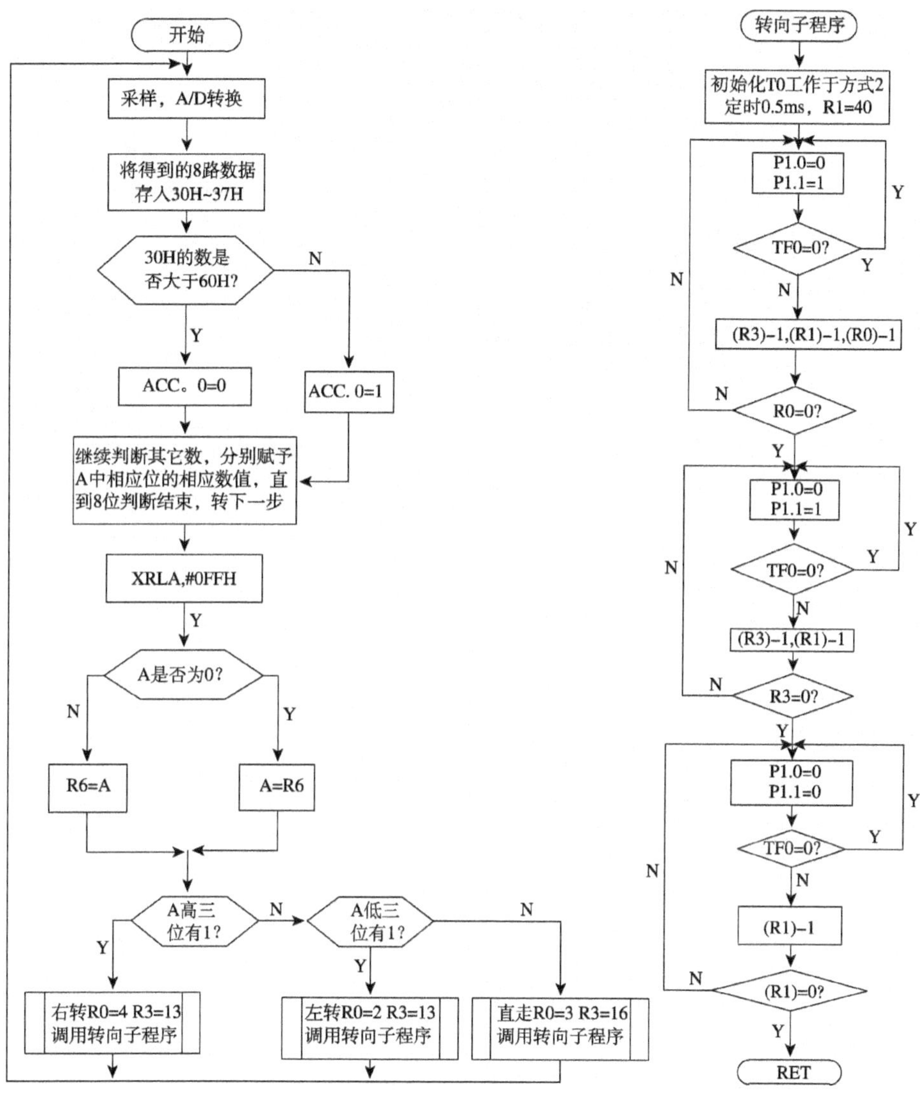

实验图 6-6　程序流程框图

竞赛赛道示意图参见实验图 6-7。

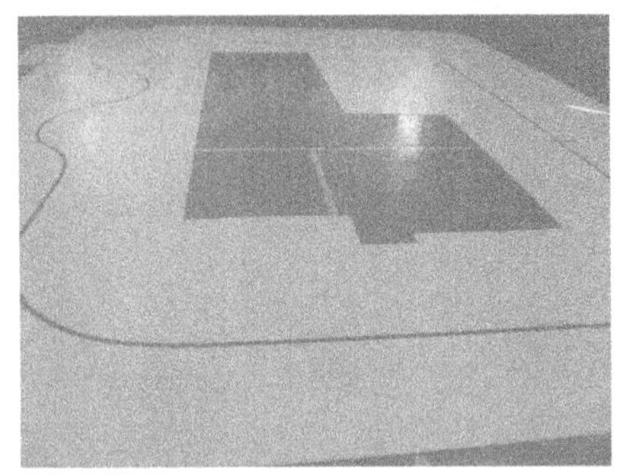

实验图 6-7　竞赛赛道示意图

参考程序：

```
        ORG  0000H
        SJMP  MAIN
        ORG  0040H
        MOV  R6,#08H
MAIN:MOV R1,#30H
        MOV  DPTR,#7FF8H          ;指向通道 0 地址
        MOV  R7,#08H              ;共需转换 8 个通道
LP:MOVX @DPTR,A                   ;启动 A/D 转换
    LCALL  D128μS                 ;延时等待 A/D 转换结束
    MOVX  A,@DPTR                 ;读入 A/D 转换值,并存入内存
    MOV  @R1,A
    INC  DPTR                     ;指向下一通道地址
    INC  R1
    DJNZ  R7,LP                   ;8 个通道未转换完,则继续
    MOV  R5,#5
    AJMP  JUDGE
    D128μS:MOV R0,#28H            ;软件延时 128μs 子程序
DELAY:DJNZ  R0,DELAY
        RET
;判断,大于等于 60H 则位清 0,小于 60H 则位置 1
JUDGE:MOV A,#00H
        MOV  R2,#8                ;有 8 个通道数据需判断
        MOV  R1,#30H;
        CLR  C
LP1:RR  A
    CJNE  @R1,#60H,LP0
LP0:MOV  ACC.7,C                  ;30H～37H 的值转化为 0 或 1 存于 A 中
    CLR  C
```

```
    INC   R1
    DJNZ  R2,LP1
;判断小车的转向及电机转速
    XRL   A,#0FFH
    JNZ   LP2                  ;若采样值均为低电平,则保持前面小车的运行状态
    MOV   A,R6
LP2:MOV   R6,A
    CJNE  A,#18H,LP3
    AJMP  ST
LP3:JNC   RT
    MOV   R4,A
    XRL   A,#10H
    JZ    ST
    MOV   A,R4
    XRL   A,#08H
    JZ    ST
    AJMP  LT
;舵机转向及电机转速程序
LT:MOV    R0,#2                ;左转,PWM高电平1ms,低电平19ms,R0控制舵机高电平
   MOV    R3,#13
   LCALL  ZX
   DJNZ   R5,LT
   AJMP   MAIN
ST:MOV    R0,#3                ;直走,PWM高电平1.5ms,低电平18.5ms,R0控制舵机高电平
   MOV    R3,#16
   LCALL  ZX
   DJNZ   R5,ST
   AJMP   MAIN
RT:MOV    R0,#4                ;右转,PWM高电平2ms,低电平18ms,R0控制舵机高电平
   MOV    R3,#13
   LCALL  ZX
   DJNZ   R5,RT
   AJMP   MAIN
ZX:MOV    TMOD,#02H            ;设T0为定时器,方式2
   MOV    TH0 ,#06H            ;设T0定时常数,定时0.5ms
   MOV    TL0 ,#06H
   SETB   P1.0
   SETB   P1.1
   SETB   TR0                  ;开启定时器
```

```
    MOV   R1,#40
LOOP:SETB P1.0
        SETB  P1.1
        JBC   TF0,REP
        AJMP  LOOP
REP:DEC  R3                  ;R3控制电机高电平
      DEC  R1                ;R1控制PWM波周期
      DJNZ  R0,LOOP
LOOP1:CLR P1.0
         SETB  P1.1
         JBC   TF0,REP1
         AJMP  LOOP1
REP1:DEC  R1
       DJNZ  R3,LOOP1
LOOP2:CLR P1.0
         CLR   P1.1
         JBC   TF0,REP2
         AJMP  LOOP2
REP2:DJNZ R1,LOOP2
        RET
        END
```

第3部分 试题解析

卷1 2003年“微机原理与接口技术”试题一解析

一、填空题

1. 8051单片微机片外程序存储器的读选通信号是________，数据存储器的读选通信号是________。

【答】8051单片微机的片外程序存储器的读选通信号是 $\overline{PSEN}$ ，数据存储器的读选通信号是 $\overline{RD}$ 。

2. 已知8051单片微机串行口为方式2，波特率为9600bit/s，采用奇校验，则每分钟可传送字节________个。当发送数据字节为CBH时，TB8应设置为________。

【答】已知8051单片微机串行口为方式2，波特率为9600bit/s，采用奇校验，则每分钟可传送字节 52363.6 个。当发送数据字节为CBH时，TB8应设置为 0 。

注意：

- 8051单片微机串行口为方式2时，发送数据每帧为11位。波特率为9 600bit/s时，即每秒发送9600位、每分钟可传送字节=(9600×60)÷11=52363.6个
- 8051单片微机串行口为方式2，采用奇校验，即表示8位发送数据字节和1位TB8，共9位中“1”的个数应为奇数。当发送数据字节为CBH(11001011B)时，其中“1”的个数已为奇数(5位)，所以TB8=0。

3. 目前单片微机系统扩展的方法有________和________两种。

【答】目前单片微机系统扩展的方法有 并行扩展 和 串行扩展 两种。

4. 80C51单片微机的低功耗方式有________和________。

【答】80C51单片微机的低功耗方式有 待机方式 和 掉电保护方式 。

5. 可编程I/O接口芯片8255A的引脚中有两根地址线A0和A1，因此，有________个可寻址的端口地址。它的扩展与________统一编址。

【答】可编程I/O接口芯片8255A的引脚中有两根地址线A0和A1，因此，有 4 个可寻址的端口地址。它的扩展与 外部数据存储器 统一编址。

6. 80C51单片微机的ALE引脚功能有两个，即________和________。

【答】80C51单片微机的ALE引脚功能有两个，即 作P0即AD0～AD7的地址/数据的分离锁存信号 和 以1/6fosc频率输出、用作时钟或定时脉冲输出。

7. Motorola单片微机比较突出的特点主要有______和______。

【答】Motorola单片微机比较突出的特点主要有 含内部监控ROM，可在线仿真 和 具有锁相环电路，使用32kHz的晶振产生8MHz的总线速度，大大降低了干扰 。

8. 循环结构程序中循环控制的实现方法有______和______两种。

【答】循环结构程序中循环控制的实现方法有 计数控制 和 条件控制 两种。

9. 80C51单片微机中断与子程序调用的差别主要有______和______。

【答】80C51单片微机中断与子程序调用的差别主要有 中断的随机性 和 中断有固定的矢量地址 。

二、简答题

1. 80C51单片微机内部有哪几个常用的地址指针？它们各有什么用处？

【答】80C51单片微机内部有三个常用的指针，即：

①PC——程序计数器，存放下一条将要从程序存储器取出的指令的地址。

②SP——堆栈指示器，指向堆栈栈顶。

③DPTR——数据指针，作为外部数据存储器或I/O的地址指针。

2. 80C51/52单片微机有多个地址空间是重叠的，举两例并说明重叠空间是如何被区别的。

【答】80C51/52单片微机有多个地址空间是重叠的，如：

①80C52单片微机内部数据存储器高128字节(80H～FFH)与特殊功能寄存器SFR地址(80H～FFH)重叠，但寻址方式不同，访问内部数据存储器高128字节区时采用间接寻址方式；访问特殊功能寄存器SFR时采用直接寻址方式。

②80C51/52单片微机片内20H～2FH字节地址与位地址重叠，但指令寻址方式不同。位地址只能采用位寻址方式。

三、读下列程序，完成下述任务。

1. 画出D/A转换器芯片DAC0832的输出波形图($V-t$)，并标出参数(最大$V_{OUT}=5V$)。

2. 对源程序加以注释，说明程序执行结果。

```
          ORG  0000H
MAIN:MOV  SP,#40H
          MOV  DPTR,#0DFFFH          ;选中DAC0832(单缓冲方式)
```

```
DA1:MOV   R4,#40H
DA2:MOV   A,R4
      MOVX   @DPTR,A
      LCALL   D0.1ms
      INC   R4
      CJNE   R4,#00H,DA2
DA3:DEC   R4
      MOV   A,R4
      MOVX   @DPTR,A
      LCALL   D0.1ms
      CJNE   R4,#20H,DA3
      AJMP   DA1
D0.1ms:…                          ;延时 0.1ms 子程序(略)
         RET
         END
```

【答】

1. DAC0832 输出波形图如图卷 1-1 所示。

波形分析：

- 第 1 点输出计算，当数字量为最大值时，A/D 输出为最大模拟量为 5V，所以当数字量为 40H＝64 时，A/D 输出为模拟量约为(5V÷256)×64＝1.25V。
- 每 1 点模拟量输出经软件延时 0.1ms，则模拟量输出为最大值 5V 时，时间应为(256－64)×0.1ms＝19.2 ms。
- 模拟量输出为最大值 5V 后，输出减 1，直至输出数字量为 20H＝32。

输出数字量为 20H＝32 时，A/D 输出模拟量约为(5V÷256)×32＝0.625V，时间应为(256－32)×0.1ms＝22.4 ms。离坐标原点为 19.2 ms＋22.4 ms＝41.6 ms。

从时间坐标 41.6 ms 后，重复输出波形。

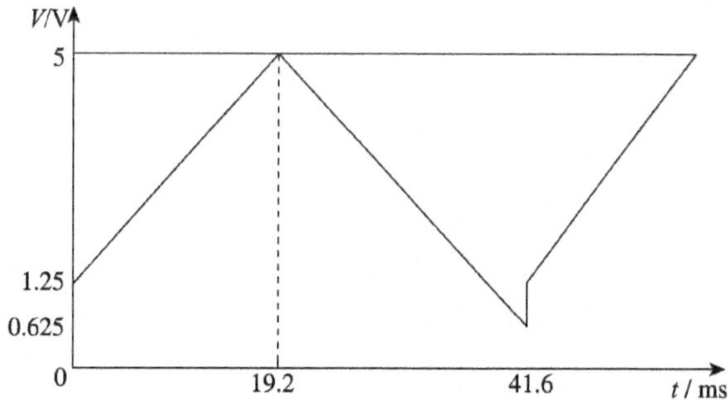

图卷 1-1　DAC0832 输出波形图

2. 对源程序加以注释。

```
        ORG   0000H
MAIN:MOV   SP,#40H
      MOV   DPTR,#0DFFFH          ;选中DAC0832(单缓冲方式)
DA1:MOV   R4,#40H                 ;输出第1点电压(约1.25V)
DA2:MOV   A,R4
    MOVX  @DPTR,A
    LCALL  D0.1ms                 ;输出保持0.1ms
    INC   R4                      ;输出增量
    CJNE  R4,#00H,DA2             ;判是否到达输出波形的波顶,未到则循环
DA3:DEC   R4                      ;已到波顶,则输出减量
    MOV   A,R4
    MOVX  @DPTR,A
    LCALL  D0.1ms                 ;输出保持0.1ms
    CJNE  R4,#20H,DA3             ;判是否到达输出波形的波谷,未到则循环
    AJMP  DA1                     ;循环产生不等边三角波
D0.1ms:……                         ;延时0.1ms子程序(略)
      RET
      END
```

程序执行结果：通过DAC0832循环产生不等边三角波波形。

四、按题意编写程序，加以注释，并加上必要的伪指令。

1. 已有200个无符号数存放在2000H开始的片外数据存储器中，试编程查找其中的最小值并存放到R7中。

【答】

```
        ORG   0000H
        MOV   DPTR,#2000H         ;无符号数存放单元首址
        MOV   R1,#200             ;无符号数长度
        MOV   R7,#0FFH            ;最小值存放单元预置为最大值
STEP:MOVX  A,@DPTR                ;取数
      CJNE  A,R7,STEP1            ;比较大小
      SJMP  NEXT                  ;(A)=(R7),不交换
STEP1:JNC  NEXT                   ;(A)>(R7),不交换
       MOV  R7,A                  ;(A)<(R7),则较小值存入R7中
NEXT:INC   DPTR
      DJNZ  R1,STEP               ;判200个数查找最小值是否结束
      SJMP  $
      END
```

2. 已知一批 8 位带符号数从片外数据存储器 1000H 单元开始存放，以 ASCII 码字符“&”为结束字节，这批数的个数最大不超过 126。请编写源程序对这批 8 位带符号数中的正数、0、负数分别进行统计，统计结果依次存入片外数据存储器的 20H、21H 和 22H 单元中。对源程序加以注释和伪指令。

【答】程序如下：

```
      ORG  0000H
      MOV  DPTR,#0020H          ;置计数单元初值为 0
      MOV  A,#00H
      MOVX  @DPTR,A
      INC  DPTR
      MOVX  @DPTR,A
      INC  DPTR
      MOVX  @DPTR,A
      MOV  20H,A                ;置暂存计数单元初值也为 0
      MOV  21H,A
      MOV  22H,A
      MOV  DPTR,#1000H          ;带符号数存储单元首址
      MOV  R1,#126              ;带符号数长度计数器
   LP:MOVX  A,@DPTR             ;取带符号数
      CJNE  A,"$",LP1           ;不是结束字节,则继续统计
      SJMP  $                   ;是结束字节,停止
  LP1:JZ  ZERO                  ;是 0,转 ZERO
       JB  ACC.7,NEG            ;是负数,转 NEG
       INC  20H                 ;是正数,正数个数加 1
       SJMP  END0
 ZERO:INC  21H                  ;是 0,0 个数加 1
        SJMP  END0
  NEG:INC  22H                  ;是负数,负数个数加 1
 END0:INC  DPTR
        DJNZ  R1,LP             ;统计未结束,循环
        MOV  DPTR,#0020H        ;转存外片数据存储器
        MOV  R0,#20H
        MOV  R1,#03H            ;转存 3 个统计结果
 SAVE:MOV  A,@R0
        MOVX  @DPTR,A
        INC  DPTR
        INC  R0
        DJNZ  R1,SAVE
        SJMP  $
```

END

注意：

- 应先判结束关键字“&”，因为带符号数长度可能为0，否则统计出错。0和正数的符号位都是0，应先判0，否则统计也出错。
- 8位带符号数存储区和统计结果存储区都以DPTR为指针，有冲突，所以统计结果先存储在片内数据存储器中，统计结束后再转移。

五、某80C51单片微机应用系统，扩展了一片ADC 0809，一片32KB容量的数据存储器。8051单片微机应用系统示意图如图卷1-2所示。请编写每隔10ms(采用T1方式2，定时中断)对IN6模入进行A/D转换的源程序，要求采用查询ADC0809的EOC引脚电平变化方法来判别A/D转换结束，采样转换值依次存入A000H开始的存储单元，经过1s后停止A/D转换。

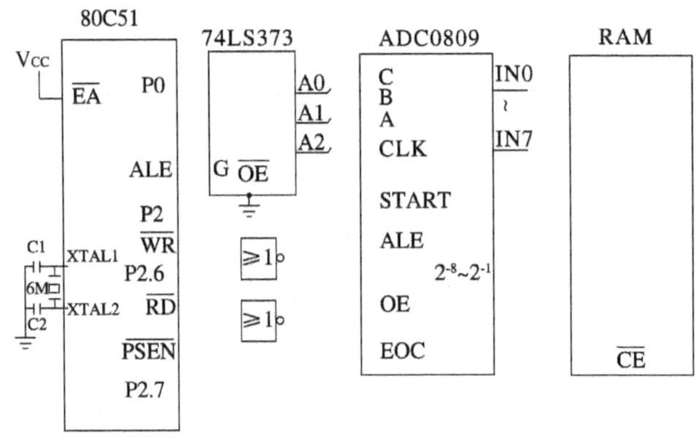

图卷1-2　8051应用系统示意图

1. 连接各芯片，要求P2.7=0时，片选ADC0809；P2.7=1时，片选片外数据存储器。

2. 写出ADC0809的IN0～IN7通道地址和片外数据存储器地址范围。

3. 编写并注释程序，加上必要的伪指令。

必要时可以在图上增加芯片和引线。

提示：

此题测考内容主要包括：

①并行数据存储器的扩展及地址译码；

②并行A/D转换接口ADC0809的扩展、地址译码及编程应用；

③片内定时器/计数器的编程应用；

④中断编程应用等。

【答】1. 连接各芯片，8051应用系统连接图如图卷1-3所示。8051的P2.7经反相器输出接至数据存储器的$\overline{CE}$。P1.0 连接 ADC0809 的 EOC 引脚，用于查询判断 ADC0809 转换是否结束。

2. ADC0809 的 IN0～IN7 通道地址为 7FF8H～7FFFH(P2.7=0)。

数据存储器地址范围为 8000H～FFFFH(P2.7=1)。

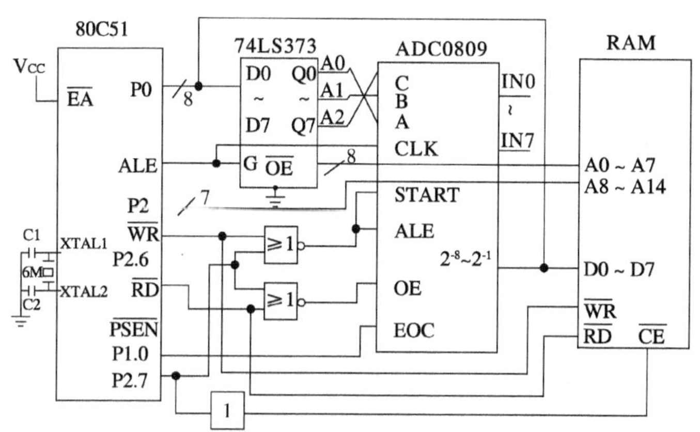

图卷 1-3　8051 应用系统连接图

3. 编写并注释程序

计算：定时器方式 2 为 8 位，由图卷 1-2 可知，单片微机的晶振为 6MHz，机器周期为 2μs。

计算：$(2^8-TC)\times 2\mu s=500\mu s$，TC=06H。

500μs×20=10ms，即 500μs 定时中断，中断 20 次后定时才为 10ms。

10ms×100=1s，即 1s 时间内共采集 100 个 A/D 转换值。

程序如下：

```
      ORG   0000H
      SJMP  MAIN
      ORG   001BH
      SJMP  T1INT          ;定时器/计数器 T1 中断矢量
      ORG   0030H
MAIN: MOV   TMOD,#20H      ;设定时器/计数器 T1 为定时器、方式 2
      MOV   TH1,#06H       ;置 T1 500μs 定时常数
      MOV   TL1,#06H
      SETB  ET1            ;允许定时器/计数器 T1 中断
      SETB  EA             ;允许 CPU 中断
      SETB  TR1            ;启动定时器/计数器 T1
      MOV   DPTR,#7FFEH    ;A/D 的 IN6 通道地址
      MOV   R1,#20         ;10ms 计数器
```

```
        MOV   R7,#100          ;1s 计数器
        MOV   R0,#10H          ;片内数据存储器暂存区首址
        CLR   F0               ;清定时 10ms 已到标志
LP:JNB  F0,LP
     MOVX   @DPTR,A            ;10ms 定时到,启动 A/D 转换
     JB   P1.0,$
     JNB   P1.0,$              ;查询 EOC
     MOVX   A,@DPTR            ;A/D 转换结束后读入转换值,并暂存于片内数据存储器
     MOV   @R0,A
     INC   R0
     CLR   F0                  ;清 10ms 定时到标志
     DJNZ   R7,LP              ;1s 定时未到,转 LP 继续
     MOV   R1,#100             ;1s 定时到,采样值转存入片外数据存储器
     MOV   R0,#10H
     MOV   DPTR,#0A000H        ;片外数据存储器首地址
SAVE:MOV   A,@R0               ;转存 100 个采样值
        MOVX   @DPTR,A
        INC   R0
        INC   DPTR
        DJNZ   R1,SAVE
        SJMP   $
        ORG   1000H
T1INT:DJNZ   R1,DONE           ;10ms 定时未到,则中断返回
         MOV   R1,#20H         ;10ms 定时到,重置 10ms 计数值
         SETB   F0             ;10ms 定时到,置 10ms 定时到标志
DONE:RETI                      ;中断返回
         END
```

卷 2　2003 年“微机原理与接口技术”试题二解析

一、填空题

1. 程序计数器指针是________，数据指针是________。

【答】程序计数器指针是__PC__，数据指针是__DPTR__。

2. 80C51 单片微机串行口发送数据(8 位)时加奇校验位，应采用方式________，若要求每分钟传送 52363B，则波特率应设为________bit/s。

【答】80C51 单片微机串行口发送数据(8 位)加奇校验位，应采用方式__2 或 3__，若要求每分钟传送 52363 个字节，则波特率应设为__9600__bit/s。

注意：

- 发送数据为 8 位，则奇校验位必须另加，而串行口 2 或 3 的 TB8 位和 RB8 位可用来发送和接收该奇校验位。
- 串行口 2 或 3 每帧数据为 11 位，则$(52363 \div 60) \times 11 = 9599.88$bit/s，即波特率为 9600bit/s。

3. 已知 80C51 单片微机的机器周期为 1.085μs，则外接晶体振荡器频率为________，ALE 引脚输出频率为________。

【答】已知 80C51 的机器周期为 1.085μs，则外接晶体振荡器频率为__11.0592MHz__，ALE 引脚输出频率为__1.8432MHz__。

注意：

- 机器周期为外接晶体振荡器周期的 12 倍。
- ALE 引脚输出频率为外接晶体振荡器频率的 1/6。

4. 80C51 单片微机的并行扩展三总线包括________、________和________。

串行扩展总线主要有两种，即________和________________。

【答】80C51 单片微机的并行扩展三总线包括__地址总线 AB__、__数据总线 DB__和__控制总线 CB__。

串行扩展总线主要有两种，即__I^2C 总线__和__SPI 串行外围接口__。

5. 80C51 单片微机应用系统中 I/O 芯片的扩展采用________编址。

【答】80C51 单片微机应用系统中 I/O 芯片的扩展采用__统一(存储器映像)__编址。

6. 常用的串行通信总线有__________和__________。

【答】常用的串行通信总线有 RS232 和 RS485 。

7. 80C52 单片微机内部数据存储器地址重叠的最大范围是________________。

【答】80C52 单片微机内部数据存储器地址重叠的最大范围是 特殊功能寄存器 SFR(80H～FFH)与 80C52 的高 128 字节数据存储器(80H～FFH) 。

8. DAC0832 输入是________________，输出是__________。

【答】DAC0832 输入是 8 位数字量 ，输出是 电流 。

二、简答题

1. 80C51 单片微机应用系统为什么要进行低功耗设计？

【答】原因如下：

①实现绿色电子，节约能源。

②某些场合(如野外)、某些便携式仪器、仪表要求由电池供电，要求功耗小。

③能提高应用系统可靠性，因为进入低功耗后，单片微机对干扰往往不敏感。

2. Motorola 单片微机与本教程中介绍的 80C51 单片微机相比，有哪些值得注意的特点？

【答】Motorola 单片微机值得注意的特点有：

①具有 PLL 锁相环电路，能降低干扰。

②含片内监控 ROM，为用户提供在线编程及在线调试等功能。

③采用模块化设计，各种不同型号单片微机由不同模块组成，7 天可以设计出用户所需单片机。

三、某 80C51 单片微机应用系统需要 16 个按键，4 位七段 LED 显示器，串行 E^2PROM 24C01。

1. 设计硬件电路，标出芯片地址。

2. 简述键盘、显示器工作原理及功能。

3. 简述 24C01 扩展原理及功能。

4. 为了防止程序失控“死机”，应进行哪些可靠性设计？略举两点说明。

【答】

1. 80C51 单片微机应用系统硬件电路图如图卷 2-1 所示。

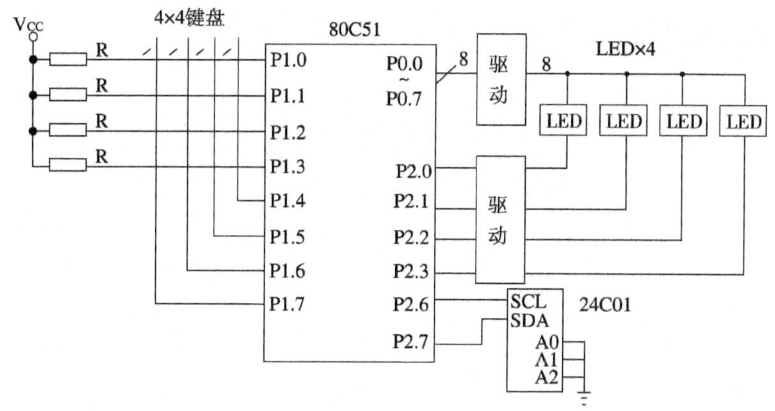

图卷 2-1　80C51 单片微机应用系统硬件电路图

2. 键盘、显示器工作原理及功能。

键盘采用 4×4 矩阵式键盘，用 80C51 单片微机 P1 口的低 4 位作键盘行回扫线，P1 口的高 4 位为键盘列扫描线。

依次执行：

- 判有否键按下。
- 如有键按下，则判别是哪个键。
- 执行该键功能。

显示采用动态显示方法。P2.0～P2.3 为 LED 的位选线，经驱动每次选中一位 LED 显示，P0.0～P0.7 经驱动输出被选中 LED 的显示字符代码。轮流显示 4 位 LED，由于显示间隔短，因此利用人眼视觉错觉，达到 4 位 LED 同时显示的效果，但显示所需功耗明显下降。

3. 24C01 扩展原理及功能。

24C01 是串行数据存储器，采用串行扩展方式，用单片微机两根 I/O 口线虚拟 I^2C 总线的 SDA 和 SCL，利用 I^2C 总线软件包完成对 24C01 的读写。

24C01 的引脚 A0、A1 和 A2 都接地，则地址为 1010 000 R/W，即 24C01 读地址为 A1H，24C01 写地址为 A0H。

24C01 作片外数据存储器用，掉电后，其内部数据可保存十年不变。

4. 为了防止程序失控“死机”，可采取以下一些方法，如：

- 增加硬件“看门狗”，当程序失控“死机”时，强迫单片微机复位。
- 增加“超时错”判断，当程序失控“死机”时，比如进入了“死循环”，只要超过设定时间即强迫跳出“死循环”，进行“超时错”处理。

四、按题意编写源程序，加以注释，并加上必要的伪指令。

1. 已知 8 位带符号数从片外数据存储器 3000H 单元开始存放，带符号数的长度存放在200FH单元中，请对带符号数中的正数、零和负数进行统计，并将统计结果依次存入片内数据存储器的20H、21H和22H单元中。

【答】程序如下：

```
                     ORG   0000H
0000 90200F          MOV   DPTR,#200FH      ;带符号数的长度送R0
0003 E0              MOVX  A,@DPTR
0004 F8              MOV   R0,A
0005 A3              INC   DPTR
0006 752000          MOV   20H,#00H         ;统计结果单元清0
0009 752100          MOV   21H,#00H
000C 752200          MOV   22H,#00H
000F E0        LOOP: MOVX  A,@DPTR          ;取数
0010 7004            JNZ   LP1
0012 0521            INC   21H              ;是0,则21H单元计数加1
0014 8009            SJMP  END0
0016 20E704     LP1: JB    ACC.7,LP2
0019 0520            INC   20H              ;是正数,则20H单元计数加1
001B 8002            SJMP  END0
001D 0522       LP2: INC   22H              ;是负数,则22H单元计数加1
001F A3        END0: INC   DPTR
0020 D8ED            DJNZ  R0,LOOP          ;统计未结束,循环
0022 80FE            SJMP  $
                     END
```

2. 将片内数据存储器的20H～24H单元中5个压缩BCD码拆开，并转换为10个ASCII码，依次存入片外数据存储器2100H～2109H单元中。

【答】程序如下：

```
                     ORG   0000H
0000 902100          MOV   DPTR,#2100H   ;存放ASCII码单元首地址
0003 7820            MOV   R0,#20H       ;存放压缩BCD码单元首地址
0005 7905            MOV   R1,#5         ;压缩BCD码计数器
0007 E6        LOOP: MOV   A,@R0         ;取压缩BCD码
0008 54F0            ANL   A,#0F0H       ;转换为两个ASCII码,存入外部数据存储器
000A C4              SWAP  A             ;压缩BCD码高4位转换为ASCII码
000B 2430            ADD   A,#30H
000D F0              MOVX  @DPTR,A
000E A3              INC   DPTR
000F E6              MOV   A,@R0
0010 540F            ANL   A,#0FH        ;压缩BCD码低4位转换为ASCII码
```

```
0012 2430        ADD  A,#30H
0014 F0          MOVX  @DPTR,A
0015 A3          INC   DPTR          ;指向下一单元
0016 08          INC   R0
0017 D9EE        DJNZ  R1,LOOP       ;转换未结束,则继续
0019 80FE        SJMP  $
END
```

注意：

1. 压缩 BCD 码中高 4 位和低 4 位各为一个 BCD 码 0～9(0000～1001B)，而 BCD 码数(0～9)加上 30H 后，即为其 ASCII 码(30H～39H)。

2. 一个压缩 BCD 码可转换为两个 ASCII 码。如一个压缩 BCD 码为 0100 1001，转换为两个 ASCII 码为 34H 和 39H。

五、某单片微机定时检测系统，外扩一片并行 A/D 转换器 ADC0809 和一片并行 16KB 数据存储器，请编写每隔 1s(要求采用定时器/计数器 T0 的方式 1、定时中断)对 8 路模入进行 A/D 转换的源程序，采用查询方式将 A/D 转换值读入，并分别存入 20H～27H 单元。单片微机定时检测系统示意图如图卷 2-2 所示。

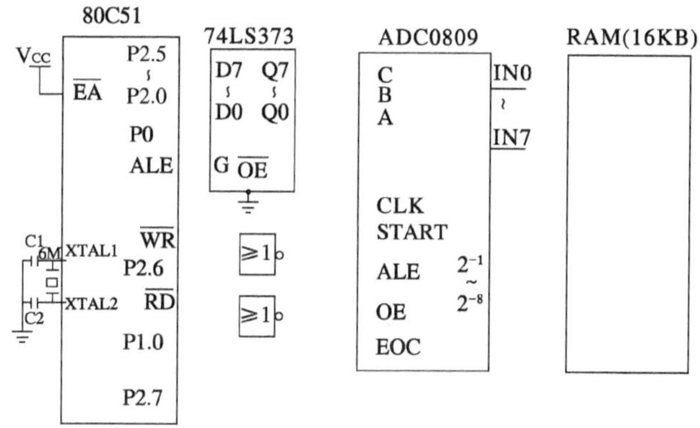

图卷 2-2　单片微机定时检测系统示意图

1. 连接各芯片，P2.6 片选 ADC0809，P2.7 片选片外数据存储器。

2. 写出 ADC0809 的 IN0～IN7 通道地址和片外数据存储器地址范围。

3. 编程并注释程序，加上必要的伪指令。

此题测考内容主要包括：

①并行数据存储器的扩展及地址译码；

②A/D 转换接口 ADC0809 的扩展、地址译码及编程应用；

③片内定时器/计数器的编程应用；

④中断编程应用等。

【答】

1. 单片微机定时检测系统连接图如图卷 2-3 所示。

P2.7 作为数据存储器的片选线，而 P2.6 作为 ADC0809 的选通线，两者不能同时为 0。

注意：ADC0809 的 A、B、C 三个引脚用于 A/D 模拟量输入通道的选择，其中 A 为低位，C 为高位，因此一般情况下将 A 与地址线 A0 相连，B 与地址线 A1 相连，C 与地址线 A2 相连。否则，ADC0809 的通道地址是不一样的。

2. 数据存储器地址为 4000H～7FFFH(P2.7=0，P2.6=1)。

ADC0809 模拟量输入通道 IN0～IN7 地址分别为 BFF8H～BFFFH(P2.7=1，P2.6=0)。

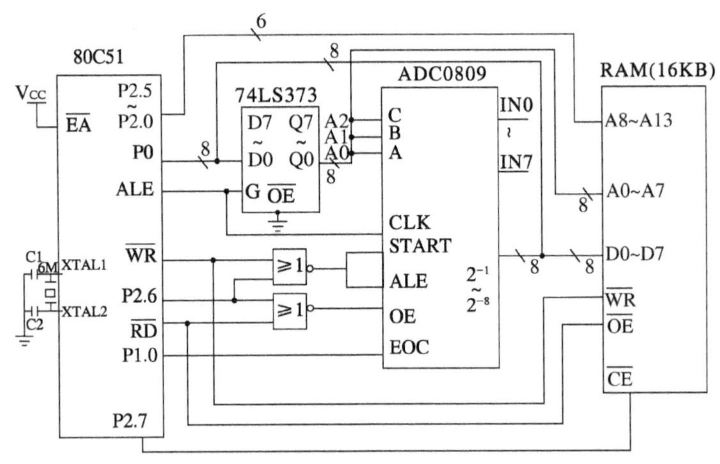

图卷 2-3　单片微机定时检测系统连接图

3. 计算：由图卷 2-3 可知单片微机晶振为 6MHz，机器周期则为 2μs。定时方式 1 为 16 位计数。

计算：$(2^{16}-\text{TC})\times 2\mu\text{s}=100\text{ms}=100000\mu\text{s}$，$\text{TC}=65536-50000=15536$ =3CB0H。

程序如下：

```
                    ORG   0000H
0000 0133           AJMP  MAIN
                    ORG   000BH            ;定时器/计数器 T0 中断矢量
000B 0143           AJMP  T0INT
                    ORG   0033H
0033 758901   MAIN:MOV   TMOD,#01H        ;设定时器/计数器 T0 为定时器、方式 1
0036 758C3C         MOV   TH0,#3CH         ;设 T0 时间常数为 100ms
0039758AB0          MOV   TL0,#0B0H
```

```
003C D28C            SETB   TR0              ;启动定时器 T0
003E D2AF            SETB   EA               ;允许 CPU 中断
0040 D2A9            SETB   ET0              ;允许 T0 中断
0042 780A            MOV    R0,#10           ;10×100ms =1s
0044 80FE            SJMP   $                ;等待定时器 T0 中断
;定时器 T0 中断服务子程序
0043 758C3C  T0INT:  MOV    TH0,#3CH         ;重设时间常数为 100ms
0046 758AB0          MOV    TL0,#0B0H
0049 D816            DJNZ   R0,OUT1          ;1s 定时未到,中断返回
004B 780A            MOV    R0,#10
004D 90BFF8          MOV    DPTR,#0BFF8H     ;A/D 通道地址
0050 7920            MOV    R1,#20H          ;转换值存入首地址
0052 7A08            MOV    R2,#08H          ;转换通道数
0054 F0         LP:  MOVX   @DPTR,A          ;启动 A/D 转换
0055 2090FD          JB   P1.0,$             ;查询 A/D 转换结束等待
0058 3090FD          JNB  P1.0,$
005B E0              MOVX   A,@DPTR          ;读入转换值,存入
005C F7              MOV    @R1,A
005D A3              INC    DPTR             ;指向下一通道地址
005E 09              INC    R1
005F DAF3            DJNZ   R2,LP            ;8 路未全部转换结束,则继续
0061 32       OUT1:  RETI
END
```

注意:

题意为定时 1s 后采样 8 路，因此定时时间应为 1s，定时到，对 8 路模拟量输入通道依次转换。

若理解为每 1s 对 8 路模拟量输入通道依次转换，则定时时间应为 1/8s，定时到只转换一路模拟量输入通道。与题意有出入。

卷3　2004年“微机原理与接口技术”试题一解析

一、填空题

1. 已知串行口为方式1，波特率为4800bit/s，则每分钟可传送字节________个。串行口方式0为________方式。

【答】已知串行口为方式1，波特率为4800bit/s，则每分钟可传送字节<u>28800</u>个。串行口方式0为<u>同步移位寄存器</u>方式。

注意：

- 串行口为方式1时，每个数据帧为10位，即1位起始位+8位数据位+1位停止位。
- 波特率为4800bit/s，则表示每秒传送4800位。即每秒钟可传送字节为4800÷10=480个，每分钟可传送字节为480个×60=28800个。

2. 外部中断源的扩展可以采用________或________。

【答】外部中断源的扩展可以采用<u>“OC门”经“线或”后实现</u>或<u>通过片内计数器实现</u>。

3. 80C51单片微机系统并行扩展时，通过三总线，即_______、_______、_______扩展。

【答】80C51单片机系统并行扩展时，通过三总线，即<u>地址总线AB</u>、<u>数据总线DB</u>、<u>控制总线CB</u>扩展。

4. $\overline{\text{PSEN}}$是________________信号，$\overline{\text{WR}}$是____________________或____________________信号。

【答】$\overline{\text{PSEN}}$是<u>片外程序存储器读选通</u>信号，$\overline{\text{WR}}$是<u>片外数据存储器写</u>或<u>片外I/O写</u>信号。

5. 某I/O接口芯片引脚中有3根地址线(A0、A1和A2)，应有________个端口地址，它的扩展与__________________统一编址。

【答】某I/O接口芯片引脚中有3根地址线(A0、A1和A2)，应有<u>8</u>个端口地址，它的扩展与<u>片外数据存储器</u>统一编址。

6. 堆栈以________为指针，位于__________________。

【答】堆栈以<u>堆栈指示器SP</u>为指针，位于<u>内部数据存储器</u>。

7. 键盘可分为________和________两大类。

【答】键盘可分为<u>独立式</u>和<u>矩阵式</u>两大类。

8. MOVX A，@DPTR(DPTR指针地址为EFFFH，线选法)指令执行时，

80C51 的引脚________和__________输出为低电平。

【答】MOVX A，@DPTR(DPTR 指针地址为 EFFFH，线选法)指令执行时，80C51 引脚的 P2.4 和 $\overline{RD}$ 输出为低电平。

注意：

- MOVX 指令是对外部数据存储器或 I/O 的数据传送指令，所以在执行时会产生读或写的控制信号。MOVX A，@DPTR 表示外部 RAM 或 I/O 向 80C51 传送数据，因此 $\overline{RD}$ 读信号有效，为低电平。
- 采用线选法，片选信号低电平有效，所以当指针地址 DPTR 为 EFFFH 时，表示 P2.4 作为片选线，低电平有效。

9. 循环结构程序中，当循环次数已知时，应采用________控制法；循环次数未知时，应采用______控制法。

【答】循环结构程序中，当循环次数已知时，应采用 循环计数 控制法；循环次数未知时，应采用 条件 控制法。

二、简答题

1. 简述 80C51 单片微机并行扩展时的编址原理。

【答】在 80C51 单片微机应用系统中，为了唯一地选择片外扩展的某一存储单元或 I/O 端口，需要进行两次选择。

- 必须先找到该存储单元或 I/O 端口所在的芯片，称为"片选"，"片选"常采用线选法和译码法。
- 通过对芯片本身所具有的地址线进行译码，然后确定唯一的存储单元或 I/O 端口，称为"字选"。

2. 80C51 单片微机的 MOV、MOVC、MOVX 指令各适用于哪些存储空间，请举例说明。

【答】

- MOV 指令适用于片内数据存储器中数据的传送，如 MOV A，R0。
- MOVC 指令适用于对程序存储器中数据(如表格、常数)的传送，如 MOVC A，@A+PC。
- MOVX 指令适用于片外数据存储器和 I/O 中数据的传送，如 MOVX A，@DPTR。

3. Motorola 单片微机比较突出的特点有哪些？略举三点说明。

【答】①内部监控 ROM 提供在线编程和调试功能。

②具有锁相环频率合成器，可以在外部所接的 32kHz 晶振的情况下，通过软件编程在内部产生最大 8MHz 的总线时钟频率。提高了系统的可靠性。

③采用模块化设计。

三、读下列程序，完成以下两个任务。

1. 画出 DAC0832 输出波形图(标出 *V*-*t* 坐标)。

2. 对下述源程序加以注释，说明程序执行结果。

```
        ORG   0000H
MAIN:MOV   SP,#60H
        MOV   20H,#10H
        MOV   21H,#20H
        MOV   22H,#40H
        MOV   23H,#80H
        MOV   24H,#40H
        MOV   25H,#20H
        MOV   DPTR,#0BFFFH           ;选中 DAC0832(单缓冲方式)
LP1:MOV   R1,#06H
      MOV   R0,#20H
LP2:MOV   A,@R0
      MOVX   @DPTR,A                 ;输出模拟量
      LCALL   D0.2ms
      INC   R0
      DJNZ   R1,LP2
      AJMP   LP1
D0.2ms:……                              ;延时 0.2ms 子程序
          RET
          END
```

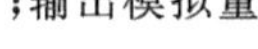

【答】1. 输出与数字量 10H、20H、40H、80H、40H、20H 相对应的模拟量(约 0.3125V、0.625V、1.25V、2.5V)，产生一个阶梯波波形。DAC0832 输出波形图如图卷 3-1 所示。

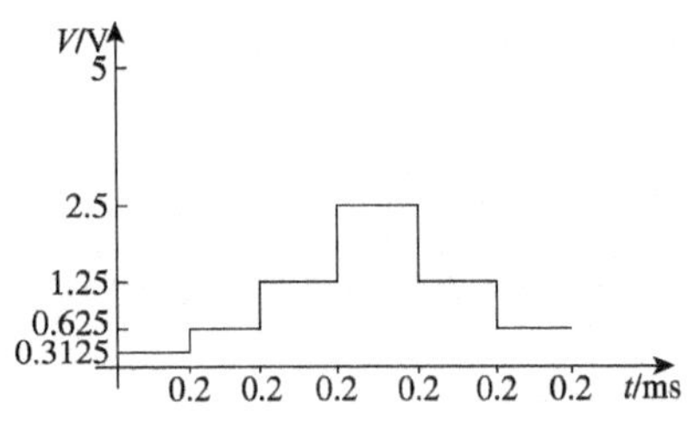

图卷 3-1　DAC0832 输出波形图

2. 在源程序右侧加以注释

```
ORG   0000H
MAIN:MOV   SP,#60H      ;设堆栈指针
        MOV   20H,#10H    ;波形值(6 个)
        MOV   21H, #20H
        MOV   22H, #40H
        MOV   23H, #80H
        MOV   24H, #40H
        MOV   25H, #20H
```

```
MOV   DPTR,#0BFFFH             ;选中 DAC0832(单缓冲方式)
LP1:MOV   R1,#06H              ;6 拍波形循环计数器
    MOV   R0,#20H              ;波形值首地址
LP2:MOV   A,@R0                ;取波形值
    MOVX  @DPTR,A              ;输出模拟量
    LCALL D0.2ms               ;每拍波形维持 0.2ms
    INC   R0
    DJNZ  R1,LP2               ;判 6 拍循环结束?
    AJMP  LP1                  ;6 拍循环结束,则重新循环
D0.2ms:……                     ;延时 0.2ms 子程序(略)
       RET
       END
```

四、按题意编写程序，加以注释，并加上必要的伪指令。

1. 试编一个查表程序，从首地址为 4000H 的数据块中找出 ASCII 码字母 B，并在 20H 和 21H 中记录 ASCII 码字母 B 所在地址。数据块长度为 20。若在数据块中未找到 ASCII 码字母 B，则在 20H 和 21H 中记录为 0。

【答】

```
                     ORG   0000H
0000 904000          MOV   DPTR,#4000H        ;数据块首址
0003 7814            MOV   R0,#20             ;数据块长度
0005 E0        LOOP: MOVX  A,@DPTR            ;取一个数
0006 B44208          CJNE  A,#42H,LP          ;比较字母 B(ASCII 码为 42H)
0009 858320          MOV   20H,DPH            ;找到 ASCII 码字母 B,存字母 B 所在地址
000C 858221          MOV   21H,DPL
000F 80FE            SJMP  $
0011 A3          LP: INC   DPTR
0012 D8F1            DJNZ  R0,LOOP            ;查找未结束,则循环
0014 752000          MOV   20H,#00H           ;未找到,则记录为 0
0017 752100          MOV   21H,#00H
001A 80FE            SJMP  $
                     END
```

2. 试编写通用多字节加法子程序。入口条件有 3 个，即字节长度、加数首地址和被加数首地址。请标注出口结果。对源程序加注释和伪指令。

子程序入口条件：字节长度存入 R2，加数首地址存入 R0，被加数首地址存入 R1。

子程序出口：多字节加法之和存于 R0 为首地址的内存单元中。

【答】多字节加法子程序名为 ADDC0，程序如下：

```
                 ORG   1000H
1000 C3   ADDC0:CLR   C
1001 E6   ADDC1:MOV   A,@R0             ;取加数
1002 37         ADDC  A,@R1             ;与被加数带进位加
1003 F6         MOV   @R0,A             ;存和
1004 08         INC   R0                ;加数地址加 1
1005 09         INC   R1                ;被加数地址加 1
1006 DAF9       DJNZ  R2   ADDC1        ;多字节加
1008 22         RET                     ;子程序返回
                END
```

五、某 80C51 应用系统，并行扩展了一片 ADC0809，一片 8KB 并行数据存储器，一片可编程 I/O 8255A。分别采用 P2.7、P2.6、P2.5 作为外扩芯片的片选线(低电平有效)。80C51 应用系统硬件示意图如图卷 3-2 所示。

1. 连接各芯片，写出 ADC0809 的 IN0～IN7 通道地址、8255A 端口地址和片外数据存储器的地址范围。

2. 请编写每隔 10ms(要求采用定时器/计数器 T1，定时方式 1，定时中断)对 IN4 输入模拟量进行 A/D 转换的源程序，连续采样 5 次，取 5 次 A/D 转换值的平均值为本次 A/D 转换值(假设 5 个转换值之和小于 255)存入片外数据存储器的第 1 个地址中。

3. 注释源程序，加上必要的伪指令。

此题测考内容主要包括：

①并行数据存储器的扩展及地址译码；

②A/D 转换接口 ADC0809 的扩展、地址译码及应用编程；

③可编程 I/O 接口 8255A 的扩展及地址译码；

④片内定时器/计数器应用编程；

⑤中断应用编程等。

【答】

1. 80C51 应用系统硬件连接图如图卷 3-3 所示。

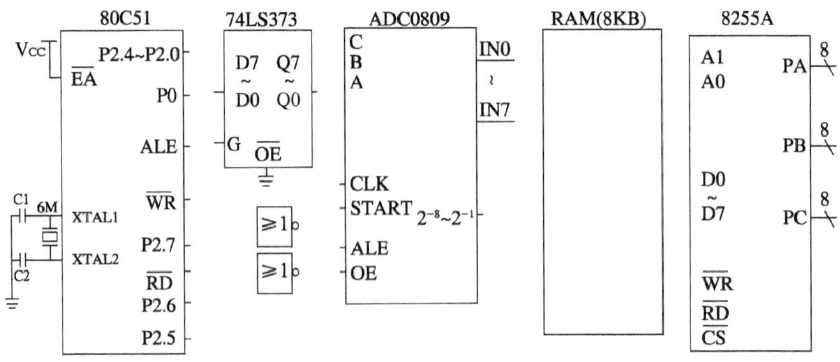

图卷 3-2　80C51 应用系统硬件示意图

ADC0809 的 IN0～IN7 通道地址为：7FF8H～7FFFH(片选线 P2.7=0)。地址线 A0、A1、A2 作为 ADC0809 的 8 个通道 IN0～IN7 的选择。

8KB 数据存储器地址为：A000H～BFFFH(片选线 P2.6=0)。数据存储器的容量为 8KB，并行扩展时片内应有地址线 13 根，即 A0～A12；数据线 8 根，即 D0～D7；控制线如片选、读、写信号线等。

8255 各端口地址为：PA 地址为 DFFCH，PB 地址为 DFFDH，PC 地址为 DFFEH，控制口地址为 DFFFH。(片选线 P2.5=0)。

2. 计算：由图卷 3-3 可知单片微机晶振为 6MHz，机器周期则为 2μs。定时方式 1 为 16 位定时器。

计算：$(2^{16}-TC)\times 2\mu s=10ms=10000\mu s$，TC—EC78H。

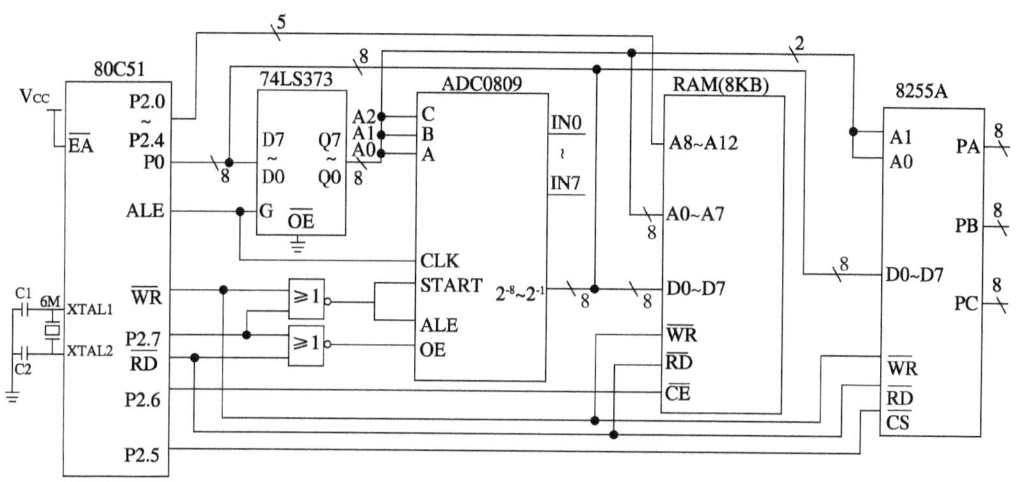

图卷 3-3　80C51 应用系统硬件连接图

3. 程序如下：

```
        ORG   0000H
        SJMP  MAIN
        ORG   001BH               ;定时器/计数器 T1 中断矢量
        AJMP  T1INT
        ORG   0030H
MAIN:   MOV   TMOD,#10H           ;设 T1 为定时方式 1、定时中断
        MOV   TH1,#0ECH           ;T1 10ms 定时常数
        MOV   TL1,#78H
        SETB  TR1                 ;启动 T1 定时
        SETB  ET1                 ;允许 T1 定时中断
        SETB  EA                  ;允许 CPU 中断
        AJMP  $                   ;定时器/计数器 T1 定时中断等待
```

```
        ORG   1000H
T1INT:MOV   TH1,#0ECH          ;重设时间常数
        MOV   TL1,#78H
        LCALL  ADC              ;调用 A/D 转换子程序
        MOV   DPTR,#0A000H     ;存入片外数据存储器的第 1 个地址
        MOVX   @DPTR,A
RETO:RETI                       ;中断返回
ADC:MOV   DPTR,#7FFCH          ;指向 IN4 通道地址
      MOV   R0,#00H             ;累加和单元清零
      MOV   R1,#05H             ;采样 5 次,取平均值
ADC1:MOVX   @DPTR,A            ;启动 A/D 转换
        LCALL   D0.128ms        ;A/D 转换等待
        MOVX   A,@DPTR          ;读入 A/D 转换后的数据
        ADD   A,R0              ;采样值连加
        MOV   R0,A
        DJNZ   R1,ADC1          ;5 次 A/D 转换值之和在 A 中
        MOV   B,#05H
        DIV   AB                ;取 5 次 A/D 转换值的平均值存在 A 中
        RET
D0.128ms:……                     ;软件延时 0.128ms 子程序(略)
              RET
              END
```

卷4　2004年“微机原理与接口技术”试题二解析

一、填空题

1. 80C51单片微机的DPTR作为____________和____________的地址指针。

【答】80C51单片微机的DPTR作为<u>片外数据存储器</u>和<u>片外I/O</u>的地址指针。

2. 串行口发送数据，采用累加和校验，方法可以有________和________两种。

【答】串行口发送数据，采用累加和校验，方法可以有<u>算术加</u>和<u>逻辑加(XOR)</u>两种。

注意：

- 算术加，即按字节相加，但不考虑进位，可用加法指令ADD。
- 逻辑加，即按位相加，可用异或指令XOR。

3. 80C51单片微机的ALE引脚在应用系统中可以用做________和________。

【答】80C51单片微机的ALE引脚在应用系统中可以用做<u>地址低8位的锁存信号</u>和<u>外部时钟</u>。

4. 80C51单片微机的串行通信总线主要有两种，即________和________。

【答】80C51单片微机的串行通信总线主要有两种，即<u>RS-485</u>和<u>RS-232</u>。

5. 单片微机应用系统的测试，主要要进行________试验和________试验。

【答】单片微机应用系统的测试，主要要进行<u>电磁兼容性</u>试验和<u>电气性能(或安全、气候)</u>试验。

6. 执行MOVX A，@DPTR(已知DPTR指针地址为EFFFH，采用线选法)指令时，80C51引脚________和________输出为低电平。

【答】执行MOVX　A，@DPTR(已知DPTR指针地址为EFFFH，采用线选法)指令时，80C51引脚<u>$\overline{RD}$</u>和<u>P2.4</u>输出为低电平。

注意：

- 采用线选法时，DPTR指针地址为EFFFH，意味着P2.4=0有效。
- MOVX　A，@DPTR指令针对的是片外数据存储器或I/O，时序上会产生读的信号，即$\overline{RD}$有效。

7. 80C51单片微机的堆栈以________为指针，位于________中。

【答】80C51单片微机的堆栈以<u>堆栈指示器SP</u>为指针，位于<u>内部数据存储器</u>中。

8. 80C51单片微机的位寻址区包括________和________。

【答】80C51单片微机的位寻址区包括<u>内部数据存储器中20H～2FH</u>和<u>地址被8整除的SFR</u>。

二、简答题

1. 简述单片微机应用系统串行扩展时，如何确定数据存储器地址和I/O端口地址。

【答】对于I^2C总线的串行扩展，地址信息可以由三部分合成，即串行数据存储器和I/O出厂时的设备类别标志；器件引脚地址；读/写方向位等3部分组成。

如串行存储器AT24C02的地址为<u>1010 A2A1A0 R/W</u>。

2. 单片微机应用系统为什么要进行可靠性设计？略举两点加以说明。

【答】可靠性设计是应用系统功能的保障。单片微机应用系统工作于不同的工作环境，为了防止因干扰引起的系统不正常，如因干扰引起系统出现“死机”或“死循环”等，必须进行可靠性设计。

提高系统可靠性的有效方法有许多，如：

- 在单片微机应用系统中添加看门狗，当程序“死机”或“死循环”时间超过看门狗设定时间则产生复位。
- 在程序中设置软件“陷阱”，当程序“跑飞”时能掉入“陷阱”而自动跳出。

3. Motorola(Freescale)MC68HC08单片微机有哪些值得注意的特点？略举三点加以说明。

【答】特点如下：

①内部监控ROM提供在线编程和调试功能。

②具有锁相环电路，利用外部32KHz晶振产生内部8MHz的总线速度。

③采用模块化设计。

三、请设计单片微机应用系统，系统需要9个按键、16×2位LCD显示器模块和256B的非易失性数据存储器。

1. 画出单片微机应用系统的硬件原理图，标出各芯片地址。
2. 简述键盘设计原理及其在应用系统中功能。
3. 编写在LCD左上角上显示“A”的源程序，LCD设置为单行显示。
4. 应进行哪些低功耗设计(略举两点说明)。

注意：LCD模块系统功能设置命令

0	0	1	DL	N	F		

【答】

1. 单片微机应用系统设计图如图卷 4-1 所示。

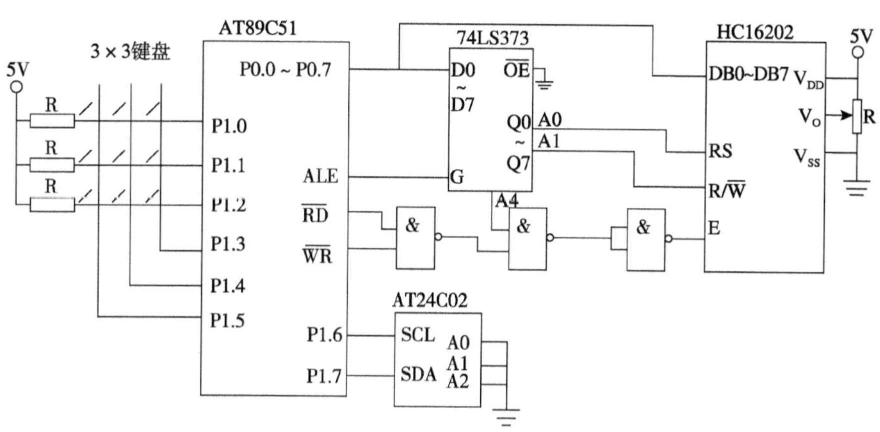

图卷 4-1　单片微机应用系统设计图

256B 的非易失性数据存储器选用 AT24C02，其读地址为 A1H，写地址为 A0H。

单片微机选用 AT89C51 芯片，自带程序存储器，不需外扩程序存储器。

16×2 位 LCD 显示器模块选用 HC16202，为两行、每行可显示 16 个字符。

写指令口地址为 10H，读状态口地址为 12H，写数据口地址为 11H，读数据口地址为 13H。

2. 3×3 矩阵键盘，采用扫描法分别寻找键所在的行线和列线，从而得到键值，再通过查表法分析等方法执行按键功能。

功能：进行人-机对话；通过键盘输入命令和数据等。

3. 程序如下：

```
       ORG   0000H
       SJMP  DIS
       ORG   0030H
DIS:   MOV   R0,#10H          ;写指令口地址
       MOV   R1,#12H          ;读状态口地址
       LCALL RDBUSY           ;判 LCD“忙”
       MOV   A,#38H           ;系统设置命令(8 位、2 行显示、5×7 点阵)
       MOV   @R0,A
       LCALL RDBUSY           ;判 LCD“忙”
       MOV   A,#01H           ;清屏命令
```

```
        MOV   @R0,A
        LCALL  RDBUSY              ;判 LCD“忙”
        MOV   A,#0FH               ;显示开命令
        MOV   @R0,A
        LCALL  RDBUSY              ;判 LCD“忙”
        MOV   R0,#11H              ;写数据口
        MOV   A,#41H               ;显示“A”
        MOV   @R0,A
        SJMP  $
;判 LCD“忙”子程序,只有在 LCD 不“忙”时才能对 LCD 写或读
RDBUSY:MOVX   A,@R1               ;读“忙”标志
        JB   ACC.7,RDBUSY
        RET
        END
```

4. 低功耗设计方法有许多，如：

- 键盘采用中断方式，无键按下及不更新显示时，单片微机进入低功耗工作方式。
- 本质低功耗设计，选用低压、低频率、低功耗元器件。

四、按题意编写源程序，加以注释，并加上必要的伪指令。

1. 单片微机应用系统中，已知 DAC0832 采用单缓冲方式与单片微机连接，地址为 BFFFH，请编写应用 DAC0832 产生 50Hz 正弦波的源程序，并加上注释。

【答】采用查表方式，把正弦波逐点模拟量所对应的数字量列成波形表，程序从波形表中逐一取出数据，经 D/A 转换后输出模拟量。在选择输出点时间间隔时，要保证能重现正弦波。

设 250μs 输出一点模拟量，每个正弦波为 20ms，则波形表共 80 个数据。

计算：定时器/计数器 T0 设为方式 2(8 位)。设晶振为 12MHz，则机器周期为 1μs。

计算：$(2^8-TC)\times 1\mu s=250\mu s$，TC=06H。

程序如下：

```
        ORG   0000H
        SJMP  MAIN
        ORG   000BH                ;定时器/计数器 T0 中断矢量
        AJMP  T0INT
        ORG   0030H
  MAIN:MOV    TMOD,#02H            ;设定时器/计数器 T0 为定时器、方式 2
        MOV   TL0,#06H             ;设 T0 定时常数
        MOV   TH0,#06H
        SETB  TR0                  ;启动 T0
```

```
        SETB   ET0                    ;允许 T0 中断
        SETB   EA                     ;允许 CPU 中断
LOOP:MOV    R0,#80                    ;波形表长度
        MOV    R1,#00H                ;数据在波形表中的偏移量初值
LOOP1:JNB   TF0,LOOP1                 ;250μs 定时等待
        CLR    TF0
        MOV    DPTR,#TAB              ;波形表首址
        MOV    A,R1
        MOVC   A,@A+DPTR              ;查表得到正弦波值
        MOV    DPTR,#0BFFF            ;D/A 输出正弦波
        MOVX   @DPTR,A
        INC    R1
        DJNZ   R0,LOOP1               ;判一个正弦波是否全部输出
        SJMP   LOOP
TAB:DB   00H,XXH……                   ;正弦波波形表(略)
      END
```

2. 已知 100 个 8 位无符号数从片外数据存储器 3000H 单元开始存放,请对其中等于 80H、大于 80H 和小于 80H 的数进行统计,并将统计结果依次存入片内数据存储器 60H、61H 和 62H 中。编写程序并加上注释。

【答】程序如下:

```
                        ORG    0000H
0000 903000             MOV    DPTR,#3000H      ;片外数据存储器首地址
0003 E4                 CLR    A                ;统计结果单元初始值为 0
0004 F560               MOV    60H,A
0006 F561               MOV    61H,A
0008 F562               MOV    62H,A
000A 7864               MOV    R0,#100          ;8 位无符号数长度
000C E0           LP:   MOVX   A,@DPTR          ;取数
000D B48007             CJNE   A,#80H,NEQ       ;与 80H 比较
0010 0560               INC    60H              ;等于 80H,计数单元 60H 加 1
0012 A3         NEXT:   INC    DPTR
0013 D8F7               DJNZ   R0,LP
0015 80FE               SJMP   $
0017 4004        NEQ:   JC     SW
0019 0561               INC    61H              ;大于 80H,计数单元 61H 加 1
001B 80F5               SJMP   NEXT
001D 0562         SW:   INC    62H              ;小于 80H,计数单元 62H 加 1
001F 80F1               SJMP   NEXT
                        END
```

五、某 80C51 单片微机定时巡回检测系统，外扩 ADC 0809、16KB 并行数据存储器和可编程 I/O 接口芯片 8155 等。80C51 定时巡回检测系统示意图如图卷 4-2 所示。

1. 连接各芯片，P2.7 选中 ADC 0809，P2.6 选中 16KB 数据存储器，P2.5 和 P2.4 选中 8155。

2. 写出 ADC0809 的 IN0～IN7 通道地址、16KB 数据存储器地址范围和 8155 的 RAM 地址范围和 I/O 端口地址。

3. 编写每隔 20ms(要求采用定时器/计数器 T1 方式 2、定时中断)对一路模入进行 A/D 转换、依次转换 8 路模入的源程序，转换结果依次存入 20H～27H 单元。注释程序，加上必要的伪指令。

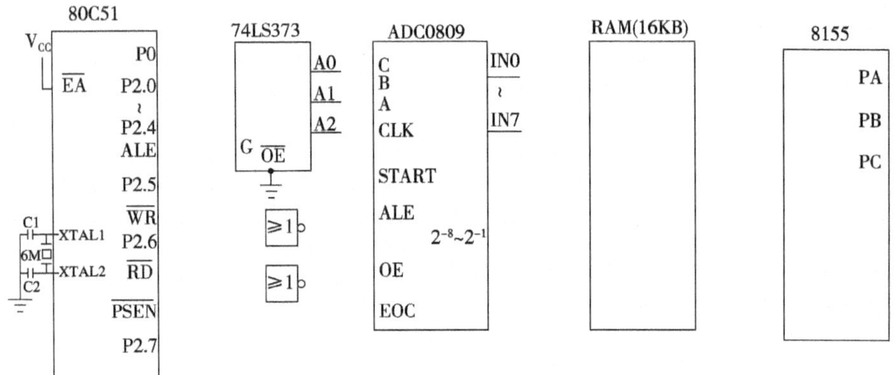

图卷 4-2　80C51 定时巡回检测系统示意图

此题测考内容主要包括：

①并行数据存储器的扩展及地址译码；

②A/D 转换接口 ADC0809 的扩展、地址译码及应用编程；

③可编程 I/O 接口 8155 的扩展及地址译码；

④内部定时器/计数器的应用编程；

⑤中断应用编程等。

【答】

1. 80C51 定时巡回检测系统连接图如图卷 4-3 所示。

2. 地址分配：

- ADC0809 的模拟量输入通道 IN0～IN7 地址(P2.7＝0，P2.6＝1，P2.5＝1，P2.4＝1)为 7FF8H～7FFFH。
- 片外数据存储器(P2.7＝1，P2.6＝0，P2.5＝1，P2.4＝1)地址：由于 P2.5(A13)和 P2.4(A12)已用作 8155 的片选线，因此，数据存储器中的 A13 和 A12 改由 80C51 的 P1.0 和 P1.1 控制，数据存储器分为 4 个“体”，每个

"体"为 B__000__H～B__FFF__H(A0～A11)共 4KB。由 P1.0 和 P1.1 的四种组合分别选中 4 个"体"。

8155 的片内数据存储器地址(P2.7＝1，P2.6＝1，P2.5＝0，P2.4＝0)为 CF00H～CFFFH。

8155 片内 I/O 地址(P2.7＝1，P2.6＝1，P2.5＝0，P2.4＝1)：

PA	DFF8H
PB	DFF9H
PC	DFFAH
控制口	DFFBH

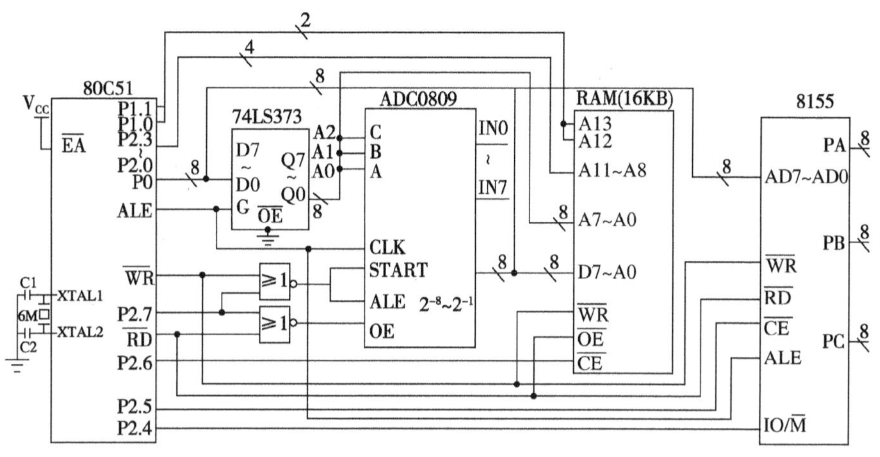

图卷 4-3　80C51 定时巡回检测系统连接图

3. 由图卷 4-2 可知，晶振为 6MHz，则机器周期为 2μs。

现设定时方式 2 为 8 位定时器，定时时间为 500μs。

计算：$(2^8-TC)\times 2\mu s=500\mu s$，TC＝06H。

程序及注释如下：

```
                     ORG   0000H
0000 802E   SJMP   MAIN
                     ORG   001BH           ;定时器/计数器 T1 中断矢量
001B 014A            AJMP   T1INT
                     ORG 0030H
0030 758920   MAIN: MOV   TMOD,#20H       ;设定时器/计数器 T1 为定时器、方式 2
0033 758D06          MOV   TH1,#06H        ;设 T1 定时常数
0036 758B06          MOV   TL1,#06H
0039 7828            MOV   R0,#40          ;500μs 计数次数(设 20ms 定时)
003B D28E            SETB  TR1             ;启动 T1
```

```
003D D2AB            SETB   ET1             ;允许 T1 中断
003F D2AF            SETB   EA              ;允许 CPU 中断
0041 907FFF          MOV    DPTR,#7FFFH     ;ADC0809 模入通道首地址
0044 7A08            MOV    R2,#08H         ;8 路 A/D 计数器
0046 7920            MOV    R1,#20H         ;A/D 转换结果单元首址
0048 80FE            SJMP   $               ;定时中断等待
;T1 中断服务子程序
004A D813     T1INT: DJNZ   R0,OUT          ;20ms 定时未到则返回
004C 7828            MOV    R0,#40
004E F0              MOVX   @DPTR,A         ;20ms 定时到,启动 A/D
004F 3090FD          JNB    P1.0,$          ;查询 EOC
0052 E0              MOVX   A,@DPTR         ;读入 A/D 采样值
0053 F7              MOV    @R1,A           ;存入 A/D 采样值
0054 A3              INC    DPTR            ;修正地址
0055 09              INC    R1
0056 DA07            DJNZ   R2,OUT          ;8 路模入转换循环
0058 7A08            MOV    R2,#08H         ;8 路模入转换结束,重设 3 个初始值
005A 907FFF          MOV    DPTR,#7FFFH
005D 7920            MOV    R1,#20H
005F 32         OUT: RETI
```

卷5　2005年“微机原理与接口技术”试题一解析

一、填空题

1. 单片微机中断源指的是________________，80C51单片微机共有________个中断源。

【答】单片微机中断源指的是<u>能产生中断的外部或内部事件</u>，80C51单片微机共有<u>5</u>个中断源。

2. 单片微机应用系统的键盘可分为____________和__________。

【答】单片微机应用系统的键盘可分为<u>独立式</u>和<u>矩阵式</u>。

3. 80C51单片微机的低功耗工作方式有____________和____________两种。

【答】80C51单片微机的低功耗工作方式有<u>待机方式</u>和<u>掉电保护方式</u>两种。

4. DAC0832芯片单缓冲方式时，地址是BFFFH。执行MOVX @DPTR，A指令时，引脚________和__________输出低电平。

【答】DAC0832芯片单缓冲方式时，地址是BFFFH。执行MOVX @DPTR，A指令时，引脚<u>$\overline{WR}$</u>和<u>P2.6</u>输出低电平。

注意： DAC0832地址是BFFFH，即DPTR＝BFFFH，选线法选中DAC0832时，则P2.6＝0有效。

执行MOVX @DPTR，A指令时，是对外部数据存储器进行写，时序上会使$\overline{WR}$＝0有效。

5. 80C51单片微机的ALE引脚功能有________________和__________________。

【答】80C51单片微机的ALE引脚功能有<u>在访问片外存储器或I/O时锁存低8位地址A0～A7</u>和<u>以1/6振荡频率对外输出时钟</u>。

6. Motorola(或C8051Fxxx)单片微机相对于80C51比较突出的特点有____________________________________和__________________________两点。

【答】Motorola单片微机相对于80C51比较突出的特点有<u>具有锁相环电路，利用外部32KHz晶振产生内部8MHz总线时钟频率</u>和<u>内部监控ROM提供在线编程和调试功能</u>两点。

7. 分支结构程序的形式，有________________和______________。

【答】分支结构程序的形式，有<u>单分支结构</u>和<u>多分支结构</u>。

二、简答题

1. 80C51 单片微机的 PC、DPTR 和 SP，它们各有什么用处？

【答】PC——程序计数器，指向下一条要执行的指令地址，程序计数器 PC 的变化轨迹决定程序的流程。

DPTR——数据指针，作为片外数据存储器或 I/O 寻址用的地址寄存器。

SP——堆栈指示器，指向当前堆栈栈顶地址。

2. 80C51 单片微机串行口设为方式 1，波特率为 2400，发送一个 ASCII 码字符“8”，加奇校验位。请画出 TXD 引脚上的波形图，波形图横坐标为时间 t，纵坐标为电压 V，请标上单位值。

【答】TXD 引脚输出波形如图卷 5-1 所示。纵坐标“1”的电平应为 CMOS“1”的电平，约 4.9V。横坐标为时间 t，单位为波特率的倒数，即 1/2400s。

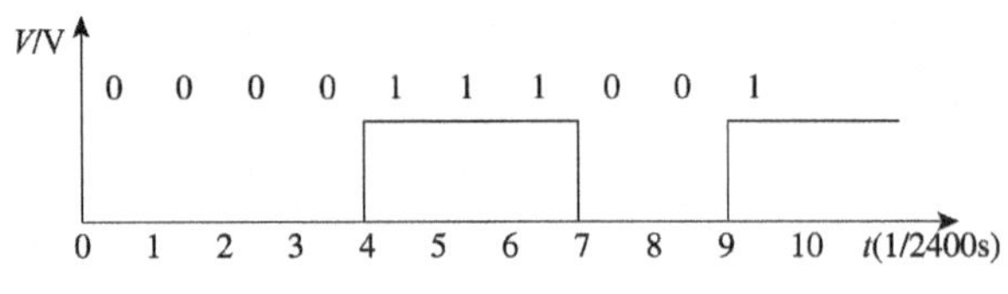

图卷 5-1　TXD 引脚输出波形

注意：

- “8”的 ASCII 码字符为 38H、即 0111000B 七位有效，其最高位可以作为奇校验位，现在 38H 中已有 3 个“1”，为奇数，所以最高位补 0，最终 8 位数中“1”的个数为奇数，即 00111000B。
- 串行口为方式 1 时，一帧信息为 10 位：1 位起始位(0)＋8 位数据位(包括 1 位奇校验)＋1 位停止位(1)。
- 8 位数据位在传送时，低位 D0 在前。

3. 80C51 单片微机外扩的程序存储器和外扩的 I/O 端口地址空间是重叠的，说明重叠空间是如何被区别的。

【答】外扩的程序存储器和外扩的 I/O 端口地址空间都为 0000H～FFFFH，由不同的指令和控制线加以区别，$\overline{PSEN}$信号线选择外扩的程序存储器的读，而$\overline{RD}$、$\overline{WR}$信号线选择外扩的 I/O 端口的读与写，只能采用 MOVX 指令。

4. 简述单片微机应用系统扩展的两种方法。

【答】①并行扩展法利用单片微机本身具备的三组总线进行扩展，同样具有三组总线(即地址总线 AB、数据总线 DB 和控制总线 CB) 的芯片可以挂接到总线上而得到扩展。

②串行扩展法是近几年得到迅速发展的系统扩展方法，所有信息的交互都采用串行传送方法，结构简单、功耗低。可以利用 SPI(三线)或 I^2C 总线(二线)进行扩展。

三、按题意编写程序

1. 在外部 0000H 开始的数据存储器中有一批 8 位数，以 8 位数 CFH 为结束字节，试编程统计其中 8 位数 CEH 的个数并存放在 R0 中。源程序加注释和伪指令。

【答】程序如下：

```
         ORG   0000H
         AJMP   MAIN
         ORG   0030H
MAIN:MOV   DPTR   #0000H            ;数据存储器首地址
         MOV   R0,#00II             ;CEH 的个数单元初始值为 0
LOOP:MOVX   A,@DPTR                 ;取数
         CJNE   A,#0CFH,NEXT        ;判是否为结束字节
HERE:AJMP   HERE                    ;是结束字节,结束
NEXT:CJNE   A,#0CEH,NEXT1           ;判是否等于 CEH
         INC   R0                   ;找到 CEH,统计个数加 1
NEXT1:INC   DPTR                    ;比较下一地址的数
          AJMP   LOOP
          END
```

2. 在片外数据存储器 8000H 和 8001H 单元内各有一个小于 12 的数，试编写源程序求出这两个数的平方之和，要求采用调用查表子程序的方法实现。平方和存放在片内数据存储器中。对源程序加注释和伪指令。

【答】题意要求求数的平方值，应调用查表子程序来实现。不能简单采用乘法指令。平方之和最大为

$(11)^2+(11)^2=242$，和为 1 个字节即可。

程序如下：

```
         ORG   0000H
         AJMP   MAIN
         ORG   0030H
MAIN:MOV   DPTR   #8000H            ;取第 1 个数
         MOVX   A,@DPTR
         LCALL   SEARCH             ;调用查表求平方值子程序
         MOV   R0,A
         MOV   DPTR   #8001H        ;取第 2 个数
         MOVX   A,@DPTR
         LCALL   SEARCH             ;调用查表求平方值子程序
         ADD   A,R0                 ;求两数平方之和
         MOV   20H,A                ;两数平方之和存入片内数据存储器 20H
         SJMP   $
```

```
;查表求平方值子程序
SEARCH:
        MOV   DPTR,#TAB          ;平方表首地址
        MOVC  A,@A+DPTR          ;查表得数的平方值
        RET
;平方表
TAB:DB  0,1,4…121                ;0²,1²,2²…,11²
      END
```

四、某 80C51 单片微机应用系统，扩展了一片 ADC 0809，一片并行 16KB 数据存储器。请编写每隔 100ms 定时中断(采用 T0，方式 1)对 IN7 输入模拟量进行 A/D 转换的源程序。在 A/D 转换结束中断服务程序中将采样转换值存入 7FFFH 单元。80C51 应用系统示意图如图卷 5-2 所示。

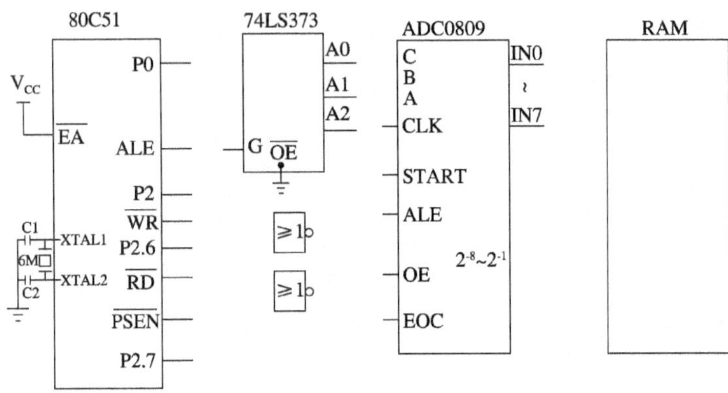

图卷 5-2　80C51 应用系统示意图

1. 连接各芯片，当 P2.6=0 时片选 ADC0809，P2.7=0 时片选数据存储器。

2. 写出 ADC0809 的 IN0～IN7 通道地址和数据存储器地址范围。

3. 编写源程序，对源程序加以注释和伪指令。

注：需要时可以在图上增加芯片和引线。

此题测考内容主要包括：

①并行数据存储器的扩展及地址译码；

②A/D 转换接口 ADC0809 的扩展、地址译码及应用编程；

③内部定时器/计数器的应用编程；

④中断的应用编程等。

【答】1. 80C51 应用系统连接图如图卷 5-3 所示。

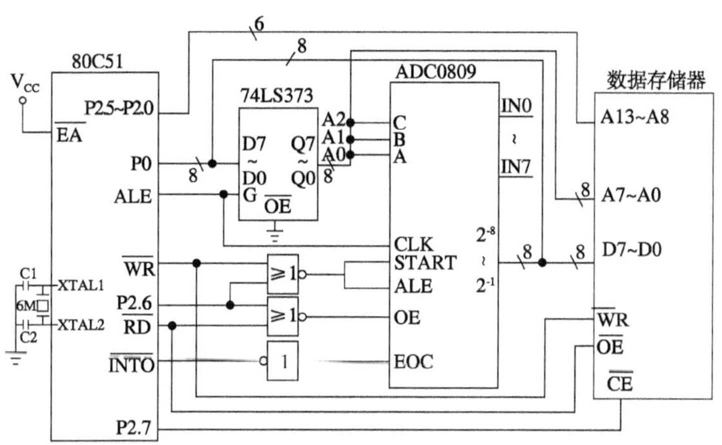

图卷 5-3　80C51 应用系统连接图

由于时序匹配问题，ADC0809 的 EOC 输出应该经过反相后，作为 80C51 单片微机的外部中断 0 的输入。图上应增加一个反相器。

2. ADC0809 的模拟量输入通道 IN0～IN7 地址：BFF8H～BFFFH(P2.7＝1，P2.6＝0)。

外部数据存储器地址范围：4000H～7FFFH(P2.7＝0，P2.6＝1)共 16KB。

3. 计算定时常数：由图卷 5-2 可知，80C51 晶振为 6MHz，所以机器周期为 2μs。定时器/计数器设为方式 1，计数长度为 16 位。

计算：$(2^{16}-TC)\times 2\mu s=100ms=100000\mu s$，TC＝15536＝3CB0H。

程序如下：

```
        ORG   0000H
        AJMP  MAIN
        ORG   0003H             ;外部中断 0 的中断矢量(A/D 转换结束)
        AJMP  ADINT
        ORG   000BH             ;定时器/计数器 T0 中断矢量
        AJMP  T0INT
        ORG   0030H
MAIN:   MOV   TMOD,#01H         ;设定时器/计数器 T0 为定时器、方式 1
        MOV   TH0,#3CH          ;设定时 100ms 时间常数
        MOV   TL0,#0B0H
        SETB  TR0               ;启动定时器/计数器 T0
        SETB  ET0               ;允许定时器/计数器 T0 中断
        SETB  EX0               ;允许外部中断 0 中断
        SETB  EA                ;允许 CPU 中断
        SJMP  $                 ;定时器 T0 定时中断和 A/D 转换结束中断等待
```

```
;定时器/计数器 T0 定时 100ms 中断服务子程序
T0INT:MOV   TH0,#3CH        ;重置定时 100ms 时间常数
      MOV   TL0,#0B0H
      MOV   DPTR,#0BFFFH    ;启动 IN7
      MOVX  @DPTR,A
      RETI                  ;中断返回
;A/D 转换结束中断服务子程序
ADINT:MOVX  A,@DPTR         ;读入 A/D 转换值
      MOV   DPTR,#7FFFH
      MOVX  @DPTR,A         ;存入 7FFFH 单元
      RETI                  ;中断返回
```

注意：本题中有两个中断源，即定时器/计数器 T0 及外部中断 0(实际上是 A/D 转换结束产生的中断申请)。定时器/计数器 T0 的中断间隔时间为 100ms，而外部中断 0 的中断是在进入定时器/计数器 T0 定时 100ms 中断服务子程序后约 100μs(A/D 转换时间)产生。指令“SJMP $”实现中断等待功能，不能理解为程序进入“死循环”和停止。

五、请设计一个电动机转速监测系统。电动机转速显示在 LED 上。画出系统硬件框图，说明系统设计原理。

【答】电动机转速监测系统如图卷 5-4 所示。

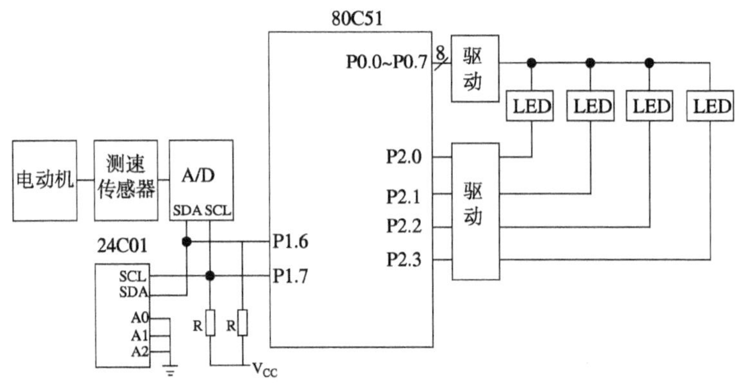

图卷 5-4　电动机转速监测系统

①电动机转速可以通过与电动机轴连在一起的测速发电机得到相对应的模拟量，再经 A/D 转换后送 8051 单片微机。

电动机转速也可以通过光码盘得到与转速相对应的脉冲量，由单片微机的 I/O 引脚对脉冲量进行计数。

②在图卷 5-4 上 8051 单片微机采用非总线扩展方式，P0 和 P2 口都作 I/O 用。

③在图卷 5-4 上采用串行扩展方式，P1.6 和 P1.7 两根 I/O 口线模拟 I^2C 总线功能，扩展了具备 I^2C 总线的 A/D 和数据存储器。A/D 将对应电动机转速的模拟量转换为数字量送 8051 单片微机，再用软件进行标度变换后得到电动机转速。数据存储器用于保存电动机转速。

④4 位 LED 用于显示电动机转速，可显示 0000～9999r/min。采用动态显示方法。P2.0～P2.3 用于 LED 的位选，P0 输出被选中那位 LED 的显示代码值。

卷6　2005年“微机原理与接口技术”试题二解析

一、填空题

1. 单片微机中断源指的是________________，80C51单片微机内部中断源有________和________等。

【答】单片微机中断源指的是<u>　能产生中断的外部或内部事件　</u>，80C51单片微机内部中断源有<u>　定时器中断　</u>和<u>　串行口中断　</u>等。

2. 串行通信总线标准有________和________。

【答】串行通信总线标准有<u>　RS232　</u>和<u>　RS485　</u>。

3. 若串行口发送数据为8位，另加奇校验位，应采用方式________，当波特率为9600bit/s时，每分钟可传送________字节。

【答】若串行口发送数据为8位，另加奇校验位，应采用方式<u>　2或3　</u>，当波特率为9600bit/s时，每分钟可传送<u>　52363.636　</u>字节。

注意：

- 当串行口发送数据为8位，另加奇校验位时，发送或接收数据应为9位。而串行口的方式2和3，发送或接收8位数据时，同时发送TB8或接收RB8，符合另加奇校验位的题意要求。
- 波特率为9600bit/s，即9600bit/s＝9600×60bit/min＝(9600×60)÷11B/min。所以，每分钟可传送52363.636B。

4. DAC0832芯片为单缓冲方式，地址是DF00H，采用线选法译码。当执行“MOVX @DPTR，A”指令时，80C51单片微机引脚________和________输出低电平。

【答】DAC0832芯片为单缓冲方式，地址是DF00H，采用线选法译码。当执行“MOVX @DPTR，A”指令时，80C51单片微机引脚<u>　P2.5　</u>和<u>　$\overline{WR}$　</u>输出低电平。

注意：

- DAC0832芯片为单缓冲方式时，只需要一次地址选通。采用线选法译码时往往选用空余的高位地址线作为扩展芯片的片选线，因此地址为DF00H时，P2.5＝0。
- MOVX指令适用于对外部数据存储器或I/O的读/写，“MOVX @DPTR，A”指令执行写操作，时序上$\overline{WR}$输出低电平。

5. 某单片微机内部无 I^2C 总线，在扩展具备 I^2C 总线的芯片时，可用单片微机两个 I/O 引脚模拟________和用软件模拟________来实现 I^2C 总线功能。

【答】某单片微机内部无 I^2C 总线，在扩展具备 I^2C 总线的芯片时，可用单片微机两个 I/O 引脚模拟 SDA 和 SCL 引脚 和用软件模拟 I^2C 总线时序 来实现 I^2C 总线功能。

6. 在实验中应用的 LCD 模块与 80C51 单片微机的连接采用________扩展方式，其地址与____________统一编址。

【答】在实验中应用的 LCD 模块与 80C51 单片微机的连接采用 并行 扩展方式，其地址与 片外数据存储器 统一编址。

二、简答题

1. 单片微机应用系统的矩阵式键盘是如何识别按键和执行按键操作的?

【答】矩阵式键盘中的按键设置在行、列线交点上，行、列线分别连接到按键开关的两端。行线通过上拉电阻接到+5V 上，无键按下时，行线电平为高电平。

当有按键按下时，行线电平状态将由与此行线相连的列线电平决定。这一点是识别矩阵键盘按键是否被按下的关键所在。采用扫描法或线反转法识别有键按下。

采用软件编码方式确认被按下的是哪一个具体按键(数字键还是功能键)。

程序散转，执行该键功能。

2. 单片微机应用系统通信方式有哪几种? 各举例说明。

【答】单片微机应用系统通信方式有许多种，可以按有线还是无线通信分类，也可以按近程或远程通信分类。比如：

- 近程通信，可以以无线的方式如红外、蓝牙等进行通信；也可以以有线的方式如 RS-232 进行通信。
- 远程通信，可以以无线的方式如数字蜂窝移动通信系统 GSM 进行通信；也可以以有线的方式如 RS-485 进行通信。

3. Motorola 单片微机采用片内监控 ROM 和锁相环电路各有什么特点?

【答】

- Motorola 单片微机采用内部监控 ROM，提供在线编程和调试功能。
- Motorola 单片微机具有锁相环频率发生电路，利用外部 32kHz 晶振通过软件编程得到最大 8MHz 的总线时钟频率。

三、为了节约水资源，某市自来水公司拟对用水大户的用水情况进行远程监测。设计能实现该功能的单片微机应用系统。

1. 画出单片微机应用系统的硬件原理框图，说明框图中主要部件的名称和功能。

2. 对单片微机应用系统进行低功耗设计(举两点加以说明)。

【答】设计重点：

- 用水大户的用水信息要通过流量传感器转换为模拟量或脉冲量，然后通过 ADC 转换为数字量送至单片微机或送至单片微机 I/O 引脚记录脉冲数。
- 题意是对某个城市范围的用水大户监测，应该采用远程通信方式，通信信道可以选择无线的 GSM 或有线的电话线。

1. 用水远程监测系统硬件原理框图如图卷 6-1 所示。
2. 单片微机应用系统低功耗设计

- 进行本质低功耗设计，即单片微机应用系统中所用器件全为低功耗器件。
- 进行低功耗控制，在无用水脉冲时，单片微机进入待机或 STOP 低功耗状态。

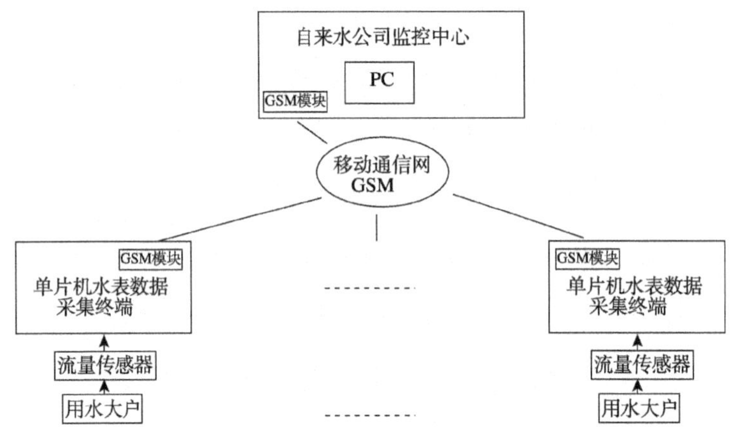

图卷 6-1 用水远程监测系统硬件原理框图

四、按题意编写源程序，加以注释，并加上必要的伪指令。

1. 某温度检测系统的某段温度值与温度传感器输出模拟量为非线性关系。已测得这一非线性段经 A/D 转换后的数据，请编程实现对温度的检测，已知经 A/D 转换后的数据存于内部数据存储器 20H，要求将温度值存入内部数据存储器 30H 单元中。

【答】可用查表方式，把已测得这一段(非线性段)经 A/D 转换后的数据(温度)列成表格，通过查表即可以得到对应温度值。

查表法可以把复杂的非线性计算问题变成很简单的软件查表方法。

程序如下：

```
        ORG   0000H
        SJMP  MAIN
        ORG   0030H
  MAIN: MOV   DPTR,#TAB           ;非线性温度值表首地址
        MOV   A,20H               ;取 A/D 转换后的数据
```

```
        MOV   R0,#30H                 ;温度值存入单元首地址
LOOP:MOVC   A,@A+DPTR                 ;查表求得温度值
        MOV   @R0,A                   ;存入温度值
        SJMP  $
TAB:XXH,…                             ;非线性段温度值表(略)
      END
```

2. 编程求 $Z=X^3+Y^3$，立方值存于两个字节中，要求采用调用查表子程序的方法。子程序需要标注入口条件和出口结果。

【答】程序如下：

```
         ORG   0000H
         SJMP  MAIN
         ORG   0030H
MAIN:MOV   A,#X                       ;取数 X
        LCALL  CUB                    ;调用求立方数子程序
        MOV   21H,R1                  ;X3 暂存
        MOV   22H,R2
        MOV   A,#Y                    ;取数 Y
        LCALL  CUB                    ;调用求立方数子程序
        MOV   A,R2                    ;计算 X3+Y3
        ADD   A,22H                   ;低字节加
        MOV   24H,A
        MOV   A,R1                    ;高字节加
        ADDC  A,21H
        MOV   25H,A
        SJMP  $
;子程序入口:操作数在累加器 A 中。
;子程序出口:(R1)为立方数的高字节，(R2)为立方数的低字节。
CUB:MOV   DPTR,#TAB                   ;立方表首地址
      RL   A                          ;表内偏移×2
      MOV   20H,A                     ;保护 A
      MOVC   A,@A+DPTR                ;查表得到立方数的高字节
      MOV   R1,A
      MOV   A,20H
      INC   DPTR
      MOVC   A,@A+DPTR                ;查表得到立方数的低字节
      MOV   R2,A
      RET
TAB:DW   0000,0001,0008,0027…         ;立方表 0³,1³,2³,3³…
      END
```

五、某 80C51 单片微机应用系统，外扩并行 A/D 转换接口 ADC0809、可编程并行 I/O 芯片 8155 和串行 I^2C 总线数据存储器 24C01。

1. 连接各芯片，P2.7 选 ADC 0809，P2.6 和 P2.5 选 8155。写出 ADC0809 的 IN0～IN7通道地址、8155 的内部数据存储器地址范围和 I/O 端口地址、24C01 地址。

80C51 应用系统示意图如图卷 6-2 所示。

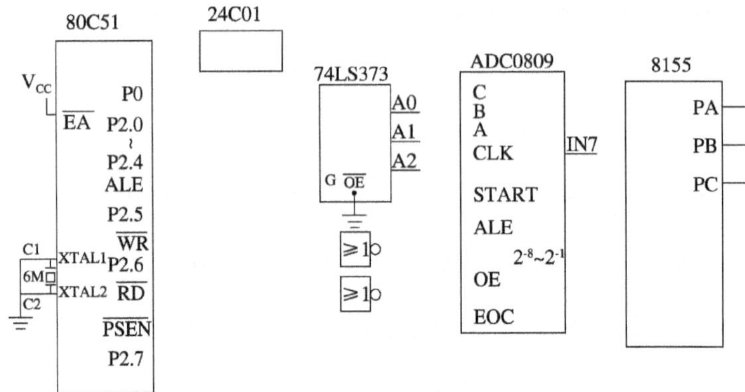

图卷 6-2 80C51 应用系统示意图

2. 请编写每隔 1s(要求采用 T1 方式 2、定时中断)对 IN7 模入进行 A/D 转换的源程序，转换结果存入 27H 单元。注释程序，加上必要的伪指令。

3. 在图卷 6-2 上补充两点提高系统可靠性的措施。

此题测考内容主要包括：

①串行 I^2C 总线数据存储器的扩展及地址译码；

②并行 A/D 转换接口 ADC0809 的扩展、地址译码及应用编程；

③并行可编程 I/O 芯片 8155 的扩展及地址译码；

④片内定时器/计数器的应用编程；

⑤中断应用编程等。

【答】

1. 80C51 应用系统连接图如图卷 6-3 所示。

- 80C51 单片微机内带程序存储器，所以 80C51 的$\overline{EA}$引脚应接高电平。
- 并行可编程 I/O 芯片 8155 内带锁存器，所以 8155 的数据线和地址线的低 8 位是同一组线 AD0～AD7，应该直接与 80C51 单片微机的 P0 口连接。P2.6 为 8155 片选线，同时以 P2.5 的电平来选择 8155 中数据存储器或 I/O。
- 80C51 单片微机一般内部无 I^2C 总线，本图中用 P3.0 模拟 SDA 功能，用 P3.1 模拟 SCL 功能。
- ADC0809 的 A、B、C 三个引脚用于选模拟量输入通道，A 引脚为低，一般连至 A0。

地址译码与分配如下：

ADC0809 的模拟量输入通道 IN0～IN7 地址为：7FF8H～7FFFH(P2.7=0，P2.6=1，P2.5=1)。

8155 内部数据存储器共 256 个字节，地址为：9F00H～9FFFH(P2.7=1，P2.6=0，P2.5=0)。

8155 I/O 地址：命令状态口 BFF8H；PA 口 BFF9H；PB 口 BFFAH；PC 口 BFFBH；定时器低 8 位 BFFCH；定时器高 8 位 BFFDH(P2.7=1，P2.6=0，P2.5=1)。

24C01 地址为：写地址为 1010 000 0B；读地址为 1010 000 1B。

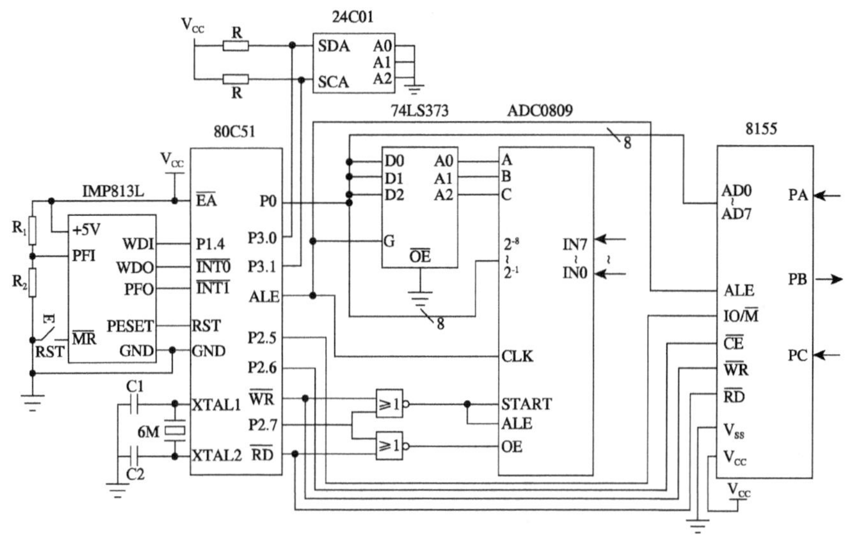

图卷 6-3　80C51 应用系统连接图

2. 源程序。

计算：由图卷 6-2 可知 fosc=6MHz，机器周期为 2μs。定时器/计数器 T1 设置为方式 2，为 8 位定时器，最长定时时间仅为 512μs。现设定时时间为 500μs，按题意定时时间应为 1s，则定时中断 2000 后才达到定时 1s。

计算：$(2^8-TC)\times 2\mu s=0.5ms=500\mu s$，TC=06H。

程序如下：

```
        ORG   0000H
        SJMP   MAIN
        ORG   001BH             ;定时器/计数器 T1 中断矢量
        AJMP   T1INT
        ORG   0030H
MAIN:MOV   TMOD,#20H ;设定时器/计数器 T1 为定时器、方式 2
```

```
        MOV   TL1,#06H       ;设定时 500μs 时间常数
        MOV   TH1,#06H
        SETB  ET1            ;允许 T1 中断
        SETB  EA             ;允许 CPU 中断
        SETB  TR1            ;启动 T1 定时
        MOV   R0,#200        ;500μs 计数 2000 次为 1s
        MOV   R1,#10
        SJMP  $              ;定时中断等待
        ;定时器/计数器 T1 中断服务子程序
T1INT:DJNZ  R0,OUT           ;1s 定时未到,返回
        MOV   R0,#200
        DJNZ  R1,OUT         ;
        MOV   R1,#10
        MOV   DPTR,#7FFFH
        MOVX  @DPTR,A        ;1s 定时到,启动 IN7 模拟量输入转换
        LCALL  D128μs        ;A/D 转换延时等待
        MOVX  A,@DPTR        ;读入 A/D 转换值
        MOV   27H,A          ;存入 A/D 转换值
OUT:RETI
D128μs:……                    ;A/D 转换软件延时子程序(略)
        RET
        END
```

3. 提高可靠性的措施有很多，一种有效措施为增加硬件看门狗 WDT，图卷 6-3 中的 IMP813L 是带有看门狗定时器的 μp 监控器件，当程序失控时间超过看门狗定时时间，则看门狗产生复位信号，重新进入正常运行。IMP813L 还能保证可靠地上电复位。

可以设置软件陷阱，在没有源程序的程序存储器空间全部填入无条件跳转指令，当程序非法进入该空间时，无条件跳出。

卷7　2006年“微机原理与应用”试题解析

一、填空题

1. 80C51单片微机的程序状态字PSW中，P为________标志位，F0为________标志位。

【答】80C51单片微机的程序状态字PSW中，P为<u>　奇偶　</u>标志位，F0为<u>　用户　</u>标志位。

2. 80C51单片微机中断优先级分为________级，内部中断源有________个。

【答】80C51单片微机中断优先级分为<u>　高低二　</u>级，内部中断源有<u>　三　</u>个

3. 应用查表法编程时，表的数据应存放在________存储器中。

【答】应用查表法编程时，表的数据应存放在<u>　程序　</u>存储器中。

4. 80C51的堆栈位于________存储器中，堆栈指示器SP中存放________。

【答】80C51的堆栈位于<u>　片内数据　</u>存储器，堆栈指示器SP中存放<u>　当前堆栈栈顶所指存储单元地址　</u>。

5. 80C51的A0～A7的锁存依靠80C51的________引脚对锁存器的控制而实现。

【答】80C51的A0～A7的锁存依靠80C51的<u>　ALE　</u>引脚对锁存器的控制而实现。

6. 80C51单片微机串行口设为方式3，其TXD引脚上发送的一帧波形如图卷7-1所示。

分析：串行口的波特率为________bit/s，发送数据为________H，可编程位TB8为________校验位。

图卷7-1　TXD引脚上发送的一帧波形

【答】串行口的波特率为<u>　4800　</u>bit/s，发送数据为<u>　AA　</u>H，可编程位TB8为<u>　奇　</u>校验位。

7. 80C51执行“MOVX　A，@DPTR”指令时，其控制引脚________输出低电

平，执行“MOVX　@DPTR，A”指令时，其控制引脚________输出低电平。

【答】80C51执行“MOVX　A，@DPTR”指令时，其控制引脚 $\overline{RD}$ 输出低电平，执行“MOVX　@DPTR，A”指令时，其控制引脚 $\overline{WR}$ 输出低电平。

8. 80C51的子程序返回指令是____________，中断返回指令是_____________。

【答】80C51的子程序返回指令是 RET ，中断返回指令是 RETI 。

9. 80C51的低功耗工作方式有____________和____________。

【答】80C51的低功耗工作方式有 待机方式 和 掉电保护方式 。

二、简答题

1. 80C51的片外程序存储器和片外数据存储器地址空间最大都为0000～FFFFH，如何区分？

【答】①片外程序存储器采用程序计数器PC寻址，控制信号为 $\overline{PSEN}$；

②片外数据存储器采用数据指针DPTR寻址，控制信号为 $\overline{WR}$ 或 $\overline{RD}$。

2. 80C51的定时器/计数器T0和T1可以有哪三种典型应用？

【答】①作定时器；

②作计数器；

③作串行口的波特率发生器。

3. 程序状态字PSW的标志位C和OV有哪几点异同？各举一例说明。

【答】①都是算术逻辑运算部件ALU运算结果的直接输出。

②对无符号数应用C标志位，判有否进位或借位；

③对于带符号数应用OV标志位，用于标志运算结果有否超出8位带符号数允许范围。

4. 监视定时器T3与T1有什么相似点和不同点？

【答】①都具有定时器功能；

②T1定时到可用软件查询或产生中断，T3定时到会使单片微机复位，避免死循环。

5. 简述如何在实验室完成实验任务，使用哪些资源？

【答】仿真软件由WAVE的编辑软件及MICETEK公司的EasyProbe8052F仿真软件组成，自编源程序在PC上进行编辑、编译以及将编译通过后所生成的后缀名为HEX的机器码文件，通过RS-232串行口下载给仿真器，仿真器采用MICETEK公司的EasyProbe8052F仿真器。在仿真器上完成实验的验证、修改和完成。

三、按题意编写程序

1. 编写求 $Y=X^3$ 的查表子程序，加上注释和伪指令。

已知操作数X在累加器A中，X^3 的值不大于16位，片内数据存储器20H中存入Y的高字节，21H中存入Y的低字节。

【答】

```
        ORG   2000H
CUB:MOV   DPTR,#TAB                     ;立方表首地址
        RL   A                           ;表内偏移×2
        MOV   R0,A                       ;保护 A
        MOVC   A,@A+DPTR                 ;查表得到立方数 Y 的高字节
        MOV   20H,A
        MOV   A,R0
        INC   DPTR
        MOVC   A,@A+DPTR                 ;查表得到立方数 Y 的低字节
        MOV   21H,A
        RET                              ;子程序返回
TAB:DW   0000,0001,0008,0027……         ;立方表 0³,1³,2³,3³…
        END
```

2. 已知 80C51 片外数据存储器从 1000H 开始存放有 100 个数，要搜索的关键字在片内数据存储器 20H 中。请编写源程序，若在数据存储器中搜索到关键字，则在片内数据存储器 21H 中记录关键字在数据区中的序号，若在数据区中没有搜索到关键字，则置 21H 内容为 0。试对源程序加上注释和伪指令。

【答】

```
        ORG   0000H
        MOV   DPTR,#1000H                ;设片外数据存储器数据区首址
        MOV   R1,#100                    ;设数据区长度
        MOV   20H,#KEY                   ;关键字送 20H 单元
        MOV   21H,#01                    ;关键字在数据区中的序号初始置 1
LP:MOVX   A,@DPTR                        ;取数
      CJNE   A,20H,LP1                   ;搜索关键字
HERE:SJMP   HERE                         ;找到关键字,结束
LP1:INC   21H                            ;序号加 1
        INC   DPTR                       ;数据区地址指针加 1
        DJNZ   R1,LP                     ;未搜索完,则继续
        MOV   21H,#00H                   ;未搜索到关键字,则 21H 单元置 0
        SJMP   HERE
```

四、已知片外数据存储器从 1000H 单元起依次存放 21H，AAH，22H，00H，ABH，AAH，AAH，DFH，8FH，3EH 等数。

完成：1. 注释程序，说明该程序执行什么功能。

2. 写出程序执行结果。

```
        ORG   0000H
```

```
       MOV   SP,#30H                ;
       MOV   DPTR,#1000H            ;
       CLR   A                      ;
       MOV   50H,A
       MOV   51H,A
       MOV   52H,A
       MOV   R0,#10                 ;
   LP:MOVX   A,@DPTR                ;
      CJNE   A,#0AAH,NEQ
      INC    50H                    ;
   NEXT:INC  DPTR
         DJNZ  R0,LP                ;
         SJMP  $
   NEQ:JC   SW
        INC   51H                   ;
        SJMP  NEXT
   SW:INC   52H                     ;
       SJMP  NEXT
```

【答】1. 加注释:

```
       ORG   0000H
       MOV   SP,#30H                ;设堆栈指示器初值
       MOV   DPTR,#1000H            ;设外部数据存储器首地址
       CLR   A                      ;设统计结果单元初始值为0
       MOV   50H,A
       MOV   51H,A
       MOV   52H,A
       MOV   R0,#10                 ;8位无符号数长度
   LP:MOVX   A,@DPTR                ;取数
      CJNE   A,#0AAH,NEQ
      INC    50H                    ;等于AAH,50H计数单元加1
   NEXT:INC  DPTR
         DJNZ  R0,LP                ;未搜索完,则继续
         SJMP  $
   NEQ:JC   SW
        INC   51H                   ;大于AAH,51H计数单元加1
        SJMP  NEXT
   SW:INC   52H                     ;小于AAH,52H计数单元加1
       SJMP  NEXT
```

对 10 个无符号数中等于 AAH、大于 AAH 和小于 AAH 的数进行统计。

2. 程序执行结果：(50H)=3，(51H)=2，(52H)=5

五、某 80C51 单片微机定时输出系统，编写每隔 1s(要求采用定时器/计数器 T0 的方式 1、定时中断)从 P1 口输出一个状态字节(在内部 20H 中)的源程序。注释程序，加上必要的伪指令。已知单片微机晶振为 6MHz。

此题测考内容主要包括：

①片内 I/O 编程；

②片内定时器/计数器的应用编程；

③中断应用编程等。

【答】机器周期为 2μs。定时方式 1 为 16 位计数。

计算：$(2^{16}-TC)\times 2\mu s = 100ms = 100000\mu s$，$TC = 65536 - 50000 = 15536 = 3CB0H$。

```
        ORG   0000H
        AJMP  MAIN
        ORG   000BH               ;定时器/计数器 T0 中断矢量
        AJMP  T0INT
        ORG   0030H
MAIN:   MOV   TMOD,#01H           ;设定时器/计数器 T0 为定时器、方式 1
        MOV   TH0,#3CH            ;设 T0 时间常数,定时 100ms
        MOV   TL0,#0B0H
        SETB  TR0                 ;启动定时器 T0
        SETB  ET0                 ;允许 T0 中断
        SETB  EA                  ;CPU 允许中断
        MOV   R0,#10              ;设定时 1s 的计数器,10×0.1s=1s
        SJMP  $                   ;等待定时器 T0 中断
;定时器 T0 中断服务子程序
T0INT:  MOV   TH0,#3CH            ;重设时间常数
        MOV   TL0,#0B0H
        DJNZ  R0,OUT1             ;1s 定时未到,跳出
        MOV   R0,#10              ;重设定时 1s 的计数器,
        MOV   A,20H               ;从 P1 口输出一个状态字节
        MOV   P1,A
OUT1:   RETI
        END
```

卷 8　2006 年“微机接口”试题解析

一、简答题

1. 80C51 单片微机的基本扩展方法有哪两种？

【答】①并行扩展法，利用单片微机本身具备的三组总线（即地址总线 AB、数据总线 DB 和控制总线 CB）进行系统扩展；

②串行扩展法，串行扩展法是近几年得到迅速发展的系统扩展方法，所有信息的交互都采用串行传送方法，结构简单、功耗低。利用单片微机本身具备的串行总线(如 I^2C 总线和 SPI 总线)或虚拟串行总线进行系统扩展。

2. 80C51 单片微机的基本显示方法有哪两种？

【答】基本显示方法有 LED 和 LCD 两种。

LED 有静态和动态两种显示方法。

LCD 可采用 LCD 模块，先采用指令来确定 LCD 的工作方法，再用显示指令在 LCD 指定位置显示相应字符。

3. 80C51 单片微机矩阵式键盘的基本编程方法？

【答】矩阵式键盘中的按键设置在行、列线交点上，行、列线分别连接到按键开关的两端。行线通过上拉电阻接到＋5V 上，无键按下时，行线电平为高电平。

当有按键按下时，行线电平状态将由与此行线相连的列线电平决定。这一点是识别矩阵键盘按键是否被按下的关键所在。采用扫描法或线反转法识别有否键被按下。

采用软件编码方式确认被按下的是哪一个具体按键(数字键还是功能键)。

程序散转，执行该键功能。

4. 简述如何在实验室完成单片微机的通信，使用哪些基本通信协议？

【答】采用两台单片微机，其串行通信线 TXD 和 RXD 交叉连接，构成双机通信。

基本通信协议：两台单片微机的串行口设置应设为一样，如串行波特率、串行口工作方式，数据传送时的差错校验方式等。

5. 简述一个远程数据采集系统的基本结构。

【答】主要应包括两大部分：

- 数据采集：在现场通过传感器等将被采集对象的信息转换成模拟量等，再通过 A/D 转换后送入单片微机保存、处理等。
- 远程传输：通过远程通信传输介质(如移动的 GSM 无线通信网)进行传输。

二、可编程并行 I/O 芯片 8255A 的扩展。

1. 在图卷 8-1(a)上直接连接 8255A 与 80C51。

2. 写出 8255A 的端口地址。

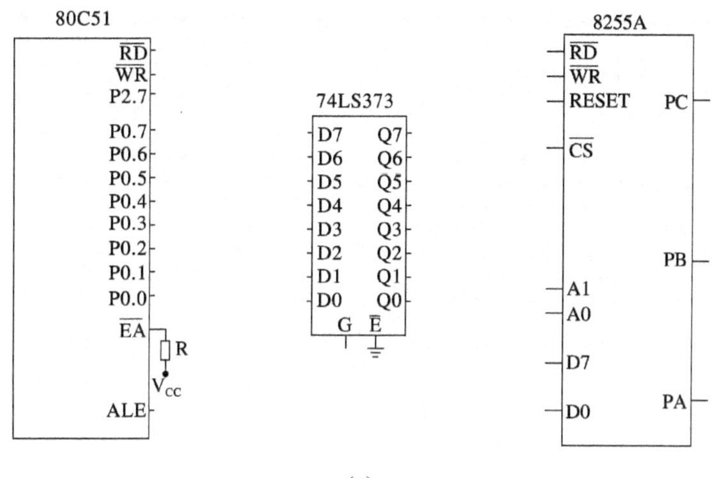

(a)

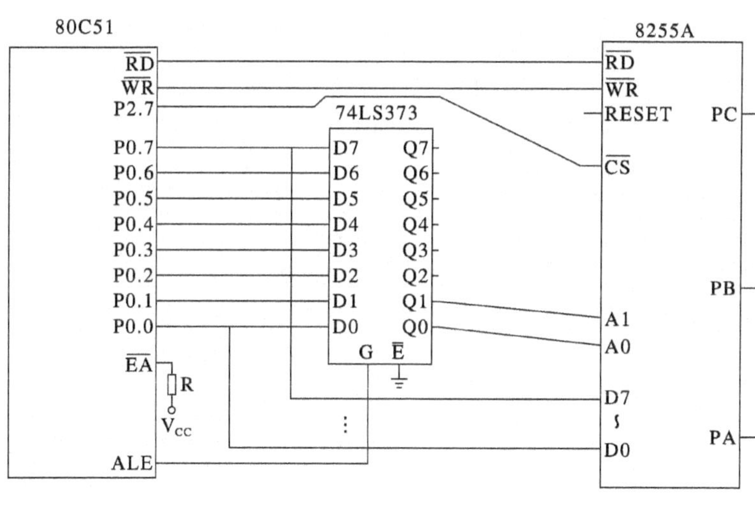

(b)

图卷 8-1　8255A 与 80C51 连接示意图

【答】1. 8255A 与 80C51 连接示意图见图卷 8-1(b)。

2. 地址为：PA—7FFCH，PB—7FFDH，PC—7FFEH，控制口—7FFFH。

三、利用并行 D/A 芯片 DAC0832 编程产生图卷 8-2 波形，DAC0832 采用单缓冲方式，其地址为 E000H。对源程序加以注释和加上伪指令。

此题测考内容主要包括：

①并行 D/A 转换接口 DAC0832 的扩展、地址译码；

②并行 D/A 转换接口 DAC0832 的应用编程—数字量与转换后的模拟量之间的对应关系。

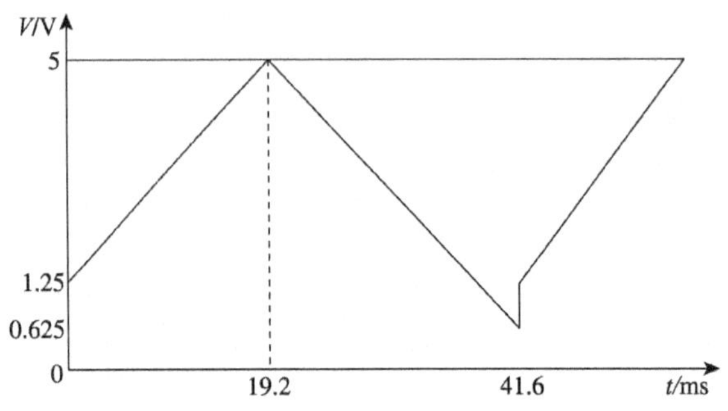

图卷 8-2　DAC0832 输出波形图

【答】

```
          ORG   0000H
MAIN:MOV   SP,#40H                    ;设堆栈指示器初始值
          MOV   DPTR,#0E000H          ;选中 DAC0832(单缓冲方式)
DA1:MOV   R4,#40H                     ;输出第 1 点电压(约 1.25V)
DA2:MOV   A,R4
     MOVX  @DPTR,A
     LCALL  D0.1ms                    ;输出保持 0.1ms
     INC   R4                         ;输出增量
     CJNE  R4,#00H,DA2                ;判是否到达输出波形的波顶,未到则循环
DA3:DEC   R4                          ;已到波顶,则输出减量
     MOV   A,R4
     MOVX  @DPTR,A
     LCALL  D0.1ms                    ;输出保持 0.1ms
     CJNE  R4,#20H,DA3                ;判是否到达输出波形的波谷,未到则循环
     AJMP  DA1                        ;循环产生不等边三角波
D0.1ms:……                             ;延时 0.1ms 子程序(略)
          RET
          END
```

四、某单片微机系统扩展了一片并行 A/D 芯片 ADC0809 和 16KB 并行数据存储器，请编写对 ADC0809 IN4 模入通道进行 A/D 转换的源程序。要求采用 A/D 转换结束引起中断，在中断服务程序中把采样转换值依次存入外扩并行数据存储器首地址开始的单元，采样 100 次后停止 A/D 转换。

1. 在图卷 8-3(a)上连接各芯片，要求 P2.6＝0 时片选 ADC0809，P2.7＝0 时片选数据存储器。

2. 写出 ADC0809 的 IN0～IN7 通道地址和数据存储器地址范围。

3. 编写并注释程序，加上必要的伪指令。

此题测考内容主要包括：

①并行 A/D 转换接口 ADC0809 的扩展、地址译码及应用编程；

②并行数据存储器的扩展及地址译码；

③中断应用编程(A/D 转换结束引起中断)等。

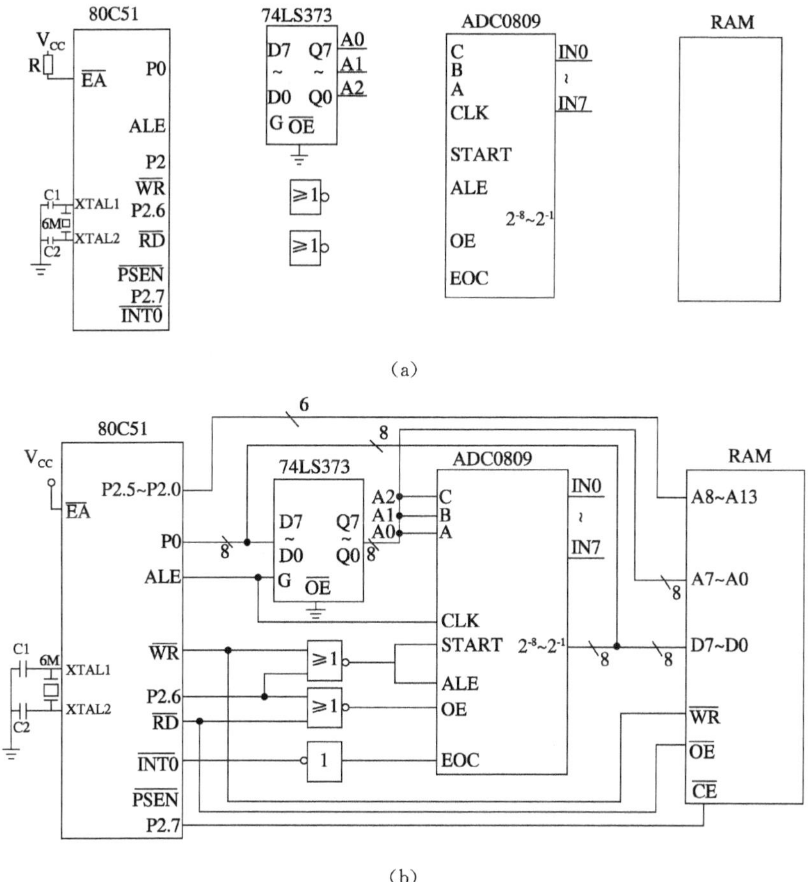

图卷 8-3　80C51 应用系统扩展连接图

【答】1. 80C51 应用系统连接图如图卷 8-3(b)所示。

由于时序匹配问题，ADC0809 的 EOC 输出应该经过反相后，作为 80C51 的外部中断 0 的输入。图上应增加一个反相器。

2. ADC0809 的模拟量输入通道 IN0～IN7 地址：BFF8H～BFFFH(P2.7＝1，P2.6＝0)。

片外数据存储器地址范围：4000H～7FFFH(P2.7＝0，P2.6＝1)共 16KB。

3.

```
        ORG   0000H
        AJMP  MAIN
        ORG   0003H                 ；外部中断 0 的中断矢量(反映 A/D 转换结束)
        AJMP  ADINT
        ORG   0030H
MAIN:   SETB  EA                    ;允许 CPU 中断
        SETB  EX0                   ;允许外部中断 0 中断
        SETB  IT0                   ;置外部中断 0 为边沿触发方式
        MOV   DPTR,#4000H           ;外扩并行数据存储器首地址
        MOV   R1,DPL                ;保护外扩并行数据存储器首地址
        MOV   R2,DPH
        MOV   R0,#100               ;采样 100 次
LOOP:   CLR   F0                    ;清中断发生标志
        MOV   DPTR,#0BFFCH          ;ADC0809 IN4 地址
        MOVX  @DPTR,A               ;启动 A/D
        JNB   F0,$                  ;A/D 转换结束中断等待
        DJNZ  R0,LOOP               ;循环采样 100 次
        SJMP  $
;A/D 转换结束中断服务子程序
ADINT:  MOVX  A,@DPTR               ;读入 A/D 转换值
        MOV   DPL,R1                ;恢复外扩并行数据存储器地址
        MOV   DPH,R2
        MOVX  @DPTR,A               ;A/D 转换值存入外扩并行数据存储器
        INC   DPTR                  ;指向外扩并行数据存储器下一地址
        MOV   R1,DPL                ;保护外扩并行数据存储器地址
        MOV   R2,DPH
        SETB  F0                    ;置中断发生标志
        RETI
```

注意：片外数据存储器和片外 I/O(ADC0809)的地址指针都采用 DPTR，要注意两者指针 DPTR 的保护和恢复。

五、试设计一个采集并数字显示温度的单片微机系统，已知温度变化范围为－40～＋125℃。

1. 设计并画出硬件原理框图，说明设计思想。

2. 画出软件编程流程框图。

此题测考内容主要包括：

①并行 A/D 转换接口 ADC0809 的扩展、地址译码及应用；

②LCD 的扩展及应用；

③片内定时器/计数器的应用；

④中断应用等。

【答】1. 设计思想：

①采用温度传感器把温度值转换为模拟量。

②采用片内定时器，定时产生中断。

③中断服务程序中采集温度，模拟量经 A/D 转换器转换为数字量进入单片微机。

④单片微机将温度采样后的数字量经标度变换后送入 LCD 显示。

采集并数字显示温度的单片微机系统示意图如图卷 8-4 所示。

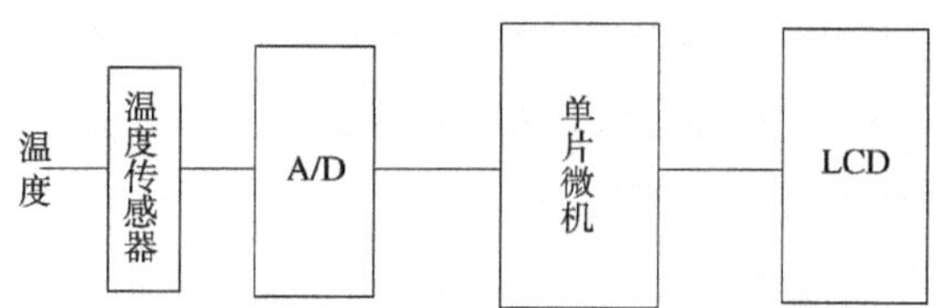

图卷 8-4　采集并数字显示温度的单片微机系统示意图

2. 软件编程流程框图如图卷 8-5 所示。

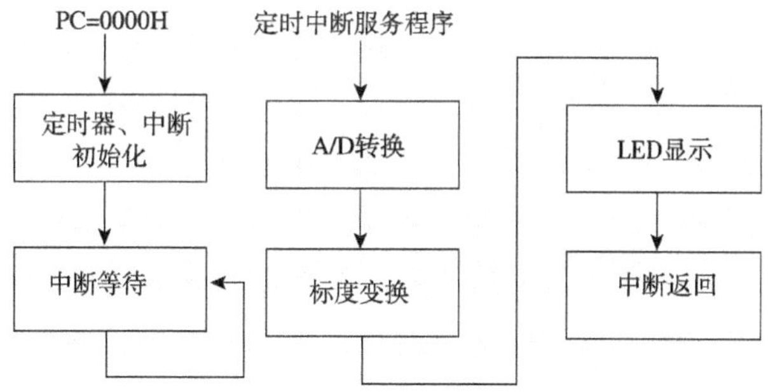

图卷 8-5　系统软件编程流程框图

卷9　2007年“微机原理与应用”试题解析

一、填空题

1. 80C51的低功耗工作方式有＿＿＿＿＿＿和＿＿＿＿＿＿。

【答】80C51的低功耗工作方式有＿待机方式＿和＿掉电保护方式＿。

2. 80C51单片微机的外部中断源有＿＿＿个，内部中断源有＿＿＿个。

【答】80C51单片微机的外部中断源有＿2＿个，内部中断源有＿3＿个。

3. 80C51单片微机的程序存储器用于存放＿＿＿＿＿＿＿＿，用MOVX指令访问的是＿＿＿＿＿＿＿＿。

【答】80C51单片微机的程序存储器用于存放＿应用程序和表格常数＿，用MOVX指令访问的是＿外部数据存储器或I/O＿。

4. 80C51的堆栈位于＿＿＿＿＿＿存储器中，针对堆栈的传送指令有＿＿＿＿＿＿和＿＿＿＿＿。

【答】80C51的堆栈位于＿内部数据＿存储器中，针对堆栈的传送指令有＿进栈PUSH＿和＿出栈POP＿。

5. 80C51子程序返回指令是＿＿＿＿，中断返回指令是＿＿＿＿。

【答】80C51子程序返回指令是＿RET＿，中断返回指令是＿RETI＿。

6. 80C51单片微机的程序状态字PSW中，C为＿＿＿标志位。OV为＿＿＿标志位。

【答】80C51单片微机的程序状态字PSW中，C为＿进位＿标志位。OV为＿溢出＿标志位。

7. 80C51单片微机的工作寄存器有＿＿＿组，每组＿＿＿个。

【答】80C51单片微机的工作寄存器有＿4＿组，每组＿8＿个。

8. 80C51单片微机的ALE引脚的主要功能是＿＿＿＿＿＿和＿＿＿＿＿＿。

【答】80C51单片微机的ALE引脚的主要功能是＿锁存地址低8位A0～A7＿和＿输出时钟＿。

二、简答题

1. 80C51片内数据存储器的低128字节可以分为哪4个区域？

【答】共分为如下4个区域：

①工作寄存器区：共4组寄存器，每组占8个存储单元，各组以R0～R7作为单

元编号。占用00H～1FH共32个存储单元地址。

②位寻址区：20H～2FH，既可作为一般数据存储器单元使用，按字节进行操作；也可以对单元中的每一位进行位操作。共计128位，位地址为00H～7FH。

③堆栈区：设置在用户数据存储器区内。

④用户数据存储器区：在内部数据存储器低128存储单元中，除去前面3个区所占用的存储单元，剩下的所有单元为用户数据存储器。

2. 简述80C51单片微机中布尔(位)处理器的特点。

【答】80C51单片微机中布尔(位)处理器是一个完整的一位微机，它具有自己的CPU、寄存器、存储器、I/O和指令集。能简化编程、增强实时性，还可实现复杂的组合逻辑处理功能。

3. 简述伪指令的功能，并举两条伪指令说明。

【答】伪指令又称汇编程序控制译码指令。“伪”体现在汇编时不产生机器指令代码，不影响程序的执行，仅指明在汇编时执行一些特殊的操作。

END汇编结束伪指令，用以通知汇编程序，该程序段汇编至此结束。

BIT位定义伪指令，给字符名称赋予位地址。

4. 监视定时器T3在单片微机应用系统中有什么功能?

【答】在一个设定的监视时间间隔内，假如用户程序没有重装T3的时间常数，T3监视电路将产生一个系统复位信号，强迫单片微机退出“死循环”或“非程序区”，重新“冷启动”或“热启动”，使之从硬件或软件故障中解脱出来。

5. 简述如何完成实验任务，使用了哪些资源?

【答】如交通灯智能控制系统，使用单片微机的定时器控制交通灯显示时间，用I/O控制交通灯的亮和灭。

调试应用了仿真器和自制实验板。

三、按题意编写程序，加上伪指令并对源程序加以注释。

1. 80C51单片微机串行口设为方式1，其TXD引脚上发送的一帧波形如图卷9-1所示。发送数据为7位ASCII码加奇校验位。

①补充程序，软件加奇校验位实现波形的重复发送(查询方式)。

②写出所发送的ASCII码值。

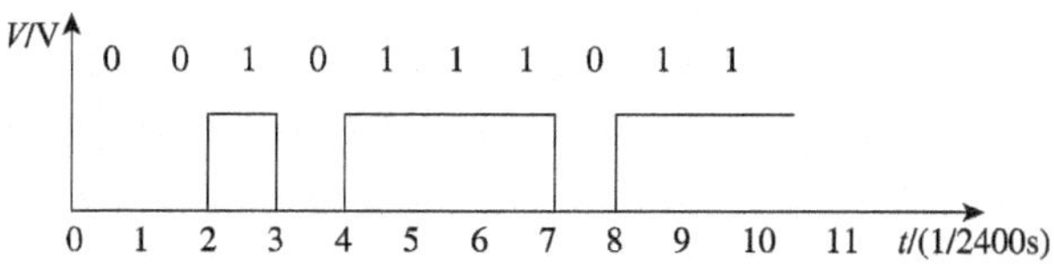

图卷9-1　TXD引脚上发送的的一帧波形

```
ORG  0000H
MOV  TMOD,#20H          ;设定时器/计数器 T1 为定时器、方式 2
MOV  TL1,#0FAH          ;置串行口波特率为 2400
MOV  TH1,#0FAH
MOV  PCON,#00H          ;波特率不倍增
MOV  SCON,#40H          ;设串行口方式 1
……
```

此题测考内容主要包括：

①80C51 串行口的工作原理及应用编程；

②串行口波特率概念；

③通信可靠性–通信数据的差错检测之一即奇偶校验的应用等。

【答】①补充程序，软件加奇校验位实现波形的重复发送(查询方式)

```
      ORG  0000H
      MOV  TMOD,#20H          ;设定时器/计数器 T1 为定时器、方式 2
      MOV  TL1,#0FAH          ;置串行口波特率为 2400
      MOV  TH1,#0FAH
      MOV  PCON,#00H          ;波特率不倍增
      MOV  SCON,#40H          ;设串行口方式 1
LOOP: MOV  A,#00111010B       ;发送 ASCII 码
      MOV  C,P                ;产生奇校验位
      CPL  C                  ;C 变反
      MOV  ACC.7,C            ;奇校验位送 ACC.7
      MOV  SBUF,A             ;发送数据 10111010B(最高位被置为奇校验位)
      JNB  TI,$
      CLR  TI
      LJMP LOOP…
```

②发送的 ASCII 码值为 3AH。

2. 已知 80C51 从片外数据存储器 2000H 开始存放 32 个采样值，设定值在内部数据存储器 10H 中。试编写程序，统计采样值中大于设定值的个数并存入片内数据存储器 20H 中。对源程序加上注释和伪指令。

【答】

```
    ORG  0000H
    MOV  DPTR,#2000H        ;设片外数据存储器数据区首址
    MOV  R1,#32             ;设数据区长度
    MOV  20H,#00            ;采样值大于设定值的个数初始统计值置 0
LP: MOVX A,@DPTR            ;取采样值
    CJNE A,10H,LP1          ;采样值与设定值比较
LP0:INC  DPTR               ;采样值≥设定值,数据区地址指针加 1
```

```
    DJNZ  R1,LP                        ;未统计结束,则继续
HERE:SJMP  HERE
LP1:JC  LP0                            ;采样值<设定值,则继续统计
    INC  20H                           ;采样值>设定值,则 20H 单元加 1
    SJMP  LP0
    END
```

四、读程序并回答问题，直接在源程序“;”右侧加以注释。

1. 说明该程序执行什么功能。

2. 写出子程序入口条件和出口功能，并加上注释。

```
ORG  1000H
CMP:MOV  20H,#KEY                ;
      MOV  21H,#01               ;
LP:MOVX  A,@DPTR                 ;
   CJNE  A,20H,LP1               ;
   SJMP  LPEND                   ;
LP1:INC  21H                     ;
    INC  DPTR                    ;
    DJNZ  R1,LP                  ;
    MOV  21H,#00H                ;
LPEND:RET
       END
```

【答】1. 子程序—搜索关键字并记录关键字在数据区中的序号。

2. 入口条件：DPTR 装入搜索片外数据存储器数据区首址，R1 装入搜索数据区长度。

出口：关键字序号在 21H 中，未搜索到关键字，则 21H 单元置 0。

```
    ORG  1000H
CMP:MOV  20H,#KEY                ;关键字送 20H 单元
      MOV  21H,#01               ;序号初始值置 1
LP:MOVX  A,@DPTR                 ;取数
   CJNE  A,20H,LP1               ;数与关键字比较
   SJMP  LPEND                   ;找到关键字,子程序返回
LP1:INC  21H                     ;序号加 1
    INC  DPTR                    ;数据区地址指针加 1
    DJNZ  R1,LP                  ;未搜索结束,则继续
    MOV  21H,#00H                ;未搜索到关键字,则 21H 单元置 0
LPEND:RET                        ;子程序返回
       END
```

五、某 80C51 单片微机故障中断系统，下跳变故障信号从 T0 引脚输入。

1. 编写程序，实现每发生一次故障即产生中断(要求采用定时器/计数器 T0 的方式 2)，在中断服务程序中记录中断次数并存入内部数据存储器的 10H 中(不考虑 10H 的溢出)。

2. 注释程序，加上必要的伪指令。

此题测考内容主要包括：

①片内计数器的应用(作外部中断源的扩展)编程；

②中断应用编程等。

【答】

```
          ORG   0000H
          AJMP  MAIN
          ORG   000BH              ;T0 中断矢量(作外部中断源中断矢量)
          AJMP  INT0
          ORG   0030H
    MAIN:MOV   TMOD,#06H          ;设 T0 为计数器、工作方式 2
          MOV   TL0,#0FFH          ;设计数常数为最大值
          MOV   TH0,#0FFH
          SETB  TR0                ;启动 T0
          SETB  ET0                ;允许 T0 溢出中断
          SETB  EA                 ;允许 CPU 中断
          MOV   10H,#00H           ;故障记数单元清 0
          SJMP  $                  ;计数中断等待
    INT0:INC   10H                 ;故障记数加 1
         RETI                      ;中断返回
         END
```

注意：计数器 T0 的计数常数设为最大值 FFH，T0 引脚上通过一个负跳变即产生计数器溢出中断，实现了外部中断源的扩展。

卷10　2007年“微机接口”试题解析

一、简答题

1. 单片微机外扩存储器有哪几种？

【答】单片微机外扩有程序存储器和外扩数据存储器，数据存储器有并行和串行的数据存储器。

2. 单片微机应用系统可靠性设计定义中有哪三个“规定”？

【答】①规定条件；②规定时间；③规定功能。

3. I^2C 总线串行 I/O 接口芯片 PCF8574 的地址如何确定？举例说明。

【答】PCF8574 地址由三部分组成，即 0100、A2A1A0、R/W。0100 为出厂设备类别标志；A2、A1、A0 为芯片地址引脚，分别接至高电平或低电位；R/W 为读/写控制位。如 A2、A1、A0 引脚都接地，则 PCF8574 的写地址为 40H，读地址为 41H。

4. 某单片微机系统的键盘由 8 个按键构成，若分别采用独立式键盘和矩阵式键盘，各需单片微机多少 I/O 引脚资源？

【答】独立式键盘需 8 根输入脚。

矩阵式键盘若采用 2×4 键盘，则需 2 根输入脚(行)和 4 根输出脚(列)。

5. 常用的 I/O 编址方式有哪两种？

【答】I/O 编址方式有独立式编址和统一编址方式。

6. 远程数据采集系统的基本结构。

【答】远程数据采集系统的基本结构为二级或三级。第一级为现场采集对象数据，第二级采集数据的集中和通信，第三级通过远程通信信道把数据传送到管理层。

或者把第二级和第三级合为一级。

二、可编程并行 I/O 芯片 8255A 的扩展。

1. 按 2. 要求，直接在图卷 10-1 上连接 8255A 与 80C51，写出 8255A 的端口地址。

2. 补充编写程序段，实现从 C 口输入，从 A 口、B 口输出并加注释。

```
MOV   A,#89H              ;设A口、B口为方式0,C口输入、从A口和B口输出
MOV   DPTR,#0BFFFH
MOVX  @DPTR,A
```

【答】1. 由 2. 程序段可知，8255A 的控制寄存器地址为 BFFFH，则 8255A 的片选端$\overline{CS}$应与地址线 P2.6 相连，8255A 的 A0 和 A1 分别与锁存器 74LS373 输出的 A0 和 A1 相连。扩展示意图如图卷 10-1(b)。

8255A 的地址分别为：PA—BFFCH，PB—BFFDH，PC—BFFEH，控制口—BFFFH。

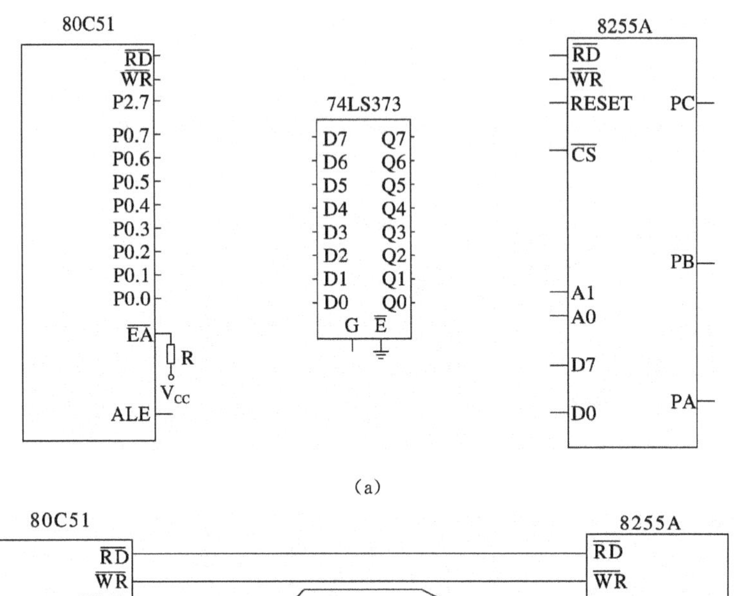

(a)

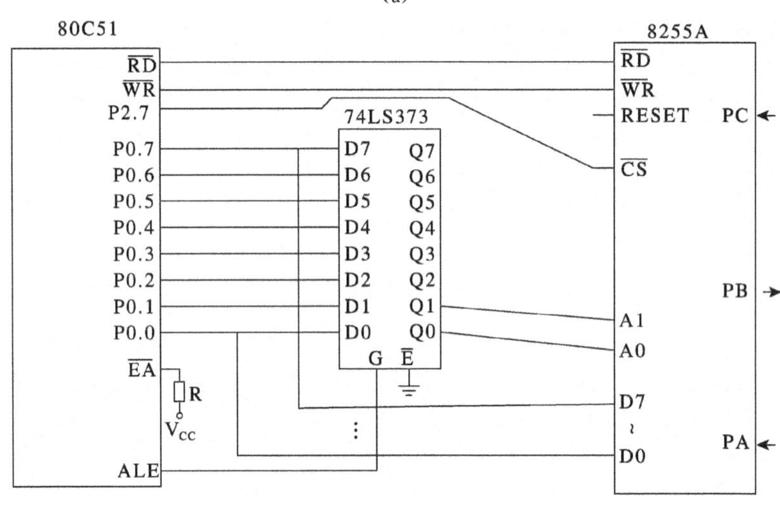

(b)

图卷 10-1　8255A 的扩展示意图

2.

```
MOV   A,#89H           ;设 A 口、B 口为方式 0,C 口输入、从 A 口和 B 口输出
MOV   DPTR,#0BFFFH
MOVX  @DPTR,A
```

```
MOV   DPTR,#0BFFEH        ;从 C 口输入
MOVX   A,@DPTR
MOV   DPTR,#0BFFCH        ;从 A 口输出
MOVX   @DPTR,A
INC   DPTR                ;从 B 口输出
MOVX   @DPTR,A
```

三、并行 D/A 芯片 DAC0832 的输出波形如图卷 10-2 所示。

1. 编程产生图卷 10-2 波形，已知 DAC0832 为单缓冲方式，其地址为 DFFFH。
2. 直接在图卷 10-2 的横坐标上标上两个时间值。对源程序加以注释和加上伪指令。

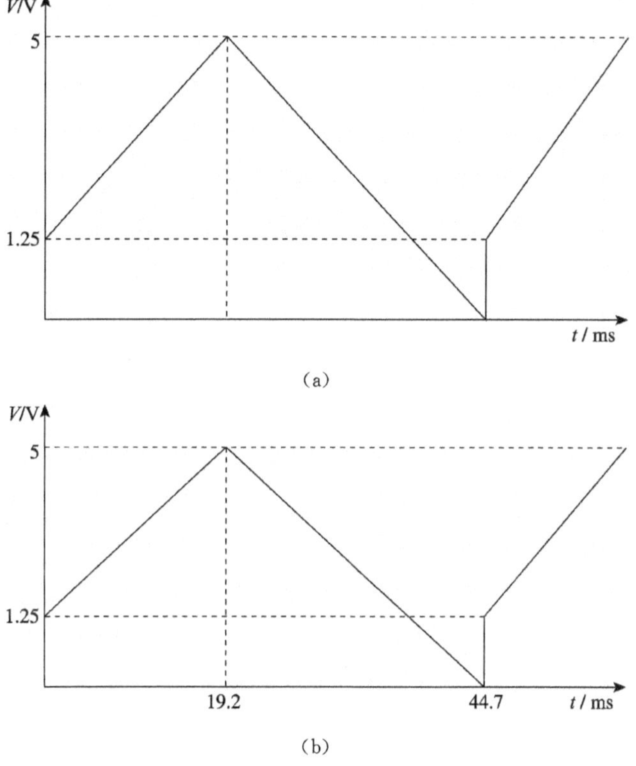

图卷 10-2　DAC0832 芯片输出波形图(标上两个时间值)

注意：每拍延时 0.1ms(可调用子程序)。

此题测考内容主要包括：

①并行 D/A 转换接口 DAC0832 的扩展、地址译码。

②DAC0832 应用编程-波形的产生。

【答】1.

```
        ORG   0000H
MAIN:MOV   SP,#40H
        MOV   DPTR,#0DFFFH       ;选中DAC0832(单缓冲方式)
DA1:MOV   R4,#40H                ;输出第1点电压(约1.25V)
DA2:MOV   A,R4
      MOVX   @DPTR,A
      LCALL   D0.1ms             ;输出保持0.1ms
      INC   R4                   ;输出增量
      CJNE   R4,#00H,DA2         ;判是否到达输出波形的波顶,未到则循环
      MOV   R4,#0FFH
DA3:DEC   R4                     ;已到波顶,则输出减量
      MOV   A,R4
      MOVX   @DPTR,A
      LCALL   D0.1ms             ;输出保持0.1ms
      CJNE   R4,#00H,DA3         ;判是否到达输出波形的波谷,未到则循环
      AJMP   DA1                 ;循环产生不等边三角波
D0.1ms:…                         ;延时0.1ms子程序(略)
        RET
        END
```

2. 第一点时间：(256－64)×0.1ms＝19.2ms

第二点时间：19.2ms＋25.5ms＝44.7ms

四、某单片微机系统扩展了一片ADC0809和32KB并行数据存储器。

1. 直接在图卷10-3(a)上连上各芯片，要求P2.7＝0时片选ADC0809，P2.7＝1时片选并行数据存储器。

2. 写出ADC0809的IN0～IN7通道地址和片外数据存储器地址范围。

3. 编写对ADC0809 IN1模入通道进行A/D转换的源程序，把采样转换值依次存入并行数据存储器首地址开始的单元。要求对采样转换值进行数字滤波，即连续采样三次(假设和不大于255)取平均值作为一次采样值存入，采样100次后停止A/D转换。

4. 注释程序，加上必要的伪指令。

此题测考内容主要包括：

①并行A/D转换接口ADC0809的扩展、地址译码及应用编程；

②并行数据存储器的扩展及地址译码；

③数字滤波的应用编程。

【答】1. 80C51应用系统连接图如图卷10-3(b)所示。图上应增加一个反相器。

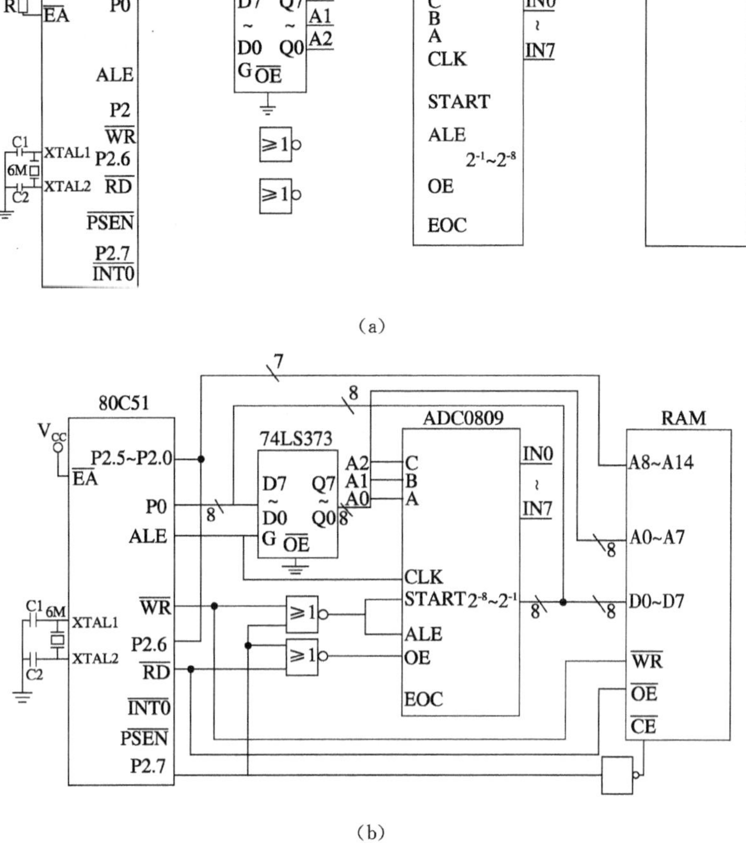

图卷 10-3　80C51 应用系统连接图

2. ADC0809 的模拟量输入通道 IN0～IN7 地址：7FF8H～7FFFH(P2.7=0)。片外数据存储器地址范围：8000H～FFFFH(P2.7=1，反相为 0)共 32KB。

3.

```
        ORG   0000H
        AJMP   MAIN
        ORG   0030H
  MAIN:MOV   DPTR,#8000H          ;外扩并行数据存储器首地址
        MOV   R1,DPL               ;保护外扩并行数据存储器首地址
        MOV   R2,DPH
        MOV   R0,#100              ;采样 100 次
  LOOP:ACALL   ADC                 ;调用数字滤波采样子程序
        MOV   DPL,R1               ;恢复外扩并行数据存储器地址
```

```
        MOV   DPH,R2
        MOVX   @DPTR,A               ;A/D 转换值存入外扩并行数据存储器
        INC   DPTR                   ;指向外扩并行数据存储器下一地址
        MOV   R1,DPL                 ;保护外扩并行数据存储器地址
        MOV   R2,DPH
        DJNZ   R0,LOOP               ;采样 100 次
        SJMP   $
ADC:MOV   R7,#03H                    ;采样 3 次后数字滤波
      MOV   20H,#00H                 ;采样累加单元初始值设为 0
ADC1:MOV   DPTR,#7FF9H               ;指向 ADC0809 IN1 地址
        MOVX   @DPTR,A               ;启动 A/D 转换
        ACALL   D128μS               ;软件延时等待 A/D 转换结束
        MOVX   A,@DPTR               ;读入 A/D 转换值
        ADD   A,20H                  ;采样 3 次并累加
        MOV   20H,A
        DJNZ   R7,ADC1
        MOV   A,20H
        MOV   B,#03H                 ;数字滤波,取采样平均值
        DIV   AB
        RET
D128μs:……                            ;延时 128mS 子程序(略)
         RET
```

五、设计一个检测并在 LCD 上显示电动机转速的单片微机系统，已知电动机转速变化范围为 0～1250r/min。

1. 设计并直接在图卷 10-4(a)上画出硬件原理框图，说明设计思想。

2. 画出软件流程框图。

此题测考内容主要包括：

①串行 I^2C 总线数据存储器的扩展及地址译码；

②并行 A/D 转换接口 ADC0809 的扩展、地址译码及应用编程；

③LCD 的扩展及应用；

④数字滤波概念；

⑤标度变换概念；

⑥测速传感器概念。

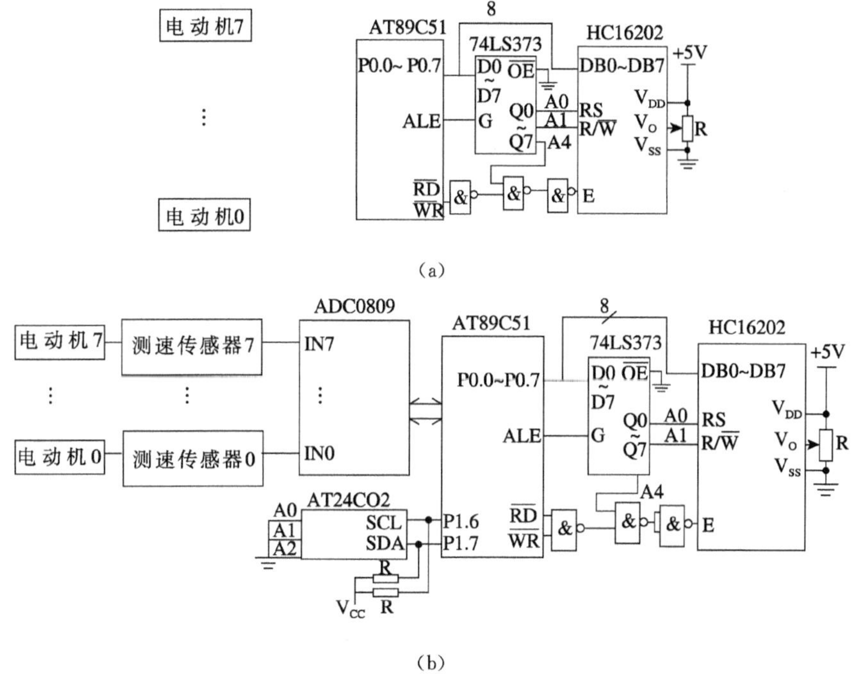

(a)

(b)

图卷 10-4　电动机测速用单片微机系统

【答】1. 设计思想：

①每个电动机轴上安装一个测速传感器：输出 0～5V 模拟量，如采用测速发电机。

②并行 8 通道 A/D：把 8 个电动机转速值转换为数字量存入单片微机(或串行 8 通道 A/D 以串行方式与单片微机相连)。

③单片微机通过标度转换把采样值转为 0～1250r/min。

④在 LCD 上显示电动机转速。LCD 显示 4 位转速(0000～9999)r/min。

电动机测速用单片微机系统如图卷 10-4(b)所示。

2. 软件流程框图如图卷 10-5 所示。

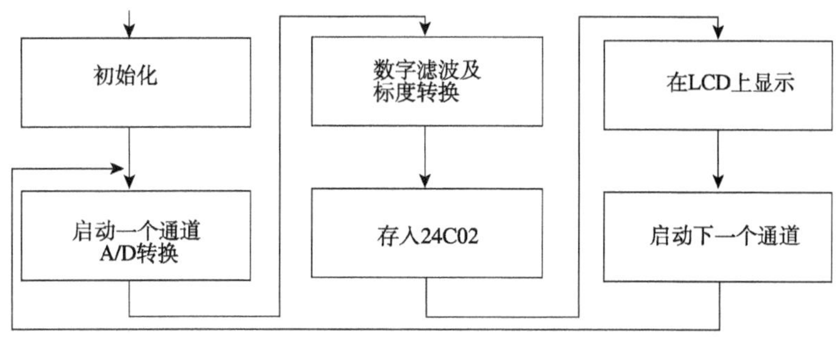

图卷 10-5　软件流程框图

卷11　2008年“微机原理与应用”试题解析

一、填空题

1. 80C51单片微机中断优先级分为________级，外部中断源有__________个。

【答】80C51单片微机中断优先级分为__2__级，外部中断源有__2__个。

2. 80C51应用系统的两种主要扩展方式即____________和________。

【答】80C51应用系统的两种主要扩展方式即__并行扩展__和__串行扩展__。

3. 若串行口发送数据为8位，另加奇校验位，若采用方式2，当波特率为9600bit/s时，每分钟可传送________字节。

【答】若串行口发送数据为8位，另加奇校验位，若采用方式2，当波特率为9600bit/s时，每分钟可传送__52363.636__字节。

注意：80C51单片微机串行口为方式2时，发送数据每帧为11位。波特率为9600bit/s时，即每秒发送9600位、每分钟可传送字节＝（9600×60）÷11＝52363.6B。

4. DAC0832芯片为单缓冲方式，执行“MOVX @DPTR，A”指令时，80C51控制引脚________输出低电平。

【答】DAC0832芯片为单缓冲方式，执行“MOVX @DPTR，A”指令时，80C51控制引脚__$\overline{WR}$__输出低电平。

5. 80C51的ALE引脚主要用______________________________和______________________________。

答：80C51的ALE引脚主要用__作P0即AD0～AD7的地址/数据的分离锁存信号__和__以1/6fosc频率输出、用作时钟或定时脉冲输出__。

6. 80C51复位操作后，PC=______________，SP=______________。

【答】80C51复位操作后，PC=__0000H__，SP=__07H__。

二、简答题

1. 单片微机应用系统如何实现人-机对话？举例加以说明。

【答】键盘可用于设置参数、传达命令。

显示器可用于显示系统的各种参数和状态。

2. 本课程中你接触到哪些有利提高可靠性和降低功耗的内容？

【答】如监视定时器 T3，系统程序跑飞或进入死循环则强制复位，可提高可靠性。

80C51 有低功耗工作方式可选，如待机和掉电保护方式，有效降低功耗。

三、按题意编写源程序，加以注释并加上必要的伪指令。

1. 试编程实现对温度的控制。已知温度设定值为＋25℃，温度采样值已存入片内数据存储器 20H 中。要求控制温度误差为 5℃。假设最高温度值为 255℃。

【答】

```
        ORG   0000H
        SJMP   MAIN
        ORG   0030H
MAIN:MOV   A,20H                    ;取采样值
        CJNE   A,#(25－5),LOOP
        SJMP   OK
LOOP:JC   UP                        ;小于 20℃,升温
        CJNE   A,#(25＋5),LOOP1
        SJMP   OK
LOOP1:JNC   DOWN                    ;大于 30℃,降温
OK:SJMP   MAIN                      ;控制温度范围内,继续
DOWN:……                             ;降温
        SJMP   MAIN
UP:……                               ;升温
    SJMP   MAIN
```

2. 试编程求 $Z=\sqrt{X}+\sqrt{Y}$，X 存在片内数据存储器的 20H 中，Y 存于 21H 中，根号值存于两个字节中(如 3 的根号值，以 BCD 码存为 17H 和 32H)，要求调用查根号表子程序。对子程序要求标注入口条件和出口结果。

【答】

```
        ORG   0000H
        SJMP   MAIN
        ORG   0030H
MAIN:MOV   A,20H                    ;取 X
        ACALL   CUB                 ;调用查根号表子程序
        MOV   22H,R0                ;暂存√X
        MOV   23H,R1
        MOV   A,21H                 ;取 Y
        ACALL   CUB                 ;调用查根号表子程序
        MOV   A,R0                  ;求√X+√Y
        ADD   A,22H
```

```
        DA   A                        ;二-十进制数调整
        MOV  31H,A
        MOV  A,R1
        ADDC A,23H
        DA   A                        ;二-十进制数调整
        MOV  30H,A
        SJMP $
CUB:MOV  DPTR,#TAB                    ;指向根方值表首地址
    MOV  B,#02H
    MUL  AB
    MOV  R2,A
    MOVC A,@A+DPTR                    ;根方值高8位存R1
    MOV  R1,A
    INC  DPTR
    MOV  A,R2
    MOVC A,@A+DPTR                    ;根方值低8位存R0
    MOV  R0,A
    RET
    ORG  1000H
TAB:DW  0000H,1000H,1732H……;根号表(略)
```

CUB为求根方根值子程序

入口:求根号的值在A中。

出口:根方根值的高8位在R1,根方根值低8位在R0中。

四、某80C51应用系统,外扩并行A/D ADC0809、并行I/O8255和串行数据存储器24C01。

1. 直接在图卷11-1(a)上连接各芯片,要求P2.7片选ADC0809,P2.5片选8255。写出ADC0809的IN0~IN7通道地址、8255的I/O端口地址及24C01的器件地址。

2. 请编写每隔500ms(采用定时器T0、方式2、定时中断)对IN5模入进行A/D转换的源程序,转换结果存入10H单元。注释程序,加上必要的伪指令。

此题测考内容主要包括:

①串行I²C总线数据存储器的扩展及地址译码;

②并行A/D转换接口ADC0809的扩展、地址译码及应用编程;

③并行可编程I/O芯片8155的扩展及地址译码;

④片内定时器/计数器的应用编程;

⑤中断应用编程等。

【答】1. 连接各芯片后的某80C51应用系统见图卷11-1(b)所示。

ADC0809 的 IN0～IN7 通道地址为 7FF8H～7FFFH(P2.7=0，P2.5=1)

8255 的 I/O 端口地址：PA—DFFCH，PB—DFFDH，PC—DFFEH，控制口—DFFFH(P2.7=1，P2.5=0)。

24C01 的器件地址：读地址 A1H　写地址 A0H。

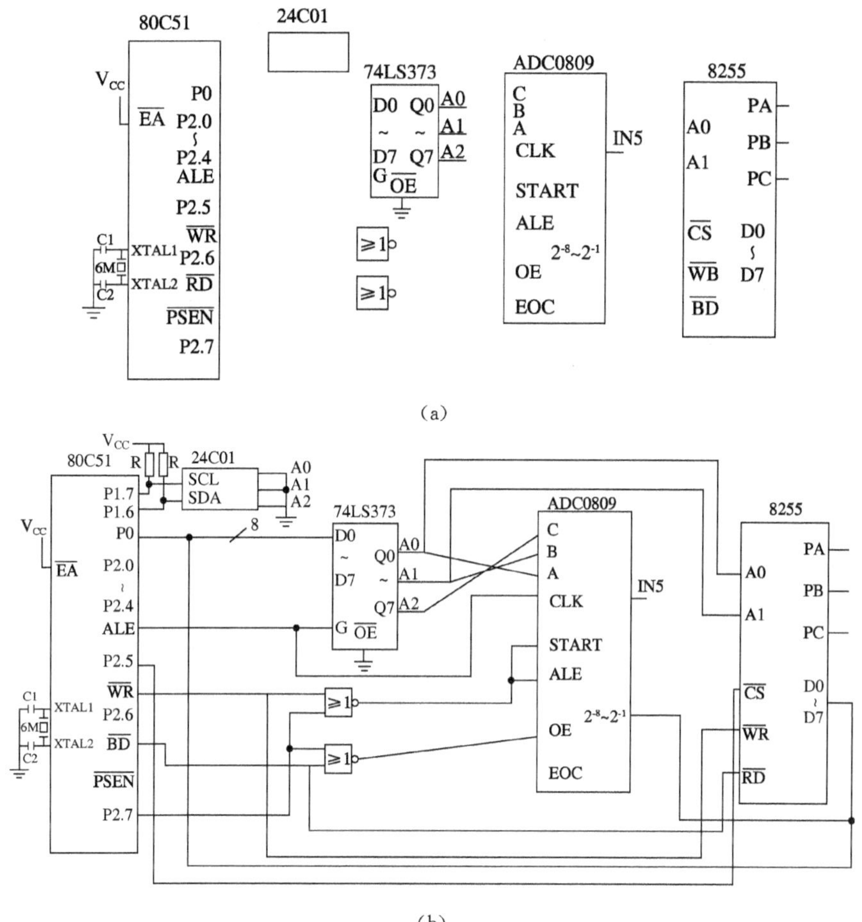

图卷 11-1　某 80C51 应用系统

2. 设定时为 500μs，晶振为 6MHz，机器周期为 2μs。循环 1000 次则定时 500ms。

计算：500μs=(256－TC)×2μs，TC=6。

```
        ORG    0000H
        SJMP   MAIN
        ORG    000BH                ;设 T0 中断矢量
        SJMP   INTT0
        ORG    0030H
  MAIN:MOV    TMOD,#02H             ;设 T0 为定时器,方式 2
```

```
        MOV   TL0,#06H              ;设时间常数500μs
        MOV   TH0,#06H
        MOV   R0,#250               ;循环1000次
        MOV   R1,#04
        SETB  TR0                   ;启动定时器
        SETB  EA                    ;CPU允许中断
        SETB  ET0                   ;允许T0定时中断
        SJMP  $                     ;定时中断等待
INTT0:DJNZ  R0,OUT                  ;定时500ms未到,转中断返回
        MOV   R0,#250
        DJNZ  R1,OUT
        MOV   R1,#04
        MOV   DPTR,#7FFDH           ;定时500ms到,启动IN5
        MOVX  @DPTR,A
        LCALL D128μs                ;延时128μs
        MOVX  A,@DPTR               ;读入A/D转换值
OUT:RETI                            ;中断返回
D128μs:……                           ;延时128μs(略)
        RET
        END
```

五、某80C51应用系统中DAC0832采用单缓冲方式，地址为EFFFH。

1. 试编写DAC0832输出从0～3.75V的梯形波波形源程序。并加上注释和伪指令。

2. 画出输出波形图。

已知：梯形波上升段和下降段每拍波形输出时间都为0.01ms(可直接调用D0.01ms延时子程序)，梯形波平顶部输出时间为2ms。当输出数字量为40H时，得到模拟电压约1.25V。

【答】1. 程序如下：

```
        ORG   0000H
        SJMP  MAIN
        ORG   0030H
MAIN:   MOV   DPTR,#0EFFFH          ;设DAC0832端口地址
        MOV   R0,#0C0H              ;上升段输出波形拍数
        MOV   R1,#00H               ;输出第一拍波形
UP:     MOV   A,R1                  ;上升段波形输出
        MOVX  @DPTR,A               ;输出一拍波形
        LCALL D0.01ms               ;每拍输出时间为0.01ms
```

```
        INC   R1                     ;输出增1
        DJNZ  R0,UP                  ;上升段波形输出未结束,则继续
DELAY0: MOV   R0,#200                ;平顶延时 2ms
        LCALL D0.01ms
        DJNZ  R0,DELAY0
DOWN:   MOV   R0,#0C0H               ;下降段输出波形拍数
DOWN1:  DEC   R1                     ;输出减1
        MOV   A,R1                   ;下降段波形输出
        MOVX  @DPTR,A                ;输出一拍波形
        LCALL D0.01ms                ;每拍输出时间为 0.01ms
        DJNZ  R0,DOWN1
        LSMP  MAIN
D0.01ms:……                           ;延时时间为 0.01ms 子程序(略)
        RET
```

2. 输出波形图如图卷 11-2 所示。

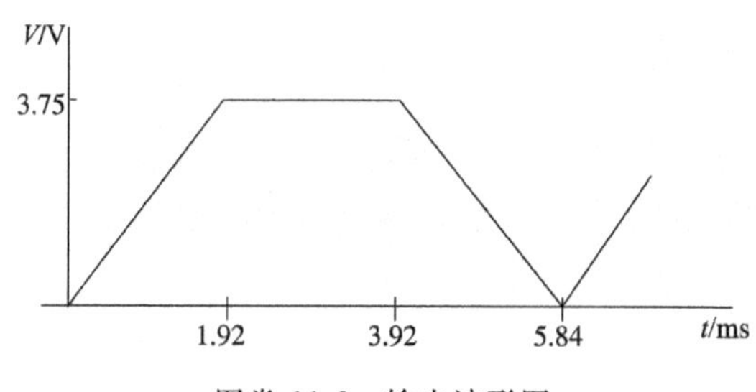

图卷 11-2 输出波形图

卷 12　2008 年“微机原理与接口技术”试题解析

一、填空题

1. 外接程序存储器的读信号为__________，外接 I/O 的读信号为__________。

【答】外接程序存储器的读信号为 $\overline{PSEN}$ ，外接 I/O 的读信号为 $\overline{RD}$ 。

2. 80C51 单片微机的中断优先级有________级。

【答】80C51 单片微机的中断优先级有 2 级。

3. 80C51 单片微机的程序存储器用于存放__________和________。

【答】80C51 单片微机的程序存储器用于存放 应用程序 和 表格之类固定常数。

4. 80C51 的堆栈位于______________存储器中，执行______________和______________两种操作时，自动对堆栈有压栈操作。

【答】80C51 的堆栈位于 内部数据 存储器中，执行 子程序调用 和 中断 两种操作时，自动对堆栈有压栈操作。

5. 80C51 的 P0 口依靠 ALE 引脚对锁存器的控制，分时作____________总线和______________总线。P2 口作______________________总线。

【答】80C51 的 P0 口依靠 ALE 引脚对锁存器的控制，分时作 D0～D7 数据 总线和 A0～A7 地址 总线。P2 口作 A8～A15 地址 总线。

6. DAC0832 的输出为________，可采用________种接口方式，对于要求多路 DAC0832 同时输出信号的，应采用________接口方式。

【答】DAC0832 的输出为 电流 ，可采用 3 种接口方式，对于要求多路 DAC0832 同时输出信号的，应采用 双缓冲 接口方式。

7. 80C51 的低功耗工作方式有________和________两种模式。

【答】80C51 的低功耗工作方式有 待机 和 掉电 两种模式。

8. 80C51 单片微机复位信号是__________电平有效，有效时间应维持________机器周期以上。复位后，PC 地址为__________。

【答】80C51 单片微机复位信号是 高 电平有效，有效时间应维持 2 个机器周期以上。复位后，PC 地址为 0000H 。

9. 80C51 单片微机的定时器是对____________________进行计数，计数器是对

________________________进行计数。

【答】80C51单片微机的定时器是对 __内部机器周期__ 进行计数，计数器是对 __T0或T1引脚上负跳变脉冲__ 进行计数。

10. 执行指令 MOVX A，@DPTR(设 DPTR 指针地址为 FEFFH，“片选”采用线选法)时，80C51引脚________和________输出为低电平。

【答】执行指令 MOVX A，@DPTR(设 DPTR 指针地址为 FEFFH，“片选”采用线选法)时，80C51引脚 __P2.0__ 和 __$\overline{RD}$__ 输出为低电平。

11. 某单片微机系统的键盘由15个按键构成，若采用独立式按键则需I/O口线________根，若采用矩阵式键盘，最少只需I/O口线________根。

【答】某单片微机系统的键盘由15个按键构成，若采用独立式按键则需I/O口线 __15__ 根，若采用矩阵式键盘，最少只需I/O口线 __8__ 根。

二、简答题

1. 简述80C51单片微机系统扩展的两种基本方法。

【答】扩展的方法有并行扩展法和串行扩展法两种。

①并行扩展法利用单片微机本身具备的三组总线(AB、DB、CB)进行的系统扩展。

②串行扩展法利用SPI三线总线和I^2C双线总线等进行串行系统扩展。

2. 简述80C51单片微机中布尔(位)处理器的主要构成。

【答】①C标志作位累加器；

②内部数据存储器的20H～2FH作位寻址区；

③P0～P3作位I/O；

④位操作类指令。

3. 简述可靠性定义，并举本课程中内容作一例设计。

【答】产品在规定条件下和规定时间内，完成规定功能的能力。

本课程中监视定时器T3用于提高可靠性，如单片微机受干扰而“死机”时，T3可强迫单片微机复位。

4. 程序状态字PSW有什么功能?

【答】PSW的主要部分是算术逻辑运算部件ALU的输出，反映指令运行结果，如C标志反映算术运算时有否进位或借位。OV溢出标志反映带符号数运算结果是否超出允许范围。

5. 80C51单片微机汇编程序设计有哪5种基本结构?

【答】80C51单片微机汇编程序设计有5种基本结构，即顺序程序结构、分支程序结构、循环程序结构、子程序结构和中断服务子程序结构。

三、按题意编写程序，并加上注释和伪指令。

编写源程序，求 $Z=X^3+Y^3$，要求编写并调用求立方查表子程序。已知操作数 X 在片内数据存储器 20H 中，Y 在 21H 中，(X^3+Y^3)的值不大于 16 位，Z 的高字节存入 30H，Z 的低字节存入 31H。

【答】求立方应编成查表子程序，两次调用子程序分别得到 X^3 和 Y^3，两数相加即可得到 Z。

```
        ORG   0000H
        AJMP  MAIN
        ORG   0030H
MAIN:MOV   A,20H              ;取X
        LCALL  CUB             ;查表得X³
        PUSH  40H              ;保护X³的高字节
        PUSH  41H              ;保护X³的低字节
        MOV   A,21H            ;取Y
        LCALL  CUB             ;查表得Y³
        POP   31H              ;求Z=X³+Y³
        ADD   A,31H
        DA   A
        MOV   31H,A
        MOV   A,40H
        POP   30H
        ADDC  A,30H
        DA   A
        MOV   30H,A
        SJMP  $
        ORG   2000H
CUB:MOV   DPTR,#TAB           ;立方表首地址
      RL   A                    ;表内偏移×2
      MOV  R0,A                 ;保护A
      MOVC  A,@A+DPTR           ;查表得到立方数的高字节
      MOV  40H,A
      MOV  A,R0
      INC  DPTR
      MOVC  A,@A+DPTR           ;查表得到立方数的低字节
      MOV  41H,A
      RET
      TAB:  DW  0000H,0001H,0008H,0027H,…  ;立方表0³,1³,2³,3³…(略)
      END
```

四、读程序并回答问题，直接在源程序“;”右侧加上注释。

```
       ORG   0000H
       MOV   TMOD,#20H          ;
       MOV   TL1,#0FAH          ;置串行口波特率为 2400
       MOV   TH1,#0FAH
       MOV   PCON,#00H          ;波特率不倍增
       MOV   SCON,#40H          ;设串行口为方式 1
LOOP:  MOV   A,#10111010B       ;
       MOV   SBUF,A             ;
       JNB   TI,$
       CLR   TI
       LJMP  LOOP
```

1. 说明该程序执行什么功能。

2. 画出帧波形图。

【答】1. 功能：通过串行口发送数据 10111010B。

加上注释如下：

```
       ORG   0000H
       MOV   TMOD,#20H          ;设定时器/计数器 T1 为定时器、方式 2
       MOV   TL1,#0FAH          ;置串行口波特率为 2400
       MOV   TH1,#0FAH
       MOV   PCON,#00H          ;波特率不倍增
       MOV   SCON,#40H          ;设串行口为方式 1
LOOP:  MOV   A,#10111010B       ;发送数据 10111010B
       MOV   SBUF,A             ;串行发送 1B
       JNB   TI,$
       CLR   TI
       LJMP  LOOP
```

2. 80C51 单片微机串行口 TXD 引脚上发送的一帧波形如图卷 12-1 所示。发送数据为 BAH。

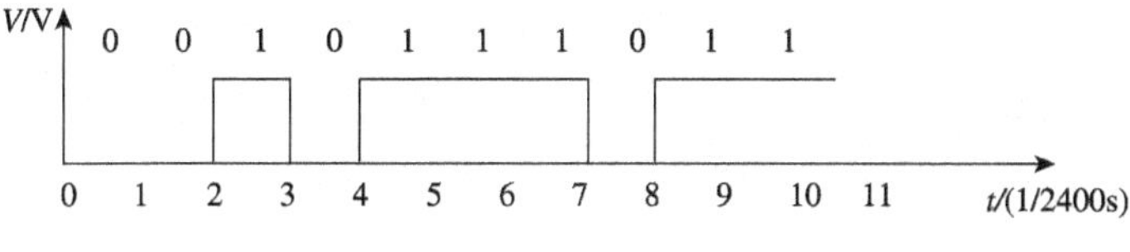

图卷 12-1 TXD 引脚上发送的一帧波形

五、某 80C51 应用系统，外扩了并行 ADC 芯片 ADC0809 和并行 I/O 芯片 8255。

1. 直接在图卷 12-2(a)上连接各芯片，要求 P2.6“片选”ADC0809，P2.5“片选”8255。写出 ADC0809 的 IN0～IN7 通道地址及 8255 的 I/O 端口地址。

2. 试编写每隔 50ms(采用定时器 T0、方式 1、定时中断)对 IN7 模入进行 A/D 转换并将转换结果存入片内数据存储器 60H 单元的源程序。注释程序，加上必要的伪指令。

【答】1. 连接各芯片后的某 80C51 应用系统如图卷 12-2(b)所示。

IN0～IN7 通道地址：BFF8H～BFFFH。

8255 的 I/O 端口地址：PA—DFFCH，PB—DFFDH，PC—DFFEH，控制口—DFFFH。

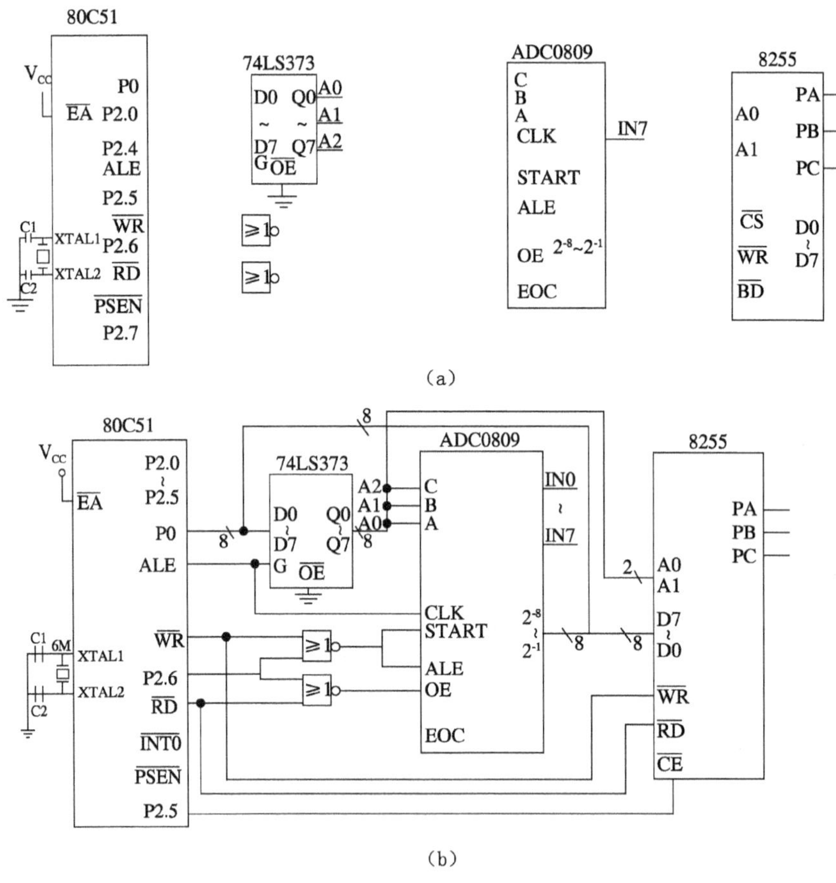

图卷 12-2　某 80C51 应用系统

计算：$(2^{16}-TC)\times 2\mu s=50ms$，$TC=46536=9E58H$。

2. 注释程序如下：

```
        ORG   0000H
        SJMP  MAIN
        ORG   000BH
        AJMP  T0INT
        ORG   0030H
MAIN:MOV    TMOD,#01H          ;设 T0 为定时器、方式 1
        MOV   TH0,#9EH           ;设 T0 定时常数(50ms)
        MOV   TL0,#58H
        SETB  TR0                ;启动定时器 T0
        SETB  ET0                ;允许定时器 T0 中断
        SETB  EA                 ;允许 CPU 中断
        AJMP  $                  ;定时器 T0 中断等待
        ORG   1000H
T0INT:MOV   TH0,#9EH           ;重设 T0 定时常数
        MOV   TL0,#58H
        MOV   DPTR,#0BFFFH       ;启动 A/D 通道 7 转换
        MOVX  @DPTR,A
        LCALL D0.128ms           ;转换延时
        MOVX  A,@DPTR            ;读入转换值并存入 60H
        MOV   60H,A
        RETI
D0.128ms:……                    ;延时子程序(略)
            RET
```

六、设计一个实时检测电动机转速和轴温并在 LCD 上显示的单片微机终端。

1. 设计并画出终端硬件原理框图，着重说明设计思想。

2. 画出软件编程流程框图。

此题测考内容主要包括：

①并行 A/D 转换接口 ADC0809 的扩展、地址译码及应用；

②LCD 的扩展及应用；

③片内定时器/计数器的应用；

④中断应用；

⑤传感器概念；

⑥标度变换概念等。

【答】1. 设计思想：

电动机轴上安装一个测速传感器(如采用测速发电机)和温度传感器，传感器输出0～5V 模拟量。

并行 8 通道 A/D 分别把电动机温度和转速值转换为数字量存入单片微机。经标度变换后在 LCD 上显示电动机温度和转速。

实时检测电动机转速和轴温并显示的单片微机终端如图卷 12-3 所示。

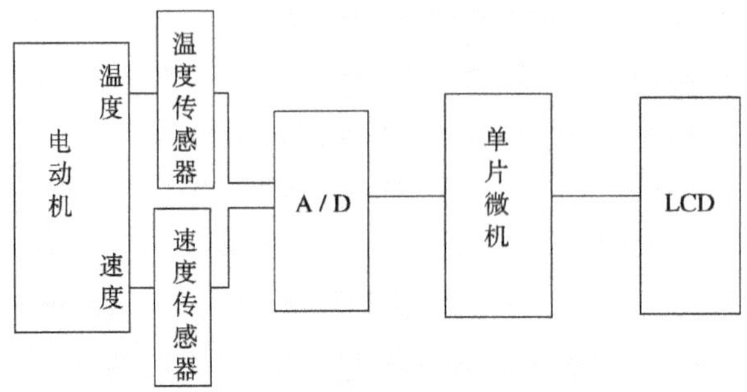

图卷 12-3　实时检测电动机转速和轴温并显示的单片微机终端

2. 软件编程流程框图如图卷 12-4 所示。

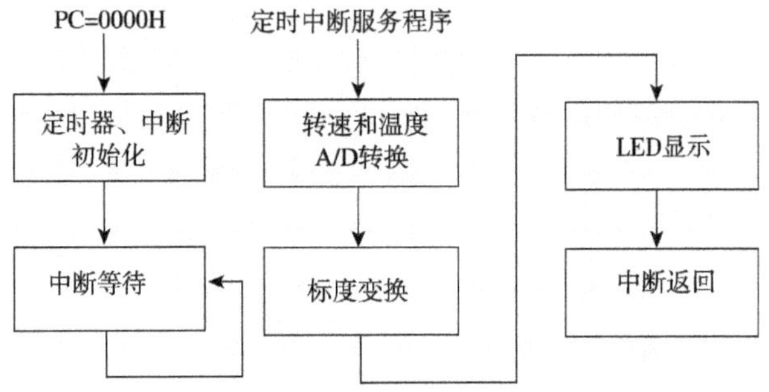

图卷 12-4　软件编程流程框图

卷13　2009年“微机原理与应用”试题解析

一、填空题

1. 80C51单片微机中断优先级分为＿＿＿级，内部中断源有＿＿＿个。

【答】80C51单片微机中断优先级分为＿两＿级，内部中断源有＿3＿个。

2. 单片微机应用系统实现人–机对话常用方法有＿＿＿和＿＿＿。

【答】单片微机应用系统实现人–机对话常用方法有＿键盘＿和＿显示器＿。

3. 执行“MOVX A，@DPTR”指令(设DPTR为7FFFH，“片选”采用线选法)时，80C51引脚＿＿＿和＿＿＿输出为低电平。

【答】执行“MOVX A，@DPTR”指令(设DPTR为7FFFH，“片选”采用线选法)时，80C51引脚＿P2.7＿和＿$\overline{RD}$＿输出为低电平。

4. 外接程序存储器的读信号为＿＿＿，外接I/O的读信号为＿＿＿。

【答】外接程序存储器的读信号为＿$\overline{PSEN}$＿，外接I/O的读信号为＿$\overline{RD}$＿。

5. 80C51的P0口依靠ALE引脚对锁存器的控制，分时作＿＿＿和＿＿＿总线。P2口作＿＿＿总线。

【答】80C51的P0口依靠ALE引脚对锁存器的控制，分时作＿D0～D7数据＿和＿A0～A7地址＿总线。P2口作＿A8～A15地址＿总线。

6. 80C51复位操作后，SP=＿＿＿，PC=＿＿＿。

【答】80C51复位操作后，SP=＿07H＿，PC=＿0000H＿。

7. MOVC指令适用于＿＿＿存储器，MOVX指令适用于＿＿＿存储器，MOV指令适用于＿＿＿存储器。

【答】MOVC指令适用于＿程序＿存储器，MOVX指令适用于＿片外数据＿存储器，MOV指令适用于＿片内数据＿存储器。

8. 80C51单片微机的程序状态字PSW中，P为＿＿＿标志位，C为＿＿＿标志位。

【答】80C51单片微机的程序状态字PSW中，P为＿奇偶校验＿标志位，C为＿进位＿标志位。

9. DB是＿＿＿伪指令，只能应用于＿＿＿存储器。

【答】DB是＿定义字节＿伪指令，只能应用于＿程序＿存储器。

二、简答题

1. 若 80C51 串行口采用方式 1，波特率为 4800bit/s，发送数据为 ASCII 码 7 位 0001101，最高位作奇校验位，画出串行口 TXD 引脚上波形图并简述。

【答】奇校验位为 0，并存入数据的最高位。串行口 TXD 引脚上波形图如图卷 13-1 所示。

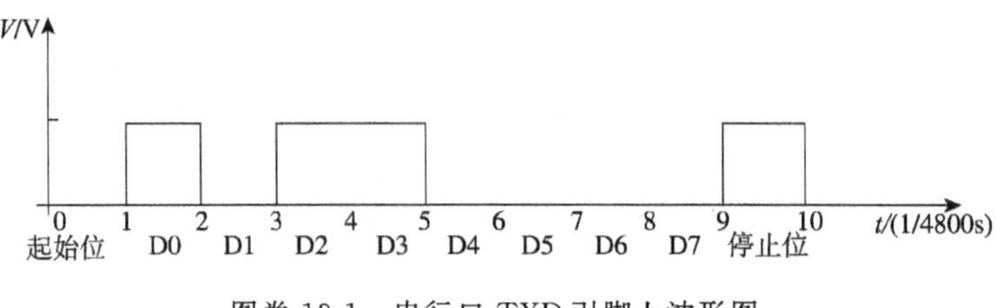

图卷 13-1　串行口 TXD 引脚上波形图

2. 本课程中你接触到哪些低功耗设计的内容。

【答】80C51 有低功耗工作方式可选，如待机和掉电保护方式。

低功耗状态时，CPU 被停止供电，对噪声等不敏感，有助提高可靠性。

3. 单片微机应用系统主要扩展方式有并行扩展和串行扩展，简述两者的原理和应用。

【答】①并行扩展法，利用单片微机本身具备的三组总线(地址、数据和控制)进行系统扩展，具有并行三组总线的芯片如数据存储器 628128 直接同总线同名端相连。

②串行扩展法，利用单片微机本身具备的串行总线(如 I^2C 总线和 SPI 总线)或虚拟串行总线进行系统扩展。具有 I^2C 总线和 SPI 总线的从芯片直接同总线同名端相连，如扩展串行存储器 24CXX 等。

4. 简述 DAC0832 如何输出波形。

【答】DAC0832 将数字量转换为模拟量，改变输入数字量即得到不同的输出模拟量，模拟量逐点连接即为波形。

三、按题意编写源程序，加以注释并加上必要的伪指令。

1. 请编程实现对电动机转速的控制。已知电动机转速设定值为 512r/min，转速采样值已存入片内数据存储器 20H 中。要求控制转速误差为±4r/min。假设电动机转速最高为 1020r/min。

【答】

```
ORG  0000H
SJMP  MAIN
ORG  0030H
```

```
MAIN:MOV   A,20H                             ;取采样值
     CJNE  A,#7FH(80H-01H),LOOP
     SJMP  OK
LOOP:JC    UP                                ;小于(512-4)508r/min,转升速
     CJNE  A,#81H(80H+01H),LOOP1
     SJMP  OK
LOOP1:JNC  DOWN                              ;大于(512+4)516r/min,转降速
OK:SJMP    MAIN                              ;控制转速范围内,继续
DOWN:……                                      ;降速(略)
      SJMP  MAIN
UP:……                                        ;升速(略)
      SJMP  MAIN
```

注意：电动机转速最高为1020r/min。则01H对应4r/min，80H对应512r/min。

2. 编写求 $Y=X^3$ 的子程序，对子程序要标注入口条件和出口结果。设立方值存于两个字节中。

【答】入口条件：X在A中。

出口结果：Y的高字节在片内数据存储器20H中，Y的低字节在21H中。

```
     ORG   2000H
CUB:MOV    DPTR,#TAB                         ;设立方值表首地址
     MOV   B,#02H                            ;二字节长
     MUL   AB
     MOV   R2,A
     MOVC  A,@A+DPTR                         ;立方值高8位存20H
     MOV   20H,A
     INC   DPTR
     MOV   A,R2
     MOVC  A,@A+DPTR                         ;立方值低8位存21H
     MOV   21H,A
     RET
     ORG   1000H
TAB:DW   0000H,0001H,0008H,……;立方表(略)
```

四、某80C51应用系统，外扩并行A/D ADC0809、并行I/O 8255和4片24C04串行存储器(器件地址引脚为A2、A1和P0)。

1. 直接在图卷13-2(a)上连接各芯片，要求P2.5片选ADC0809，P2.7片选8255。写出ADC0809的IN0～IN7通道地址、8255的4个I/O端口地址及4片24C04的器件地址。

2. 编写每隔500ms(采用定时器T0、方式2、定时中断)对IN5模入进行A/D转

换的源程序，转换结果从 8255 的 PA 口输出。注释程序，加上必要的伪指令。

【答】1. 连接各芯片后的 80C51 应用系统见图卷 13-2(b)。

ADC0809 的 IN0～IN7 通道地址为 DFF8H ～ DFFFH （ P2.7=1，P2.5=0）

8255 的 I/O 端口地址：PA—7FFCH，PB—7FFDH，PC—7FFEH，控制口—7FFFH(P2.7=0，P2.5=1) 。

24C04 的器件地址：#1 地址 1010 00 P0 R/W A0H～A3H

#2 地址 1010 01 P0 R/W A4H～A7H

#3 地址 1010 10 P0 R/W A8H～ABH

#4 地址 1010 11 P0 R/W ACH～AFH

2. 设定时为 500μs，晶振为 6MHz，机器周期为 2μs。循环 1000 次则定时 500ms。

计算：500μs=(256−TC)×2μs，TC=6。

```
        ORG   0000H
        SJMP  MAIN
        ORG   000BH                  ;设 T0 中断矢量
        SJMP  INTT0
        ORG   0030H
  MAIN:MOV   DPTR,#7FFFH             ;设 8255PA 口为输出
        MOV   A,#80H
        MOVX  @DOTR,A
        MOV   TMOD,#02H              ;设 T0 为定时器,方式 2
        MOV   TL0,#06H               ;设时间常数为 500μs
        MOV   TH0,#06H
        MOV   R0,#250                ;循环 1000 次
        MOV   R1,#04
        SETB  TR0                    ;启动定时器
        SETB  ET0                    ;允许 T0 定时中断
        SETB  EA                     ;CPU 允许中断
        SJMP  $                      ;定时中断等待
 INTT0:DJNZ  R0,OUT                  ;500ms 定时未到,中断返回
        MOV   R0,#250
        DJNZ  R1,OUT
        MOV   R1,#04
        MOV   DPTR,#0DFFDH           ;500ms 定时到,则启动 IN5
        MOVX  @DPTR,A
        LCALL D128μs                 ;延时
        MOVX  A,@DPTR                ;读入 A/D 转换值
        MOV   DPTR,#7FFCH            ;转换值从 8255PA 口输出
```

```
        MOVX   @TPTR,A
OUT:RETI                                     ;中断返回
D128μs:……                                    ;延时子程序(略)
        RET
        END
```

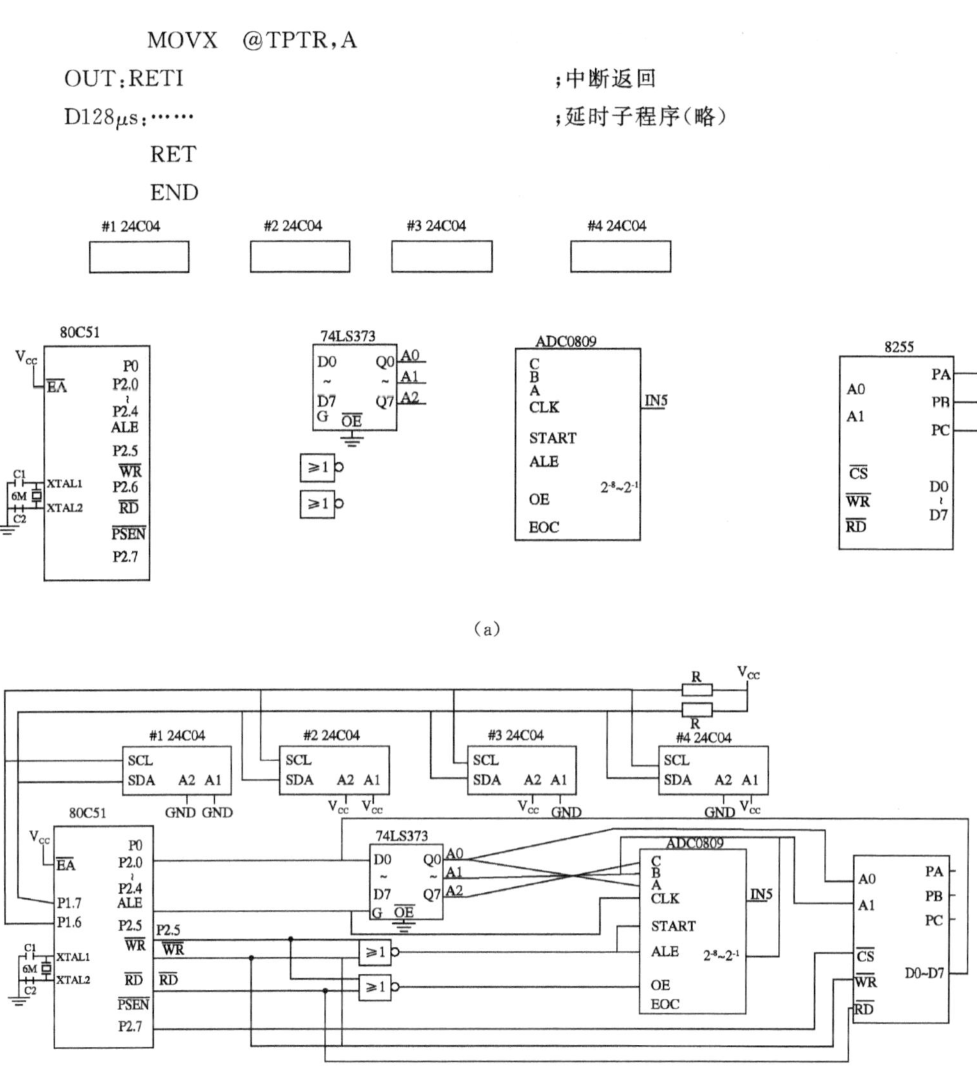

图卷 13-2　某 80C51 应用系统

五、设计智能小车比赛用计时系统。

1. 写出计时系统主要功能和技术指标。

2. 画出系统的硬件原理框图，说明框图中主要部件的名称和功能。

3. 对计时系统的可靠性进行设计，举两例加以说明。

【答】1. 计时系统的主要功能包括：

①对于运行在跑道上的智能赛车进行自动计时，对于两圈成绩中最快的一次成绩记录；

②实时显示比赛各个过程时间，在比赛超时、阶段转换等过程给出声音提醒；

③维护参赛队伍的基本信息，并实现竞赛过程中名单产生、成绩记录/显示、比赛排名显示。

④比赛成绩精确到 0.01s。

2. 智能小车比赛用计时系统硬件原理框图如图卷 13-3 所示。单片微机作为主控制器；激光管测智能车过起始线并向单片微机申请中断，单片微机的定时器开始计时。当智能小车第二次过起始线时，激光管第二次发出中断申请，单片微机停止计时。

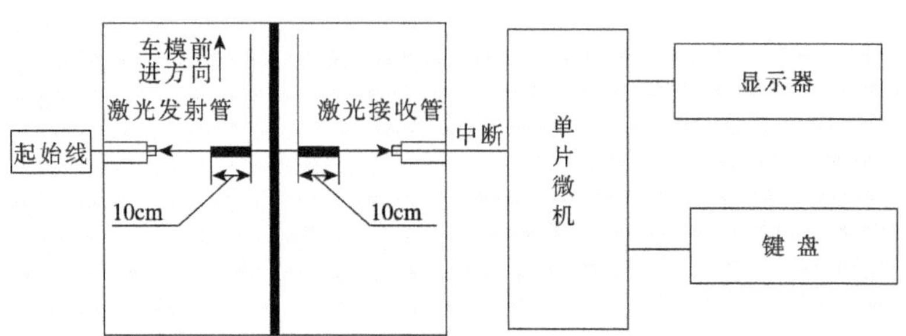

图卷 13-3　智能小车比赛用计时系统硬件原理框图

3. ①元器件选择——本质可靠。

②起跑测量装置安装可靠——避免震动和位置移动。

③软件——加“看门狗”避免“死机”（但记时失败）。

卷14　2009年"微机原理与接口技术"试题—解析

一、填空题

1. LED的显示电路方式有＿＿＿＿＿＿和＿＿＿＿＿＿＿。

【答】LED的显示电路方式有＿动态显示＿和＿静态显示。＿＿

2. 80C51单片微机的中断源有＿＿＿＿个，外部中断1的中断矢量地址为＿＿＿＿。

【答】80C51单片微机的中断源有＿5＿个，外部中断1的中断矢量地址为＿0013H＿。

3. 80C51单片微机的程序存储器用于存放＿＿＿＿＿＿＿和＿＿＿＿＿＿＿＿。

【答】80C51单片微机的程序存储器用于存放＿应用程序＿和＿表格之类固定常数＿。

4. 80C51的位寻址区位于＿＿＿＿存储器中，位CPU为＿＿＿＿。

【答】80C51的位寻址区位于＿内部数据＿存储器中，位CPU为＿C标志位＿。

5. 程序状态字PSW主要部分是＿＿＿＿＿＿＿＿＿＿＿＿＿的输出，反映指令运行结果，反映算术运算时有否进位或借位的是＿＿＿＿标志，反映带符号数运算结果是否正确的是＿＿＿＿＿＿标志。

【答】程序状态字PSW主要部分是＿算术逻辑运算部件ALU＿的输出，反映指令运行结果，反映算术运算时有否进位或借位的是＿C＿标志，反映带符号数运算结果是否正确的是＿OV溢出＿标志。

6. 单片微机系统的键盘主要构成方式有＿＿＿＿＿和＿＿＿＿。

【答】单片微机系统的键盘主要构成方式有＿独立式＿和＿矩阵式＿。

7. 常用的I/O编址方式有＿＿＿＿＿＿＿和＿＿＿＿＿＿＿＿＿。

【答】常用的I/O编址方式有＿独立式编址＿和＿统一编址方式＿。

8. 80C51单片微机复位后，PC地址为＿＿＿＿，SP地址为＿＿＿＿＿＿＿＿。

【答】80C51单片微机复位后，PC地址为＿0000H＿，SP地址为＿07H＿。

9. 一条指令通常由＿＿＿＿＿和＿＿＿＿两部分组成。操作码规定＿＿＿＿＿＿＿＿＿＿＿＿。

【答】一条指令通常由＿操作码＿和＿操作数＿两部分组成。操作码规定＿指令所完成的操作＿。

10. 常用数据传送指令的助记符有＿＿＿＿、＿＿＿＿和＿＿＿＿。

【答】常用数据传送指令的助记符有＿MOV＿、＿MOVC＿和＿MOVX＿。

11. 80C51 外接程序存储器的读信号为________，80C51 外接数据存储器的读信号为________。

【答】80C51 外接程序存储器的读信号为 $\overline{\text{PSEN}}$ ，80C51 外接数据存储器的读信号为 $\overline{\text{RD}}$ 。

二、简答题

1. 简述 80C51 单片微机系统并行扩展的三总线是如何构成的。

【答】80C51 的 P0 口依靠 ALE 引脚对锁存器的控制，分时作数据总线 D0～D7 和地址总线低 8 位 A0～A7。P2 口作地址总线高 8 位 A8～A15。控制总线由 ALE、$\overline{\text{PSEN}}$、$\overline{\text{RD}}$和$\overline{\text{WR}}$等控制信号构成。

2. 简述伪指令的功能，并举两条伪指令说明。

【答】又称汇编程序控制译码指令。“伪”体现在汇编时不产生机器指令代码，不影响程序的执行，仅指明在汇编时执行一些特殊的操作。

END 汇编结束伪指令，用以通知汇编程序，该程序段汇编至此结束。

ORG 汇编开始伪指令，用以通知汇编程序，该程序段汇编开始。

3. 80C51 的片内外数据存储器地址有哪几处重叠(举两处)，如何区分？

【答】如片内外数据存储器的低 256 字节重叠，位地址与字节地址重叠。

区分：寻址方式不同，指令不一样(如片内传送用 MOV 指令，片外传送用 MOVX 指令)。

4. 简述单片微机应用系统串行扩展时，如何确定串行数据存储器地址和 I/O 端口地址。

【答】串行数据存储器地址和 I/O 端口地址由：出厂时的设备类别标志＋器件引脚地址＋读/写方向位等 3 部分组成。

如串行数据存储器 24C01 地址为：1010 A2A1A0 R/W。

5. 为什么要进行低功耗设计？80C51 单片微机的低功耗工作方式有哪几种？

【答】除了降低功耗，节省能源，满足绿色电子的基本要求之外，还能提高系统的可靠性，满足便携式、电池供电等特殊应用场合产品的要求。

80C51 单片微机的低功耗工作方式有两种，即待机方式和掉电保护方式。

三、已知 80C51 片外数据存储器从 3000H 开始存放有 100 个转速采样值，转速设定值在片内数据存储器 10H 中。编写源程序，统计转速采样值大于或等于转速设定值的次数，并存入片内数据存储器 21H 中。对源程序加上注释和伪指令。

【答】

```
        ORG   0000H
        MOV   DPTR,#3000H                    ;设片外数据存储器数据区首址
```

```
        MOV   20H,#100                    ;设数据区长度
        MOV   21H,#00                     ;采样值大于或等于设定值的个数,初始置0
    LP:MOVX   A,@DPTR                     ;取转速采样值
        CJNE  A,10H,LP1                   ;采样值与设定值比较
        INC   21H                         ;采样值=设定值,则21H单元内容加1
    LP0:INC   DPTR                        ;数据区地址指针加1
        DJNZ  20H,LP                      ;统计未结束,则继续
    HERE:SJMP HERE                        ;统计结束
    LP1:JC    LP0                         ;采样值<设定值,转移
        INC   21H                         ;采样值>设定值,则21H单元内容加1
        SJMP  LP0
        END
```

四、读程序并回答问题，直接在源程序“;”右侧加上注释。

```
        ORG   0000H
        MOV   TMOD,#20H                   ;设定时器/计数器T1为定时器、方式2
        MOV   TL1,#0FAH                   ;置串行口波特率为2400
        MOV   TH1,#0FAH
        MOV   PCON,#00H                   ;波特率不倍增
        MOV   SCON,#40H                   ;
  LOOP:MOV    A,#01000001B                ;
        MOV   C,P                         ;
        CPL   C                           ;
        MOV   ACC.7,C                     ;
        MOV   SBUF,A                      ;
        JNB   TI,$
        CLR   TI
        LJMP  LOOP
```

1. 说明该程序执行什么功能。

2. 在 $t-v$ 坐标上画帧波形图，并标出坐标单位。

此题测考内容主要包括：

①串行口波特率概念；

②串行口应用编程；

③通信时数据的校验。

加上注释：

```
        ORG   0000H
        MOV   TMOD,#20H                   ;设定时器/计数器T1为定时器、方式2
        MOV   TL1,#0FAH                   ;置串行口波特率为2400
        MOV   TH1,#0FAH
```

```
      MOV   PCON,#00H              ;波特率不倍增
      MOV   SCON,#40H              ;设串行口为方式 1
LOOP:MOV   A,#01000001B            ;发送 ASCII 码"A"
      MOV   C,P                    ;产生奇校验位
      CPL   C                      ;奇校验位送累加器 A 的 D7 位
      MOV   ACC.7,C                ;本校验位送累加器 A 的 D7 位
      MOV   SBUF,A                 ;发送数据 11000001B
      JNB   TI,$
      CLR   TI
      LJMP  LOOP
```

【答】1. 80C51 单片微机串行口 TXD 引脚上发送的带奇校验位的 ASCII 码“A”。

2. TXD 引脚上发送的一帧波形如图卷 14-1 所示。

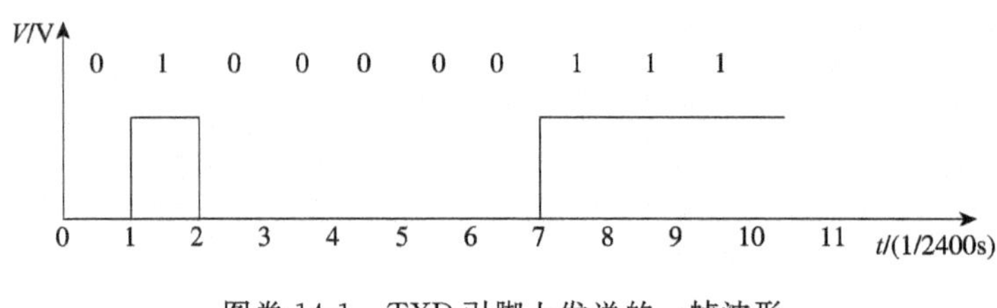

图卷 14-1　TXD 引脚上发送的一帧波形

五、已知某系统扩展了一片 DAC0832 并连接为单缓冲方式，并知地址为 7FFFH。试编程输出幅值从 0～1.5V 的锯齿波波形，加上注释和伪指令。

【答】

```
      ORG   0000H
      MOV   DPTR,#7FFFH            ;DAC0832 单缓冲地址
LP0:MOV   R0,#0                    ;锯齿波波形初始输出幅值为 0
LP:MOV   A,R0
      MOVX  @DPTR,A
      CJNE  A,#4CH,LP1             ;判输出幅值有否达到 1.5V
      LJMP  LP0                    ;输出 1.5V 则从重新从 0 开始输出
LP1:INC   R0                       ;输出增量
      LJMP  LP
```

六、设计一个实时检测电动机转速和轴温并在 LCD 上显示的单片微机终端。外扩 ADC0809 和 LCD 模块 HC16202。

1. 直接在图卷 14-2(a)上连接各芯片，要求 P2.6“片选”ADC0809，HC16202 的 RS 脚连 A0，R/W 脚连 A1。写出 ADC0809 的 IN0～IN7 通道地址和 LCD 4 个地址。

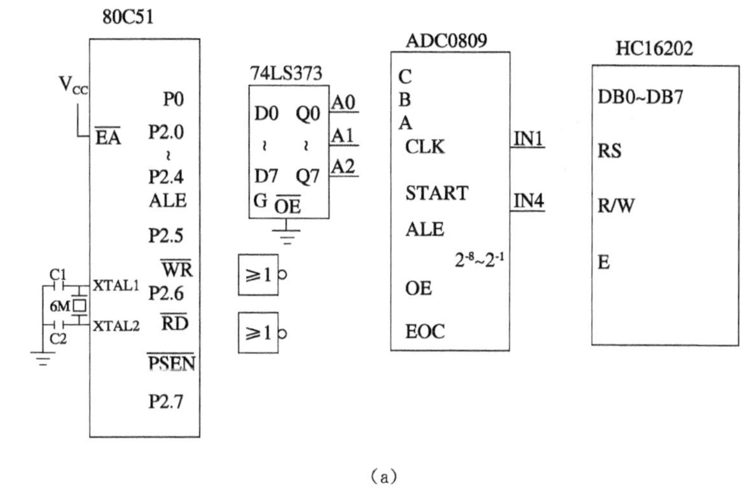

(a)

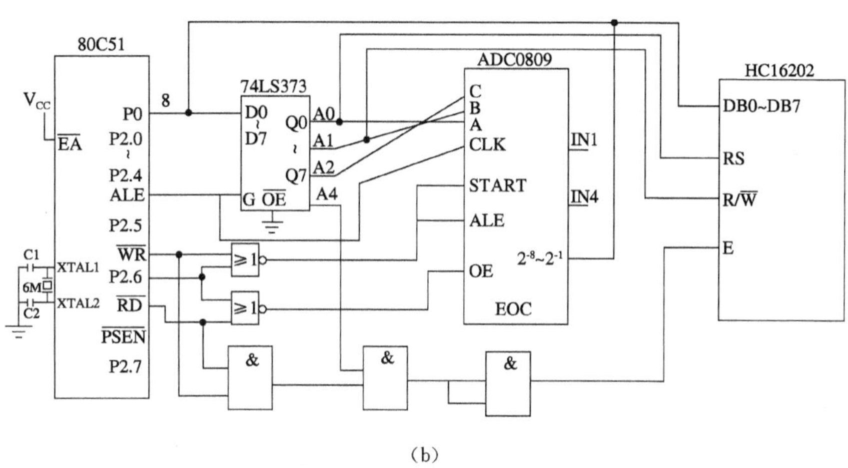

(b)

图卷 14-2　检测电动机转速和轴温并在 LCD 上显示的单片微机终端

2. 写出 80C51 的 ALE 引脚在图卷 14-2(b)所示终端中的两个应用。

3. 编写每隔 10ms(采用定时器 T0、方式 1、定时中断)对 IN1 模入转速和 IN4 模入轴温进行 A/D 转换，并将转换结果分别存入片内 40H 和 41H 单元的源程序。注释程序，加上必要的伪指令。

此题测考内容主要包括：

①并行 A/D 转换接口 ADC0809 的扩展、地址译码及应用编程；

②片内定时器/计数器的应用编程；

③中断应用编程；

④转速和温度传感器；

⑤LCD 的应用。

【答】1. ADC0809 的 IN0～IN7 通道地址为：BFF8H～BFFFH(P2.6=0)。

LCD 地址：写命令 10H，读状态 12H，写数据 11H，读数据 13H。

电动机转速和轴温分别通过转速传感器和温度传感器输出 0～5V 模拟量，再接至 ADC0809 的 IN1 和 IN4。

2. ALE 引脚在终端中的应用：①控制锁存器锁存分离 AD0～AD7。②输出时钟作 0809 的 CLK 信号。

3. 计算：$(2^{16}-TC)\times 2\mu s=10ms$，TC=60535=EC77H。

```
        ORG   0000H
        SJMP  MAIN
        ORG   000BH
        AJMP  T0INT          ;T0 中断矢量
        ORG   0030H
MAIN:   MOV   TMOD,#01H      ;设 T0 为定时器、方式 1
        MOV   TH0,#0ECH      ;设 T0 定时常数(10ms)
        MOV   TL0,#77H
        SETB  TR0            ;启动定时器 0
        SETB  ET0            ;允许定时器 0 中断
        SETB  EA             ;允许 CPU 中断
        AJMP  $              ;定时器 0 中断等待
        ORG   1000H
T0INT:  MOV   TH0,#0ECH      ;重设 T0 定时常数
        MOV   TL0,#77H
        MOV   DPTR,#0BFF9H
        MOVX  @DPTR,A        ;启动通道 1 转换一转速
        LCALL D0.128ms       ;转换延时
        MOVX  A,@DPTR        ;读入轴温转换值并存入 40H
        MOV   40H,A
        MOV   DPTR,#0BFFCH
        MOVX  @DPTR,A        ;启动通道 4 转换一轴温
        LCALL D0.128ms       ;转换延时
        MOVX  A,@DPTR        ;读入转速转换值并存入 41H
        MOV   41H,A
        RETI
D0.128ms:……                 ;延时 0.128ms 子程序(略)
        RET
```

卷15　2009年“微机原理与接口技术”试题二解析

一、填空题

1. 程序状态字PSW标志位主要有______、______和______。

【答】程序状态字PSW标志位主要有 进位位C 、 奇偶校验位P 和 溢出标志位OV 。

2. 80C51外接程序存储器的读信号为______，外接数据存储器的读信号为______。

【答】80C51外接程序存储器的读信号为 $\overline{PSEN}$ ，外接数据存储器的读信号为 $\overline{RD}$ 。

3. 伪指令，又称汇编程序控制译码指令，如______和______。

【答】伪指令，又称汇编程序控制译码指令，如 ORG指令 和 END指令 。

4. 80C51单片微机系统扩展的两种基本方法，即______和______。

【答】80C51单片微机系统扩展的两种基本方法，即 并行扩展法 和 串行扩展法 。

5. 可编程并行D/A转换器DAC0832双缓冲方式时，有端口地址______个，用于将______转换成______。

【答】可编程并行D/A转换器DAC0832双缓冲方式时，有端口地址 2 个，用于将 数字量 转换成 模拟量 。

6. 已知80C51的机器周期为2μs，则外接晶振为______MHz，它的指令周期最短为______μs，指令周期最长为______μs。

【答】已知80C51的机器周期为2μs，则外接晶振为 6 MHz，它的指令周期最短为 2 μs，指令周期最长为 8 μs。

7. 80C51的中断矢量地址共有______个，$\overline{INT0}$的中断矢量地址为______。

【答】80C51的中断矢量地址共有 5 个，$\overline{INT0}$的中断矢量地址为 0003H 。

8. 串行口接收方式下，串行数据从______引脚输入，在发送方式下，串行数据通过______引脚输出。

【答】串行口接收方式下，串行数据从 RXD 引脚输入，在发送方式下，串行数据通过 TXD 引脚输出。

9. 一条指令通常由________和________两部分组成。操作码规定________________________。

【答】一条指令通常由__操作码__和__操作数__两部分组成。操作码规定__指令所完成的操作__。

10. 程序存储器中除了存放__________________外，还可以存放__________。

【答】程序存储器中除了存放__已调试正确的程序__外，还可以存放__表格数据__。

11. 中央处理器由____________和______________构成。

【答】中央处理器由__运算器__和__控制器__构成。

12. 80C51指令系统中共有______种寻址方式。如____________和________等。

【答】80C51指令系统中共有__7__种寻址方式。如__立即寻址__和__直接寻址__等。

13. 80C51的存储器采用________结构。

【答】80C51的存储器采用__哈佛__结构。

14. 80C51的ALE引脚主要功能是________________和________________。

【答】80C51的ALE引脚主要功能是__A0～A7的锁存__和__对外输出时钟__。

15. 80C51的软件编程结构主要有________种、如__________等。

【答】80C51的软件编程结构主要有__5__种、如__分支程序__等。

二、简答题

1. 80C51有哪两种堆栈操作？

【答】有压栈和出栈操作。

①PUSH指令将直接地址direct单元内容送入堆栈指示器SP所指示的堆栈单元。

②POP指令将由SP所寻址的片内数据存储器中栈顶的内容((SP))送入直接寻址单元direct中。

2. 简述80C51单片微机的地址总线如何构成，数据总线如何构成。

【答】地址总线AB共16位，由P0口经锁存后得到A0～A7、P2口构成A8～A15。数据总线DB由P0口构成。

3. 80C51单片微机访问片内数据存储器和片外数据存储器的指令格式有何区别？

【答】在访问两个不同的逻辑空间时，应采用不同形式的指令，以产生不同存储空间的选通信号。

访问片内数据存储器采用MOV指令，访问片外数据存储器则一定要采用MOVX指令，因为MOVX指令会产生控制信号$\overline{RD}$或$\overline{WR}$，用来访问片外数据存储器。

4. 简述80C51的低功耗工作方式。

【答】80C51的低功耗工作方式有待机和掉电两种模式。待机方式时振荡器仍然运行，CPU 不能工作。掉电方式时单片微机一切工作都停止，只有内部数据存储器单元的内容被保护。

5. 举两例说明 80C51 单片微机在机电行业中的应用。

【答】如纺织机智能控制器，控制纺织机的工作。

药机控制器，控制药机的生产流程。

6. 80C51 的定时器/计数器分别对哪些信号计数？

【答】定时器是对内部机器周期进行计数，计数器对外部 T0 或 T1 引脚上负跳变信号进行计数。

三、读下列两个程序，并完成下面两个任务。

1. 写出程序功能。
2. 在源程序“;”右侧加以注释。

【程序一】

```
          ORG   0000H
          SJMP  MAIN
          ORG   0030H               ;
MAIN:MOV   10H,#10H                 ;
          MOV   R0,10H              ;
          MOV   R1,#20H             ;
          MOV   R2,#05              ;
          CLR   C                   ;
addc:MOV   A,@R1                    ;
        ADDC  A,@R0                 ;
        DA    A                     ;
        MOV   @R1,A                 ;
        INC   R0                    ;
        INC   R1                    ;
        DJNZ  R2,addc               ;
        AJMP  $
        END
```

【答】①__程序功能__：

两个 5 字节十进制数求和，结果存放在 20H 开始的单元中。两个 5 字节十进制数分别在内部数据存储器中的 10H 单元和 20H 单元开始存放(低位在前)。

②加注释：

```
          ORG   0000H
          SJMP  MAIN
          ORG   0030H               ;转入主程序
```

```
MAIN:MOV   10H,#10H          ;内部 RAM 中的10H 单元置值 10H
     MOV   R0,10H            ;被加数首址在 10H 中
     MOV   R1,#20H           ;加数首址,又作两个十进制数和的首址
     MOV   R2,#05            ;字节长度为 5
     CLR   C                 ;清进位
ADDC:MOV   A,@R1             ;取加数
     ADDC  A,@R0             ;带进位加
     DA    A                 ;二-十进制数调整
     MOV   @R1,A             ;存和
     INC   R0                ;修正被加数地址
     INC   R1                ;修正加数地址
     DJNZ  R2,ADDC           ;多字节循环加
     AJMP  $
     END
```

【程序二】

```
      ORG   0000H
      AJMP  MAIN
      ORG   0030H              ;
MAIN: MOV   R0,#0              ;
      MOV   R1,#10H            ;
      MOV   R2,#10H            ;
LOOP: MOV   A,@R1              ;
      CJNE  A,#00H  LOOP1      ;
      INC   R0                 ;
LOOP1:INC   R1                 ;
      DJNZ  R2,LOOP
      SJMP  $                  ;
      END
```

【答】① 程序功能 :

在内部数据存储器的 10H 单元开始存放有 16 个 8 位数。统计出其中为零的数目，并把统计结果存入 R0 寄存器中。

②加注释:

```
      ORG   0000H
      AJMP  MAIN
      ORG   0030H              ;
MAIN: MOV   R0,#0              ;计数单位初始化为 0
      MOV   R1,#10H            ;设内部数据存放首地址
      MOV   R2,#10H            ;设数据长度
LOOP: MOV   A,@R1              ;取数
```

```
      CJNE  A,#00H  LOOP1          ;该数不为零,跳转
      INC   R0                     ;该数为0,则为0个数加1
LOOP1:INC   R1                     ;判断统计是否结束
      DJNZ  R2,LOOP
      SJMP  $                      ;
      END
```

四、一个 80C51 单片微机系统，如图卷 15-1 所示。

1. 列出 8255 共 4 个端口地址。

2. 编写源程序，设置 8255A 各口为：A 口和 B 口都设为方式 0，并从 A 口、C 口输入数据，从 B 口输出 C 口输入的数据。对源程序加以注释，加上必要的伪指令。

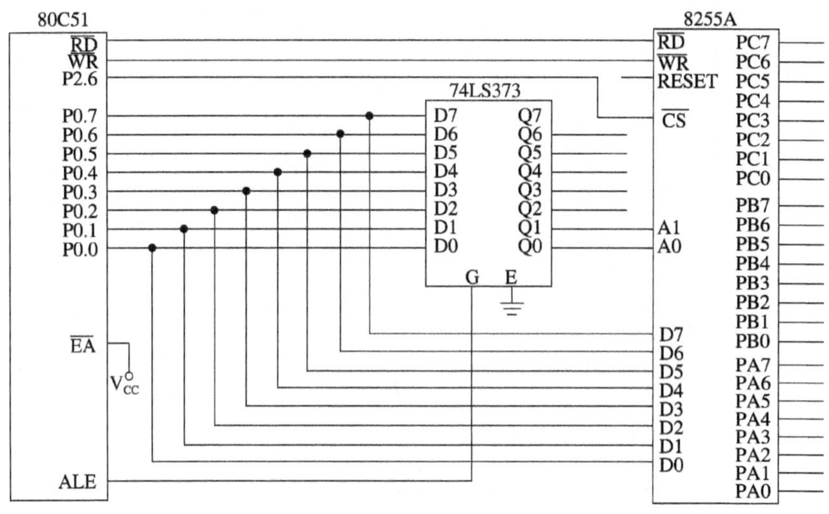

图卷 15-1　80C51 单片微机系统

【答】1. PA 口—BFFCH，PB 口—BFFDH，PC 口—BFFEH，控制寄存器地址—BFFFH。

2. 工作方式控制字为 10011001，即 99H。

```
ORG   0000H
MOV   A,#99H              ;设A口、B口为方式0。A口、C口输入,B口输出
MOV   DPTR,#BFFFH
MOVX  @DPTR,A
MOV   DPTR,#BFFCH         ;从A口输入
MOVX  A,@DPTR
MOV   DPTR,#BFFEH         ;从C口输入
MOVX  A,@DPTR
```

```
MOV   DPTR,#BFFDH              ;C 口输入值从 B 口输出
MOVX  @DPTR,A
```

五、一个 80C51 单片微机采样系统，如图卷 15-2 所示。补充编写每隔 50ms 采样 IN7 路模拟量的源程序，A/D 采样转换值从 P1 口输出。

1. 列出 ADC0809 IN0～IN7 共 8 个地址。

2. 对源程序加以注释，加上必要的伪指令。

```
          ORG   0000H
          SJMP  MAIN
          ORG   001BH                  ;T1 中断矢量
          AJMP  T1INT
          ORG   0030H
MAIN:MOV   TMOD,#10H                  ;设 T1 为定时器,方式 1
          MOV   TH1,#9EH               ;设 T1 定时常数 50ms
          MOV   TL1,#58H
          SETB  TR1                    ;启动 T1 定时
          SETB  ET1                    ;允许 T1 定时中断
          SETB  EA                     ;允许 CPU 中断
```

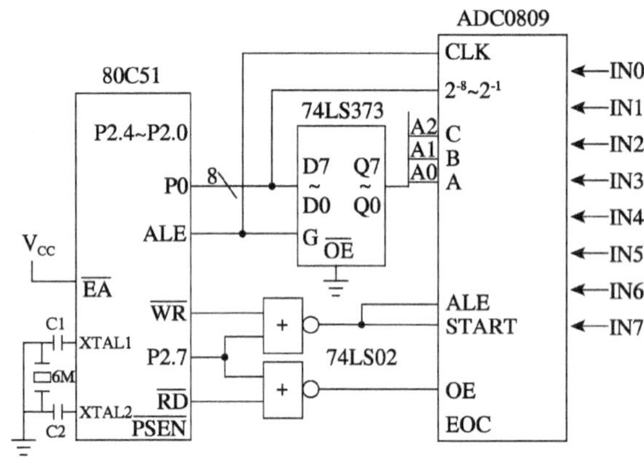

图卷 15-2　单片微机采样系统图

【答】1. ADC0809 IN0～IN7 地址为 7FF8H～7FFFH。

2.

```
          ORG   0000H
          SJMP  MAIN
          ORG   001BH                  ;T1 中断矢量
          AJMP  T1INT
```

```
MAIN:MOV   TMOD,#10H          ;设 T1 为定时器,方式 1
     MOV   TH1,#9EH           ;设 T1 定时常数 50ms
     MOV   TL1,#58H
     SETB  TR1                ;启动 T1 定时
     SETB  ET1                ;允许 T1 定时中断
     SETB  EA                 ;允许 CPU 中断
     MOV   DPTR,#7FFFH        ;指向 A/D 通道 7 地址
     SJMP  $                  ;定时中断等待
T1INT:MOV  TH1,#9EH           ;重设 T1 时间常数
     MOV   TL1,#58H
     MOVX  @DPTR,A            ;启动 A/D 转换
     LCALL D128μs             ;A/D 转换等待
     MOVX  A,@DPTR            ;读入 A/D 转换后的数据
     MOV   P1,A               ;从 P1 口输出
     RETI                     ;中断返回
D128μs:……                     ;延时子程序(略)
     RET
```

卷16　2010年“微机原理与应用”试题解析

一、填空题

1. 80C51单片微机中断源有________个，其中，外部中断源有________个。

【答】80C51单片微机中断源有__5__个，其中，外部中断源有__2__个。

2. 并行I/O芯片8255的端口地址有________个，其控制字有________个。

【答】并行I/O芯片8255的端口地址有__4__个，其控制字有__2__个。

3. 执行指令MOVX@DPTR，A(设DPTR为DFFFH，“片选”采用线选法)时，80C51引脚________和________输出为低电平。

【答】执行指令MOVX@DPTR，A(设DPTR为DFFFH，“片选”采用线选法)时，80C51引脚__P2.5__和__$\overline{WR}$__输出为低电平。

4. 程序存储器指令地址使用计数器为________，堆栈的地址指针为________，外接I/O地址指针为________。

【答】程序存储器指令地址使用计数器为__PC__，堆栈的地址指针为__SP__，外接I/O地址指针为__DPTR__。

5. 80C51单片微机有________种基本程序结构，如________________。

【答】80C51单片微机有__5__种基本程序结构，如__顺序或循环或分支或子程序或中断服务程序__。

6. 80C51复位操作后，SP=________，PC=________。

【答】80C51复位操作后，SP=__07H__，PC=__0000H__。

7. 一条指令通常由________和________两部分组成。操作码规定________________。

【答】一条指令通常由__操作码__和__操作数__两部分组成。操作码规定__指令所完成的操作__。

8. 80C51单片微机内部数据存储器低128字节可分为________________、________________、________和________________等4个区域。

【答】80C51单片微机内部数据存储器低128字节可分为__工作寄存器区__、__位寻址区__、__堆栈区__和__数据存储器__等4个区域。

二、简答题

1. 若 80C51 串行口采用方式 2，波特率为 9600bit/s，发送 8 位数据为 10011001，采用奇校验，请画出串行口 TXD 引脚上波形图并简述。

【答】串行口方式 2 的帧格式为 11 位，起始位(0)、数据 8 位(低位在前)、TB8 =1(为奇校验位)、停止位(1)。

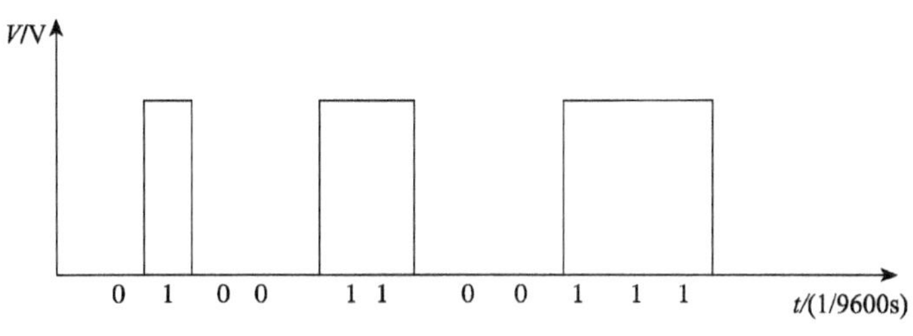

图卷 16-1　串行口 TXD 引脚上波形图

2. 本课程中你接触到哪些低功耗设计的内容？举两点加以说明。

【答】如：

①本质低功耗设计，采用低功耗芯片。

②低功耗控制，如软件控制进入待机或停机工作方式。

3. 单片微机应用系统串行扩展 I^2C 总线的存储器(地址为 1010 A2 A1 A0 R/W)和 I/O (地址为 0100 A2 A1 A0 R/W)各一片，请画出系统扩展示意图，并说明两芯片的地址。

【答】利用 I^2C 总线或虚拟串行总线进行系统扩展。具有 I^2C 总线从芯片直接同总线同名端相连，如图卷 16-2 所示。

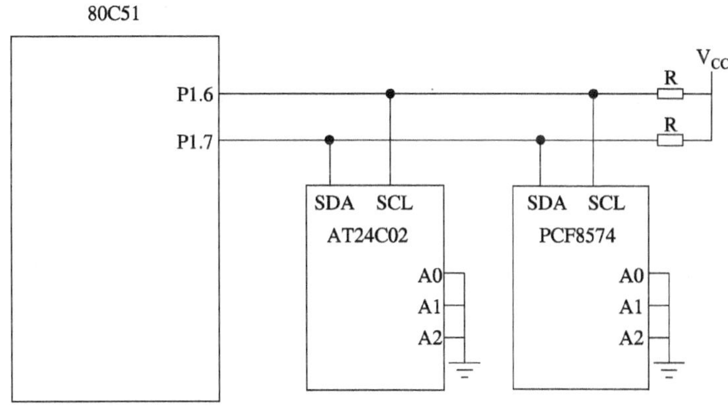

图卷 16-2　系统扩展示意图

假如 A2A1A0 都接地，则存储器 AT24C02 地址为 A0H 和 A1H，I/O 口 PCF8574 地址为 40H 和 41H。

4. 简述DAC0832如何用作波形发生器。

【答】DAC0832将数字量转换为模拟量，改变输入数字量即得到不同的输出模拟量，模拟量逐点连接即为波形。利用查表方式可得到不同的波形，即可用作波形发生器。

三、按题意编写源程序，加以注释并加上必要的伪指令。

1. 编程求 $Z=\sqrt{X}+\sqrt{Y}$，根号值存于两个字节中（如$\sqrt{3}=1.732$，以BCD码存为17H和32H），要求调用查根号表子程序。子程序要标注入口条件和出口结果。

【答】

```
        ORG   0000H
        AJMP  MAIN
        ORG   0030H
MAIN:MOV   20H,#X              ;将X、Y存入20H和21H单元中
        MOV   21H,#Y
        MOV   R0,#30H            ;设求根结果存储单元首地址(高位在前)
        MOV   A,20H              ;求√X,结果存30H和31H
        LCALL  SQRT              ;调用开根号子程序
        MOV   R0,#40H            ;求根结果存储单元首地址(高位在前)
        MOV   A,21H              ;求√Y,结果存40H和41H中
        LCALL  SQRT              ;调用开根号子程序
        MOV   R0,#31H            ;√X的低位地址
        MOV   R1,#41H            ;√Y的低位地址
        MOV   A,@R1              ;(√X+√Y)16位BCD码低8位加
        ADD   A,@R0
        DA   A                   ;二-十进制数调整
        MOV   40H,A
        DEC   R0
        DEC   R1
        MOV   A,@R1              ;(√X+√Y)16位BCD码高8位相加
        ADDC  A,@R0
        DA   A                   ;二-十进制数调整
        MOV   41H,A
        SJMP   $
;求方根表子程序:
入口:求根号值存入A,
出口:根号值存入R0(高8位)和R0+1(低8位)中。
SQRT:CLR   C
```

```
        RLC   A
        PUSH   A                    ;保护
        MOV   DPTR,#TAB             ;指向表首址
        MOVC   A,@A+DPTR            ;查表得根号值高 8 位
        MOV   @R0,A                 ;存入高 8 位
        POP   A
        INC   DPTR
        INC   R0
        MOVC   A,@A+DPTR            ;查表得根号值低 8 位
        MOV   @R0,A                 ;存入低 8 位
        RET
TAB:DB   00H,00H,10H,00H,14H,14H,17H,32H…      ;方根表(略)
```

2. 某流量检测系统的某段流量值与流量传感器输出模拟量为非线性关系。已测得这一段流量经 8 位 A/D 转换后的数据，请编程实现对流量的检测(假设流量值为 8 位数据)。

注意： 可用查表方式，把非线性段的流量值列成表格，流量传感器输出模拟量经 A/D 转换后的数据存于 20H，查表即得对应流量值。

【答】

```
        ORG   0000H
        SJMP   MAIN
        ORG   0030H
MAIN:MOV   DPTR,#TAB              ;指向流量表首地址
        MOV   A,20H                 ;流 A/D 转换后的数据送 A
        MOVC   A,@A+DPTR            ;查表得流量值,存 21H
        MOV   21H,A
        SJMP   $
        TAB DB XXH,XXH……            ;流量值表(非线性)(略)
```

四、某大楼信息采集终端用于采集 A 相、B 相和 C 相的电压、A 相、B 相和 C 相的电流、大楼某点的温度值和湿度值，终端由 80C51 单片微机、并行 8 路模数转换器 ADC0809 组成，如图卷 16-3 所示。80C51 的 P2.5 引脚作为 ADC0809 芯片的片选引脚。

1. 直接在图卷 16-3(a)上连接各芯片。标明各模拟量连接方法并说明采样原理。写出 ADC0809 输入各模拟量的通道地址。

2. 试编写每隔 100ms(采用定时器 T0、方式 2、定时中断)对 A 相电压和电流信息进行采集，加上注释和伪指令。

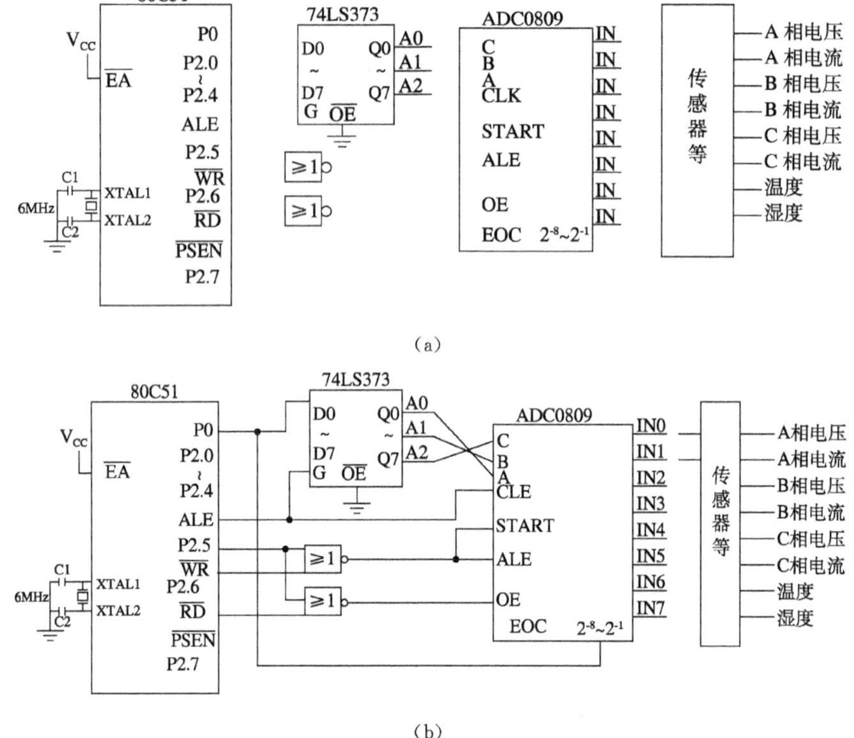

(a)

(b)

图卷 16-3　某大楼信息采集终端硬件示意图

此题测考内容主要包括：

①并行 A/D 转换接口 ADC0809 的扩展、地址译码及应用编程；

②中断应用编程；

③片内定时器/计数器的应用编程；

④传感器概念等。

【答】1. ADC0809 的 IN0～IN7 通道地址为 DFF8H ～ DFFFH

A 相电压和电流信息从 IN0，IN1 输入，各信号经相应传感器(电压、电流传感器等)转换为 0～5V 模拟量，再接至 ADC0809 的 IN 端。连接后的某大楼信息采集终端硬件示意图如图卷 16-3(b)所示。

2. 设定时为 500μs，晶振为 6MHz，机器周期为 2μs。循环 200 次则定时 100ms。

计算：500μs＝(256－TC)×2μs，则 TC＝6。

```
ORG   0000H
SJMP  MAIN
ORG   000BH                 ;T0 中断矢量
SJMP  INTT0
ORG   0030H
```

```
MAIN:
        MOV   TMOD,#02H          ;设 T0 为定时器,方式 2
        MOV   TL0,#06H           ;设时间常数 500μs
        MOV   TH0,#06H
        MOV   R7,#200            ;循环 200 次则定时 100ms
        SETB  TR0                ;启动定时器
        SETB  ET0                ;允许 T0 定时中断
        SETB  EA                 ;CPU 允许中断
        SJMP  $                  ;定时中断等待
INTT0:DJNZ  R7,OUT               ;定时 100ms 未到,则中断返回
        MOV   R7,#200            ;循环 200 次则定时 100ms
        MOV   R0,#02H            ;定时 100ms 到,采样 A 相电压和电流
        MOV   R1,#20H            ;采样 A 相电压和电流值存入 20H 和 21H
        MOV   DPTR,#0DFF8H       ;启动 IN0(采样 A 相电压)
ADC:MOVX  @DPTR,A
      LCALL  D128μs              ;软件延时
      MOVX   A,@DPTR             ;读入 A/D 转换值
      MOV    @R1,A               ;存入 A/D 转换值
      INC    R1
      INC    DPTR                ;指向下一通道(采样 A 相电流)
      DJNZ   R0,ADC              ;采样两个通道
OUT:RETI                         ;中断返回
D128μs:……                        ;延时子程序(略)
        RET
        END
```

五、设计基于 80C51 单片微机的智能小车的测速、键盘和 LCD 显示三部分。

1. 写出这三部分的功能和技术指标。

2. 画出系统的硬件原理框图。

3. 对系统的可靠性进行设计，举两例加以说明。

此题测考内容主要包括：

①并行 A/D 转换接口 ADC0809 的扩展、地址译码及应用编程；

②键盘的设计和应用；

③LCD 显示模块的应用和编程；

④应用系统可靠性设计。

【答】1. 键盘——采用独立式按键，用来设置参数。

LCD 模块，用来显示参数或驱动电机转速等。

测速部分：驱动电机转轴旁安装测速编码盘或光电码盘，通过 A/D 或计数测出电机转速，形成闭环控制。测速精度要求达到 1%。

2. 系统的硬件原理框图如图卷 16-4 所示。

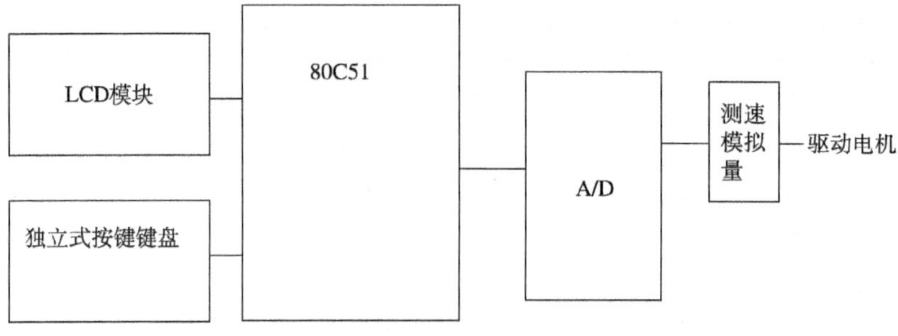

图卷 16-4　系统的硬件原理框图

3. 本质可靠性设计——元器件选择可靠性好，印制板绘制时考虑减少干扰对单片微机的影响。

软件——加“看门狗”，避免单片微机“死机”。

卷 17　2010 年“微机原理与接口技术”试题一解析

一、填空题

1. 实验中使用的 HC16202(2×16)液晶显示模块有______个地址，其指令系统有______条指令。

【答】实验中使用的 HC16202(2×16)液晶显示模块有<u>　4　</u>个地址，其指令系统有<u>　8　</u>条指令。

2. 80C51 单片微机的中断优先级有______级，外部中断 0 的中断矢量地址为________。

【答】80C51 单片微机的中断优先级有<u>　2　</u>级，外部中断 0 的中断矢量地址为<u>　0003H　</u>。

3. 80C51 单片微机的程序存储器用于存放____________和____________。

【答】80C51 单片微机的程序存储器用于存放<u>　应用程序　</u>和<u>　表格之类固定常数　</u>。

4. 80C51 单片微机的位 I/O 有________，进位标志位 C 作为位____________。

【答】80C51 单片微机的位 I/O 有<u>　P0～P3　</u>，进位标志位 C 作为位<u>　CPU　</u>。

5. 算术逻辑运算部件 ALU 的主要输出是________________，用来反映指令运行结果，如 C 标志反映____________，OV 标志反映________________________。

【答】算术逻辑运算部件 ALU 的主要输出是<u>　程序状态字 PSW　</u>，用来反映指令运行结果，如 C 标志反映<u>　算术运算时有否进位或借位　</u>，OV 标志反映<u>　带符号数运算结果是否正确　</u>。

6. 单片微机系统的键盘主要构成方式有__________和______________。

【答】单片微机系统的键盘主要构成方式有<u>　独立式　</u>和<u>　矩阵式　</u>。

7. 并行扩展编址时，其片选方式有______种，常用的有______________。

【答】并行扩展编址时，其片选方式有<u>　4　</u>种，常用的有<u>　线选法　</u>。

8. 80C51 外接 I/O 的读信号为____________，80C51 外接数据存储器的读信号为______。

【答】80C51 外接 I/O 的读信号为<u>　$\overline{RD}$　</u>，80C51 外接数据存储器的读信号为

$\overline{RD}$ 。

9. 80C51 单片微机汇编程序设计有________种基本结构，如______________和______________。

【答】80C51 单片微机汇编程序设计有 5 种基本结构，如 循环结构 和 分支结构 。

10. 按照国家标准规定，可靠性定义有“三个规定”，即________、________和________。

【答】按照国家标准规定，可靠性定义有“三个规定”，即 规定条件 、 规定时间 和 规定功能 。

11. 80C51 单片微机复位后，PC 地址为________，SP 地址为________。

【答】80C51 单片微机复位后，PC 地址为 0000H ，SP 地址为 07H 。

二、简答题

1. 简述并行 I/O 接口芯片 8255 的功能。

【答】8255 可用来扩展可编程并行 I/O 接口，共有 PA、PB 和 PC 三个 I/O 接口，由软件编程设定组合为输入或输出。

2. 简述 80C51 单片微机系统并行扩展的地址总线是如何构成的。

【答】80C51 单片微机系统并行扩展的地址总线为 A0～A15，共 16 位地址。

80C51 的 P0 口依靠 ALE 引脚对锁存器的控制，分时作地址总线低 8 位 A0～A7。

80C51 的 P2 口作地址总线高 8 位 A8～A15。

3. 简述 ALE 信号在 ADC0809 扩展中的两个用处。

【答】ALE 信号在 ADC0809 扩展中的两个用处：

①控制锁存器锁存分离 AD0～AD7。

②输出时钟作 0809 的 CLK 信号。

4. 简述主教材中讲述的串行数据存储器地址和串行 I/O 端口地址如何确定。

【答】由出厂时的设备类别标志＋器件引脚地址＋读/写方向位等 3 部分组成。

如串行数据存储器 24C01 地址为 1010 A2A1A0 R/W，串行 I/O 端口地址 PCF8574 地址为 0100 A2A1A0 R/W。

5. 为什么要进行低功耗设计？你平时接触到的低功耗设计有哪些，并举两例说明。

【答】低功耗设计除了降低功耗，节省能源，满足绿色电子的基本要求之外，还能提高系统的可靠性，满足便携式、电池供电等特殊应用场合产品的要求。

如手机选用低功耗元器件等，它的待机时间很长。

在控制器不工作时，进入待机或掉电模式，以降低功耗。

三、已知 80C51 片外数据存储器从 0000H 开始存放有 1000 次温度采样值，温度设定值在片内数据存储器 30H 中。编写源程序，统计温度采样值大于温度设定值的次数(假设次数为 1 个字节)，并存入 R0 中。对源程序加上注释和伪指令。

【答】

```
ORG   0000H
MOV   DPTR,#0000H            ;设片外数据存储器数据区首址
MOV   R0,#00H                ;R0 中置温度采样值大于设定值的次数,初始值为 0
MOV   20H,#10                ;设数据区长度为 1000
LP2:MOV   21H,#100
LP:MOVX   A,@DPTR            ;取温度采样值
    CJNE   A,30H,LP1         ;采样值与设定值比较
LP0:INC   DPTR               ;数据区地址指针加 1
     DJNZ   21H,LP           ;统计,未结束则继续
     DJNZ   20H,LP2          ;统计,未结束则继续
HERE:SJMP   HERE             ;统计结束
LP1:JC   LP0                 ;采样值<设定值,转移
     INC   R0                ;采样值>设定值,则 R0 内容加 1
     SJMP   LP0
     END
```

四、读程序并回答问题，直接在源程序“;”右侧加上注释。

```
          ORG   0000H
          MOV   TMOD,#20H         ;设定时器/计数器 T1 为定时器、方式 2
          MOV   TL1,#0FAH         ;置串行口波特率为 2400
          MOV   TH1,#0FAH
          MOV   PCON,#00H         ;波特率不倍增
          MOV   SCON,#40H         ;
    LOOP:MOV   A,#00110000B       ;
          MOV   C,P               ;
          MOV   ACC.7,C           ;
          MOV   SBUF,A            ;
          JNB   TI,$
          CLR   TI
          LJMP   LOOP
```

回答：1. 说明该程序执行什么功能。

2. 在 $t-V$ 坐标上画帧波形图，并标出坐标单位。

【答】1. 80C51 单片微机串行口 TXD 引脚上发送的带偶校验位的 ASCII 码“0”,

一帧波形如图卷 17-1 所示。

```
        ORG   0000H
        MOV   TMOD,#20H       ;设定时器/计数器 T1 为定时器、方式 2
        MOV   TL1,#0FAH       ;置串行口波特率为 2400
        MOV   TH1,#0FAH
        MOV   PCON,#00H       ;波特率不倍增
        MOV   SCON,#40H       ;设串行口为方式 1
LOOP:   MOV   A,#00110000B    ;发送 ASCII 码"0"(30H)
        MOV   C, P            ; 产生偶校验位
        MOV   ACC.7, C        ;
        MOV   SBUF, A         ; 发送数据 00110000B
        JNB   TI, $
        CLR   TI
        LJMP  LOOP
```

2. TXD 引脚上发送的一帧波形如图卷 17-1 所示。

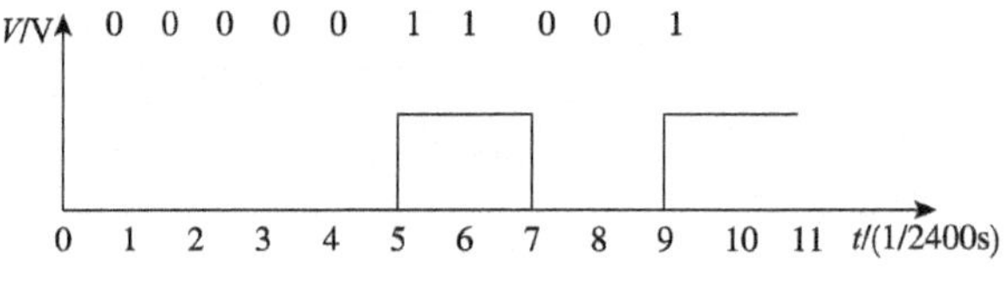

图卷 17-1 TXD 引脚上发送的一帧波形

五、设计一个应用 80C51 的控制器，请写出控制器名称、控制对象和功能。画出结构示意图如图卷 17-2 所示。

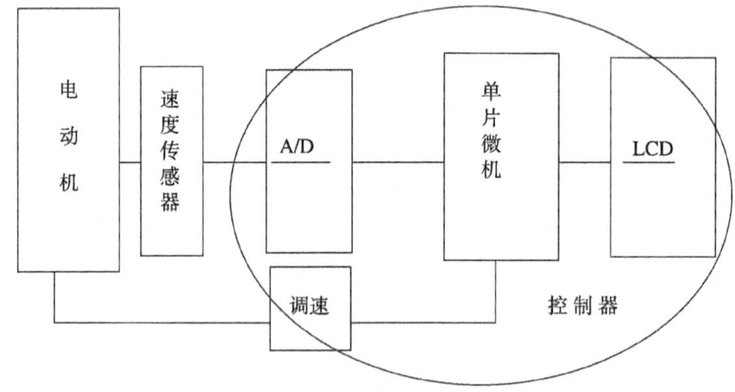

图卷 17-2 电动机转速控制器结构示意图

此题测考内容主要包括：

①题意灵活，各类控制器都可以；

②反映初步设计思想。

【答】如①控制器名称：电动机转速控制器。

②控制对象：电动机的转速。

③功能：控制电动机转速在设定转速的2%误差范围内；能手动设定转速值；能在LCD上显示转速等。

六、设计一个实时检测家庭内交流220伏电压及室内湿度和室内温度，并在LED上显示的单片微机终端。外扩ADC0809和4位动态显示LED。

1. 直接在图卷17-3(a)上连接各芯片，标出IN1模入交流220伏电压、IN4模入室内湿度和IN7模入室内温度。要求P2.5“片选”ADC0809，写出ADC0809的IN0～IN7通道地址。

2. 说明LED动态显示原理。

3. 编写每隔50ms(采用定时器T0、方式1、定时中断)对IN4模入室内湿度进行A/D转换并将转换结果存入41H单元的源程序。注释程序，加上必要的伪指令。

此题测考内容主要包括：

①并行A/D转换接口ADC0809的扩展、地址译码及应用编程；

②片内定时器/计数器的应用编程；

③中断应用编程；

④LED显示电路设计等。

【答】1. ADC0809的IN0～IN7通道地址：DFF8H～DFFFH。交流220V电压、室内湿度和室内温度分别经过电压传感器、湿度传感器和温度传感器要加0～5V电压分别接至ADC0809的输入INI、IN4和IN7。

2. LED动态显示原理：LED的位分时被P3.0～P3.3选通，这时P1输出相应的显示段码值，因人的视觉暂留效应，形成4位LED同时被显示的效果。

3. 计算：$(2^{16}-TC)\times 2\mu s=50ms$，$TC=46536=9E58H$。

```
          ORG   0000H
          SJMP  MAIN
          ORG   000BH
          AJMP  T0INT
          ORG   0030H
    MAIN: MOV   TMOD,#01H          ;设T0为定时器,方式1
          MOV   TH0,#09EH          ;设T0定时常数(50ms)
          MOV   TL0,#58H
          SETB  TR0                ;启动定时器0
          SETB  ET0                ;允许定时器0中断
```

```
        SETB   EA                    ;允许 CPU 中断
        AJMP   $                     ;定时器 0 中断等待
        ORG    1000H
T0INT:MOV    TH0,#9EH               ;重设 T0 定时常数
        MOV    TL0,#58H
        MOV    DPTR,#0DFFCH
        MOVX   @DPTR,A               ;启动通道 IN4 室内湿度转换
        LCALL  D0.128ms              ;转换延时
        MOVX   A,@DPTR               ;读入转换值并存入 41H
        MOV    41H,A
        RETI
D0.128ms:……                         ;延时子程序(略)
          RET
```

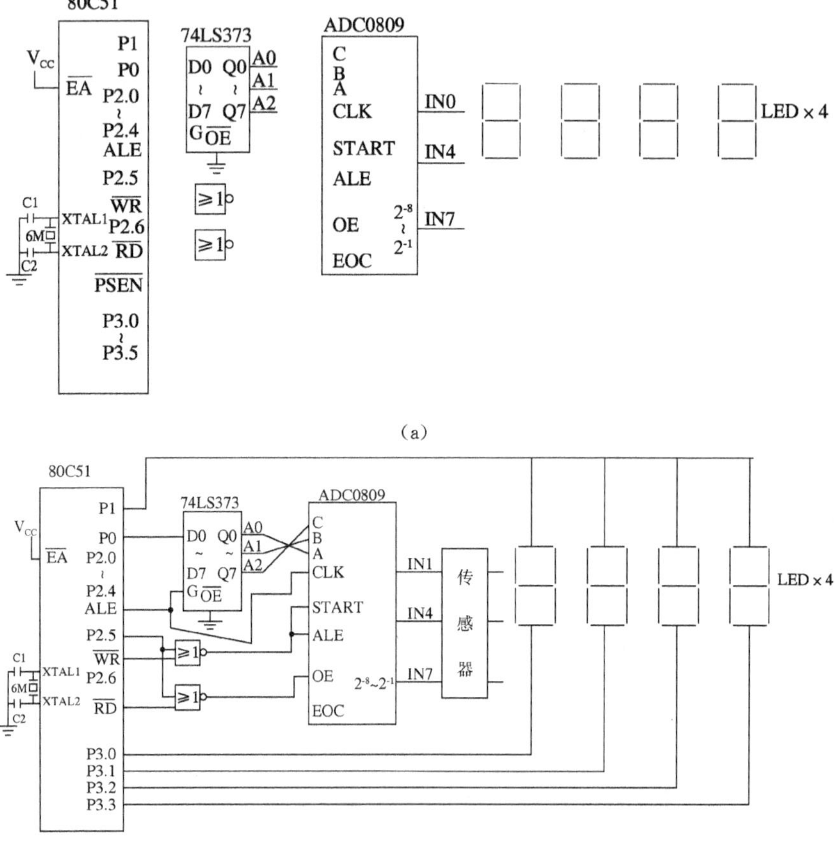

图卷 17-3　检测并显示的单片微机终端示意图

卷 18　2010 年“微机原理与接口技术”试题二解析

一、填空题

1. 80C51 单片微机复位信号是________电平有效，复位后，PC 地址为________。

【答】80C51 单片微机复位信号是__高__电平有效，复位后，PC 地址为__0000H__。

2. 80C51 外接程序存储器的读信号为________，80C51 外接 I/O 的读信号为________。

【答】80C51 外接程序存储器的读信号为__$\overline{\text{PSEN}}$__，80C51 外接 I/O 的读信号为__$\overline{\text{RD}}$__。

3. 伪指令，又称________指令，如________和________等。

【答】伪指令，又称__汇编程序控制译码__指令，如__ORG 指令__和__END 指令__等。

4. 常用数据传送指令的助记符有________、________和________。

【答】常用数据传送指令的助记符有__MOV__、__MOVC__和__MOVX__。

5. 可编程并行 A/D 转换器 ADC0809，有端口地址________个，用于将________转换成________。

【答】可编程并行 A/D 转换器 ADC0809，有端口地址__8__个，用于将__模拟量__转换成__数字量__。

6. 已知 80C51 的机器周期为 4μs，则外接晶振为________MHz，则它的指令周期最短为________μs，指令周期最长为________μs。

【答】已知 80C51 的机器周期为 4μs，则外接晶振为__3__MHz，则它的指令周期最短为__4__μs，指令周期最长为__16__μs。

7. 80C51 的软件编程结构主要有________、________、________等。

【答】80C51 的软件编程结构主要有__循环程序结构__、__分支程序结构__、__顺序程序结构__等。

8. 串行口接收方式下，串行数据从________引脚输入，发送方式下，串行数据通过________引脚输出。

【答】串行口接收方式下，串行数据从__RXD__引脚输入，发送方式下，串行数据通过__TXD__引脚输出。

9. 一条指令通常由________和________两部分组成。规定指令所完成的操作的是________。

【答】一条指令通常由____操作码____和____操作数____两部分组成。规定指令所完成的操作的是____操作码____。

10. 程序存储器中主要存放________________________________。

【答】程序存储器中主要存放____已调试正确的程序____。

11. 中央处理器 CPU 由______________________和____________________构成。

【答】中央处理器 CPU 由____运算器____和____控制器____构成。

12. 80C51 指令系统中共有________种寻址方式。如__________、__________等。

【答】80C51 指令系统中共有____7____种寻址方式。如____立即寻址____、____直接寻址____等。

13. 80C51 的低功耗工作方式有____________和__________两种模式。

【答】80C51 的低功耗工作方式有____待机____和____掉电____两种模式。

14. 80C51 的 ALE 引脚主要功能是__________和__________。

【答】80C51 的 ALE 引脚主要功能是____A0～A7 的锁存____和____对外输出时钟____。

二、简答题

1. 80C51 中断源有哪几个？对应的中断矢量地址是哪些？

【答】80C51 中断源有$\overline{INT0}$、定时器 T0、$\overline{INT1}$、定时器 T1 和串行口。

对应的中断矢量地址是 0003H、000BH、0013H、001BH 和 0023H。

2. 简述 80C51 单片微机的地址总线如何构成，数据总线如何构成，控制总线主要有哪些？

【答】地址总线 AB 共 16 位，由 P0 口经锁存后得到 A0～A7、P2 口构成 A8－A15。

数据总线 DB 由 P0 口构成。

控制总线主要有 ALE、$\overline{RD}$、$\overline{WR}$、$\overline{PSEN}$等。

3. 简述单片微机系统扩展的两种方法。

【答】①并行扩展法，利用单片微机本身具备的三组总线（即地址总线 AB、数据总线 DB 和控制总线 CB）进行系统扩展；②串行扩展法，利用单片微机本身具备的串行总线（如 I^2C 总线和 SPI 总线）或虚拟串行总线进行系统扩展。

4. 程序状态字 PSW 标志位主要有哪些？简述其功能。

【答】主要有进位位 C，反映算术运算时有否进位或借位。奇偶校验位 P，反映累加器 A 中为“1”的位数的奇偶性。溢出标志位 OV，反映带符号数运算结果是否正确。

5. 80C51 的定时器/计数器本质上为什么是加 1 计数器？分别对哪些信号计数？

【答】定时器是对内部机器周期进行计数加 1，计数器对外部 T0 或 T1 引脚上跳变信号进行计数加 1。所以本质上是加 1 计数器。

6. 简述 80C51 单片微机中布尔(位)处理器的主要构成。

【答】硬件：C 标志作位累加器、内部数据存储器的 20H～2FH 作位寻址区，P0～P3 作位 I/O。

软件：位操作类指令。

三、读下列程序，完成下面两个任务。

1. 写出程序功能。

2. 直接在源程序“;”右侧加以注释。

【程序 1】

```
        ORG   0000H
        AJMP  MAIN
        ORG   0030H
MAIN:MOV   R7,#10H           ;
        MOV   R0,#20H           ;
        MOV   R1,#50H           ;
LOOP:MOV   A,@R0             ;
        CJNE  A,#0DH,LOOP1      ;是否“CR”(ASCII 码值为 0DH)
        SJMP  END1              ;是“CR”,则结束传送
LOOP1:MOV @R1,A             ;
        INC   R0                ;
        INC   R1                ;
        DJNZ  R7,LOOP           ;
END1:SJMP  END1
```

______程序功能______:

【答】加注释

```
        ORG   0000H
        AJMP  MAIN
        ORG   0030H
MAIN:MOV   R7,#10H           ;设数据长度
        MOV   R0,#20H           ;设源数据区首地址
        MOV   R1,#50H           ;设目的数据区首地址
LOOP:MOV   A,@R0             ;把源数据的值赋给 A
        CJNE  A,#0DH,LOOP1      ;是否“CR”(ASCII 码值为 0DH)
        SJMP  END1              ;是“CR”,则结束传送
```

```
LOOP1:MOV   @R1,A              ;把 A 的值赋给目的数据区
      INC   R0                 ;指向源数据下一个地址值
      INC   R1                 ;指向目的数据下一个地址值
      DJNZ  R7,LOOP            ;判数据传送是否完毕?
END1:SJMP   END1
```

<u>程序功能</u>：把长度为 10H 的字符串从内部数据存储器的输入缓冲区 20H 向设在内部数据存储器的 50H 进行传送，一直进行到遇见字符“CR”时停止，如字符串中无字符“CR”，则整个字符串全部传送。

【程序 2】

```
      ORG   0000H
      AJMP  MAIN
      ORG   0030H
MAIN:MOV    R7,#02H            ;
      MOV   R0,#40H            ;
      MOV   R1,#50H            ;
      CLR   C                  ;
ADDB:MOV    A,@R0              ;
      ADDC  A,@R1              ;
      DA    A                  ;
      MOV   @R1,A              ;
      INC   R0                 ;
      INC   R1
      DJNZ  R7,ADDB            ;
HERE:SJMP   HERE
      END
```

<u>程序功能</u>：

已知：40H～41H 内容为 BCD 码数 55H 和 10H

50H～51H 内容为 BCD 码数 55H 和 10H

<u>则运行结果</u>：

【答】加注释

```
      ORG   0000H
      AJMP  MAIN
      ORG   0030H
MAIN:MOV    R7,#02H            ;2 个压缩 BCD 码计数
      MOV   R0,#40H            ;设被加数首址
      MOV   R1,#50H            ;设加数首址,又作和数首址
      CLR   C                  ;清 C 标志位
ADDB:MOV    A,@R0              ;取被加数
```

```
        ADDC   A,@R1              ;带进位与加数相加
        DA   A                    ;和进行二-十进制调整
        MOV   @R1,A               ;存和
        INC   R0                  ;2个地址指针均加1
        INC   R1
        DJNZ   R7,ADDB            ;多字节加未结束,则循环
HERE:SJMP   HERE
        END
```

程序功能：计算两个 4 位的无符号二-十进制数之和，两个数分别从内部数据存储器的 40H 单元和 50H 单元开始存放。两个数的和从内部数据存储器的 50H 单元开始存放。

运行结果：

```
  1 0 5 5
+ 1 0 5 5
---------
  2 1 1 0
```

(50H)=10H　　(52H)=21H

四、一个 80C51 单片微机系统，扩展并行 I/O 如图卷 18-1 所示。

1. 列出 8255 共 4 个端口地址。

2. 编写源程序，根据图卷 18-1 所示箭头方向设置 8255A 各口为相应输入或输出方式。从输入口输入 8 位数据，从输出口输出该输入数据。对源程序加以注释，加上必要的伪指令。

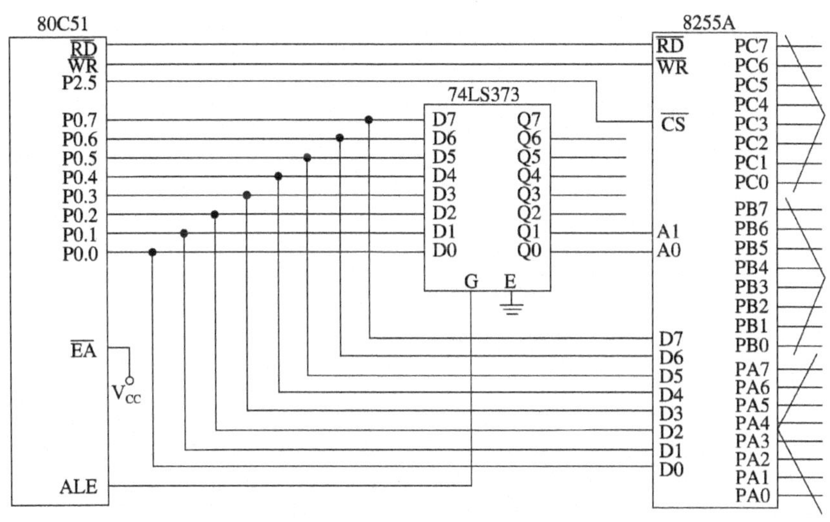

图卷 18-1　80C51 单片微机系统

【答】1.8255 共 4 个端口地址：PA 口—DFFCH，PB 口—DFFDH，PC 口—DFFEH，控制寄存器地址—DFFFH。

工作方式控制字：10010000，即 90H。

```
ORG   0000H
MOV   A,#90H               ;设A口、B口为方式0。A口输入,B口、C口输出
MOV   DPTR,#DFFFH
MOVX  @DPTR,A
MOV   DPTR,#DFFCH          ;从A口输入
MOVX  A,@DPTR
MOV   DPTR,#DFFDH          ;从B口输出
MOVX  @DPTR,A
MOV   DPTR,#DFFEH          ;从C口输出
MOVX  @DPTR,A
……
```

参考文献

高锋．2004. 单片微机应用系统设计及实用技术．北京：机械工业出版社

高锋．2013. 单片微型计算机原理与接口技术．3 版．北京：科学出版社

何立民．2000. 单片机中级教程——原理与应用．北京：北京航空航天大学出版社

李广弟等．2001. 单片机基础(修订本). 北京：北京航空航天大学出版社

张俊谟，张迎新．2003. 单片机教程习题与解答．北京：北京航空航天大学出版社